Jan Lehnert
Technische Mechanik Kapieren
De Gruyter Studium

Weitere empfehlenswerte Titel

Technische Mechanik Kapieren
Jan Lehnert, 2025
Band 2: Kinematik und Kinetik
ISBN 978-3-11-159753-9, e-ISBN (PDF) 978-3-11-159813-0
Band 3: Hydromechanik und Prinzipien der Mechanik
ISBN 978-3-11-159780-5, e-ISBN (PDF) 978-3-11-159828-4

Klassische Mechanik
Experimentalphysik - Ein Kompendium
Matthias Zschornak, Dirk C. Meyer, 2023
ISBN 978-3-11-102989-4, e-ISBN (PDF) 978-3-11-103027-2

Classical Mechanics
Hiqmet Kamberaj, 2021
ISBN 978-3-11-075581-7, e-ISBN (PDF) 978-3-11-075582-4

Quantenmechanik
Eine Einführung in die Welt der Wellen und Wahrscheinlichkeiten
Holger Göbel, 2022
ISBN 978-3-11-065935-1, e-ISBN (PDF) 978-3-11-065936-8

Klassische Mechanik
Vom Weitsprung zum Marsflug
Rainer Müller, 2021
ISBN 978-3-11-073538-3, e-ISBN (PDF) 978-3-11-073078-4

Jan Lehnert

Technische Mechanik Kapieren

Statik und elementare Festigkeitslehre

2. Auflage

DE GRUYTER
OLDENBOURG

Autor
Dr.-Ing. Jan Lehnert
jansak@gmx.net

ISBN 978-3-11-159750-8
e-ISBN (PDF) 978-3-11-159822-2
e-ISBN (EPUB) 978-3-11-159863-5

Library of Congress Control Number: 2024952130

Bibliografische Information der Deutschen Nationalbibliothek
Die Deutsche Nationalbibliothek verzeichnet diese Publikation in der Deutschen Nationalbibliografie; detaillierte bibliografische Daten sind im Internet über
http://dnb.dnb.de abrufbar.

Coverabbildung: Jan Lehnert
Satz: VTeX UAB, Lithuania

www.degruyter.com
Fragen zur allgemeinen Produktsicherheit:
productsafety@degruyterbrill.com

Vorwort zur 2. Auflage

In dieser 2. Auflage wurde zunächst das Layout verändert und damit das optische Erscheinungsbild verbessert. Außerdem habe ich die Formatierung einiger Zeichnungen etwas verbessert. Das war möglich, weil ich in der Benutzung meines Zeichenprogramms versierter geworden bin.

In der Vektorrechnung habe ich der Vollständigkeit halber noch das Spatprodukt vorgestellt und mit einem Übungsbeispiel untermauert. Als Nebenprodukt fiel dabei noch die Regel von Sarrus zur Berechnung einer 3×3-Determinante ab.

Beim Thema „Torsion“ habe ich eine niveauvolle, statisch unbestimmte Aufgabe mit drei Stabbereichen eingeführt. Dies soll den Studierenden Mut machen, sich auch an zunächst kompliziert aussehende Aufgaben heranzuwagen und das Superpositionsprinzip noch einmal zu üben.

Schließlich wurde in der Theorie 2. Ordnung noch die Berechnung der kritischen Last bei einem Stab mit zwei Bereichen vorgeführt.

Berlin, im Februar 2025 | Jan Lehnert

https://doi.org/10.1515/9783111598222-201

Erklärungen

1.  **GRÖMAZ = Größter Mechaniker aller Zeiten**

2. **Gliederung**

   Es werden 3 Hauptthemen behandelt:

   A Etwas Vektorrechnung

   B Statik starrer Körper

   C Statik elastischer Körper

   Jeder Teil ist in Übungsblöcke aufgeteilt – jeder Block behandelt ein spezielles Thema.

   Es bedeutet z. B. **3C**: 3. Übung im Teil C

   Jeder Übungsblock enthält Aufgaben, gekennzeichnet durch eine nachfolgende Zahl.

   So bedeutet z. B. **3C 4**: 4. Aufgabe im 3. Übungsblock des Teil C

3. **Bemerkung**

   Der Teil A wird nur soweit behandelt, wie es in Mechanik I gebraucht wird.

https://doi.org/10.1515/9783111598222-202

Inhalt

https://doi.org/10.1515/9783111598222-203

A Etwas Vektorrechnung

Die wichtigste Größe, mit der wir uns beschäftigen werden, ist die Kraft, welche außer einem Betrag (z. B. 100 N) auch eine Richtung hat. Eine gerichtete Größe nennt man Vektor, im Gegensatz zu Skalaren, die nur eine Größe haben (z. B. die Masse, oder die Temperatur). Wir brauchen also eine Rechenmethode, die es ermöglicht, im 3-dimensionalen Raum zu rechnen. Das leistet die Vektorrechnung, die ca. 1840 von dem Ingenieur Graßmann entwickelt wurde. Dieses neue Gebiet der Mathematik muss widerspruchslos in die alte Mathematik passen (die euklidische Geometrie ist mehr als 2000 Jahre alt)! Die Vektorrechnung muss wissen, was ein Sinus oder Cosinus ist. Es ist eine tolle Leistung, dass die Väter der Vektorrechnung dies geschafft haben.

Machen wir uns zunächst über das Koordinatensystem Gedanken, in dem wir unsere Vektoren darstellen wollen. Ein **kartesisches Koordinatensystem** besteht aus drei geraden Achsen, die senkrecht aufeinander stehen.

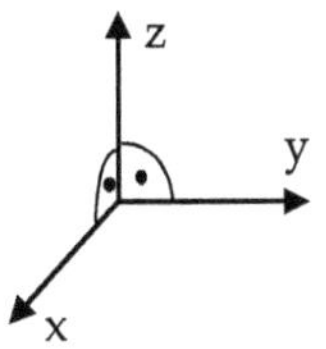

Das gezeichnete System nennt man ein **„Rechtssystem“**, im Gegensatz zum **„Linkssystem“**, bei dem die Achsen *x* und *y* vertauscht sind. In welchem System man rechnet, ist in Prinzip egal, es ändert sich nur ein Vorzeichen.

Die Wissenschaftler auf der ganzen Erde haben sich schon lange darauf geeinigt, im Rechtssystem zu rechnen.

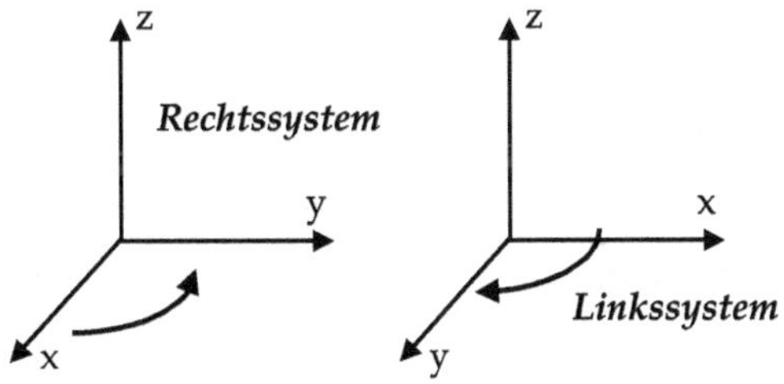

https://doi.org/10.1515/9783111598222-001

Am einfachsten erkennt man ein Rechtssystem mit der **„Korkenzieherregel“**: Man stelle sich die x- und y-Achse als Griff eines Korkenziehers vor. Dreht man die x-Achse auf dem kleineren Winkel in die y-Achse, so schraubt sich der Korkenzieher in die positive z-Achse, also in die Flasche hinein. Das ist gleichbedeutend mit der Dreifingerregel der rechten Hand.

Es gibt auch Koordinatensysteme, bei denen die Achsen keine geraden Linien sind. Man denke nur an unseren Erdball. Die Koordinatenachsen sind hier die Längen- und Breitenkreise.

In welchem System man am besten rechnet, hängt von der jeweiligen Aufgabe ab. Ein Flugkapitän wäre verrückt, wenn er im kartesischen System navigieren würde!

1A Gesetze und Regeln der Vektorrechnung

Ein Vektor ist eindeutig durch seine Länge (Betrag, Größe) und seine Richtung definiert. Der Anfangspunkt ist egal.

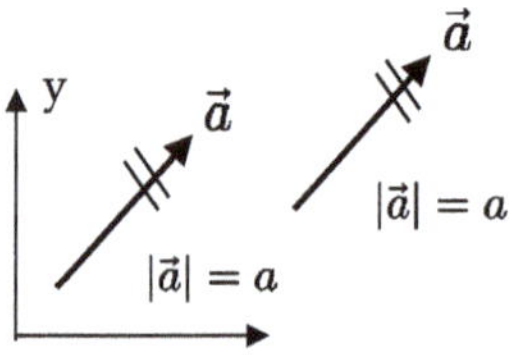

In der Abbildung haben beide Vektoren verschiedene Anfangspunkte. Sie sind aber gleich, da sie gleiche Beträge und Richtungen haben.

Betrachten wir den Vektor $\vec{a}$. Einen Vektor in Richtung von $\vec{a}$ mit dem Betrag „1“ nennt man **Einheitsvektor $\vec{\mathbf{e}}_{\mathbf{a}}$**.

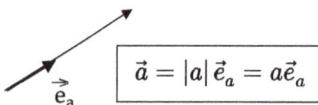

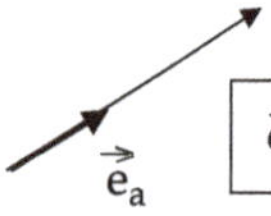

$$\vec{a} = |a|\,\vec{e}_a = a\vec{e}_a$$

Damit können wir auch unser Koordinatensystem mit Einheitsvektoren definieren:

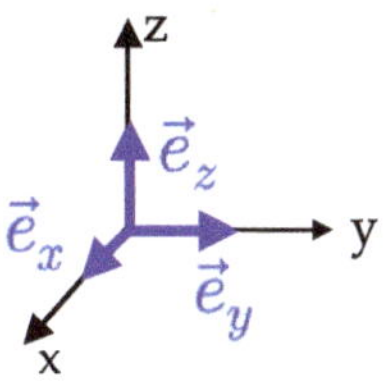

Es gibt Studenten, die haben Angst vor der Vektorrechnung. Dazu gibt es keinen Grund. Es kann nur auf einem Vorurteil beruhen. Ich versuche einmal an Hand des **Stadtplanes von New York** zu erklären, was ein Vektor ist.

1990 war ich in New York. Den Stadtplan fand ich genial. Die Straßen verlaufen parallel zueinander und schneiden sich in einem Winkel von 90°. Allerdings war mir sofort klar, dass diesen Plan kein Mathematiker gemacht haben kann, denn ein Mathematiker käme nicht auf die Idee, die Straßen mit „Street" und „Avenue" zu bezeichnen, sondern hätte sie „x" und „y" genannt.

Ich wollte vom **Hotel Roosewelt (HR)** zum **Empire State Building (ESB)** gelangen. Die Taxe fuhr mich a_x Meter in Street-Richtung, bog links ab und fuhr a_y Meter in Avenue-Richtung (also von der 1. Street Ecke 1. Avenue zur 6. Street Ecke 6. Avenue). Als ich bemerkte, dass der kürzeste Weg von HR nach ESB die Hypothenuse sei, meinte er, dass man dann erst die Häuser abreißen müsste. Ich akzeptierte die Begründung und sah ein, dass er nur entlang der Street (x) und Avenue (y) fahren kann.

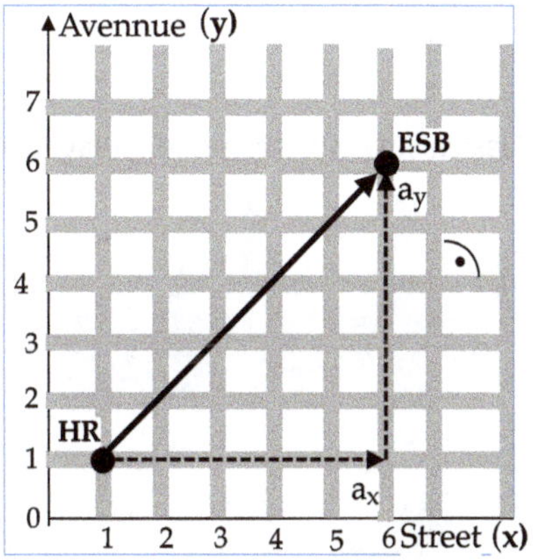

Am ESB stieg ich aus, ging in das Gebäude, fuhr mit dem Lift a_z Meter nach oben und hatte auf dem Dach einen fantastischen Blick auf die Stadt.

Betrachten wir einmal räumlich, was wir getan haben: Wir sind vom **HR** a_x m in Street-Richtung, also x, dann a_y m in y-Richtung zum **ESB** und schließlich a_z m in z-Richtung zum **Dach D** gefahren. Wir sind also von HR nach D gelangt, indem wir uns nur entlang der Koordinatenachsen bewegt haben. Das ist der Vektor $\vec{a}$.

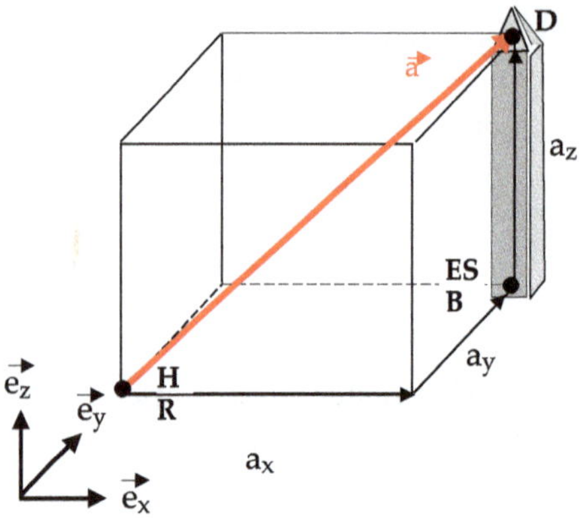

Also: Wenn man einen Vektor aufstellen möchte, nur an den Stadtplan von New York denken. Das ist kinderleicht.

Um von HR nach D zu gelangen, durchfährt man drei gerichtete Strecken (drei Vektoren):

$$\vec{a} = a_x\vec{e}_x + a_y\vec{e}_y + a_z\vec{e}_z.$$

Das ist die sog. **Komponentendarstellung** eines Vektors. a_x, a_y, a_z nennt man Komponenten des Vektors (Anteile in der Richtung der Koordinatenachsen). Symbolisch schreibt man dafür

$$\vec{a} = \begin{pmatrix} a_x \\ a_y \\ a_z \end{pmatrix}.$$

Sind die Komponenten eines Vektors bekannt, so lässt sich sein **Betrag** mit Pythagoras leicht bestimmen:

$$|\vec{a}| = \sqrt{a_x^2 + a_y^2 + a_z^2}.$$

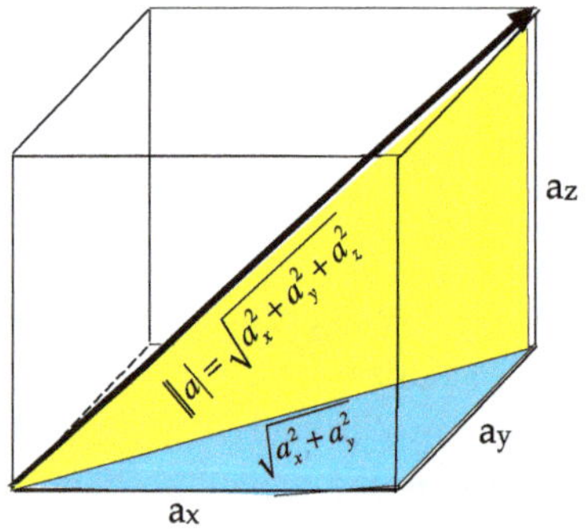

Multiplikation mit einem Skalar λ

$$\lambda\vec{a} = \lambda(a_x\vec{e}_x + a_y\vec{e}_y + a_z\vec{e}_z) = \lambda a_x\vec{e}_x + \lambda a_y\vec{e}_y + \lambda a_z\vec{e}_z = \begin{pmatrix} \lambda a_x \\ \lambda a_y \\ \lambda a_z \end{pmatrix}.$$

Ein Vektor wird mit einem Skalar multiplziert, indem man **jede** Komponente mit dieser Zahl multipliziert.

Einheitsvektor
Aus $\vec{a} = |\vec{a}|\vec{e}_a$ folgt: $\vec{e}_a = \frac{\vec{a}}{|\vec{a}|}$.

Addition (Subtraktion)

$$\begin{aligned}\vec{a} \pm \vec{b} = a_x\vec{e}_x \pm a_y\vec{e}_y \pm a_z\vec{e}_z \\ \pm b_x\vec{e}_x \pm b_y\vec{e}_y \pm b_z\vec{e}_z\end{aligned} = \begin{pmatrix} a_x \pm b_x \\ a_y \pm b_y \\ a_z \pm b_z \end{pmatrix}.$$

Vektoren werden addiert (subtrahiert), indem man ihre Komponenten addiert (subtrahiert).

Das Skalarprodukt
Zwei Vektoren $\vec{a}$ und $\vec{b}$ schließen einen Winkel α ein. Nun hat der geniale Herr Graßmann **definiert:**

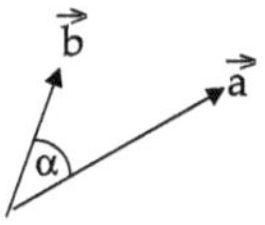

$\vec{a} \cdot \vec{b} = |\vec{a}| \cdot |\vec{b}| \cos\alpha$ **(Sprich: a skalar b.)**

Eine Definition kann man nicht beweisen. Es ist eine Festlegung. Meine Mutter hat festgelegt, dass mein Vorname „Jan“ sein soll. Das ist nicht zu beweisen, aber alle müssen sich daran halten.

Man sieht sofort:

1. $\vec{a} \cdot \vec{b}$ ist ein Skalar.
2. $\vec{a} \cdot \vec{b} = \vec{b} \cdot \vec{a}$.
3. Wenn $\vec{a} \perp \vec{b}$, dann ist $\vec{a} \cdot \vec{b} = 0$.

In Komponenten geschrieben hat man

$$\vec{a} \cdot \vec{b} = (a_x\vec{e}_x + a_y\vec{e}_y + a_z\vec{e}_z) \cdot (b_x\vec{e}_x + b_y\vec{e}_y + b_z\vec{e}_z).$$

Multipliziert man die Klammern aus und beachtet

$$\vec{e}_i \cdot \vec{e}_j = 0, \quad \text{wenn } i \neq j \text{ und } \vec{e}_i \cdot \vec{e}_i = 1,$$

so erhält man

$$\vec{a} \cdot \vec{b} = a_x b_x + a_y b_y + a_z b_z.$$

Das Vektorprodukt $\vec{a} \times \vec{b}$ (Sprich: a kreuz b.)

Definition.
1. $\vec{a} \times \vec{b}$ ist ein Vektor $\vec{A}$, der senkrecht auf der von $\vec{a}$ und $\vec{b}$ gebildeten Ebene steht. $\vec{a}$, $\vec{b}$ und $\vec{A}$ bilden in dieser Reihenfolge ein Rechtssystem.
2. $|\vec{A}| = |\vec{a} \times \vec{b}| = |\vec{a}||\vec{b}| \sin \alpha$.

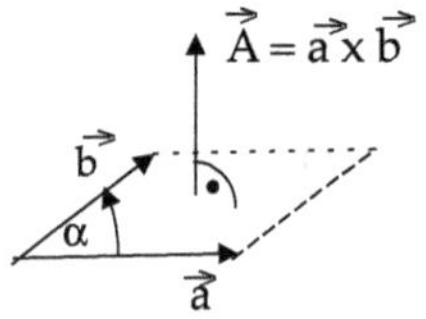

Das ist eine Rechenvorschrift. Es soll so sein! Wie genial Herr Graßmann das definiert hat, und was man damit alles machen kann, werden wir später sehen. Zunächst erkennt man sofort:

a) $|\vec{a} \times \vec{b}|$ ist die Fläche des von $\vec{a}$ und $\vec{b}$ aufgespannten Parallelogramms.
b) Wenn $\vec{a} \| \vec{b}$, dann ist $|\vec{a} \times \vec{b}| = 0$, da $\sin 0° = 0$.
c) Wenn $\vec{a} \perp \vec{b}$, dann ist $|\vec{a} \times \vec{b}| = |\vec{a}| \cdot |\vec{b}|$, da $\sin 90° = 1$.

Behauptung.

$$\vec{A} = \vec{a} \times \vec{b} = \begin{vmatrix} \vec{e}_x & \vec{e}_y & \vec{e}_z \\ a_x & a_y & a_z \\ b_x & b_y & b_z \end{vmatrix} = \begin{matrix} (a_y b_z - a_z b_y)\vec{e}_x \\ +(-a_x b_z + a_z b_x)\vec{e}_y \\ +(a_x b_y - a_y b_x)\vec{e}_z \end{matrix} = \begin{pmatrix} a_y b_z - a_z b_y \\ -a_x b_z + a_z b_x \\ a_x b_y - a_y b_x \end{pmatrix}.$$

Hier wurde die Determinante nach der ersten Zeile entwickelt!

Beweis: Es ist $\vec{a} \times \vec{b} = (a_x \vec{e}_x + a_y \vec{e}_y + a_z \vec{e}_z) \times (b_x \vec{e}_x + b_y \vec{e}_y + b_z \vec{e}_z)$.
Ausmultiplizieren:

$$\begin{aligned} &= a_x b_x (\vec{e}_x \times \vec{e}_x) + a_x b_y (\vec{e}_x \times \vec{e}_y) + a_x b_z (\vec{e}_x \times \vec{e}_z) \\ &+ a_y b_x (\vec{e}_y \times \vec{e}_x) + a_y b_y (\vec{e}_y \times \vec{e}_y) + a_y b_z (\vec{e}_y \times \vec{e}_z) \\ &+ a_z b_x (\vec{e}_z \times \vec{e}_x) + a_z b_y (\vec{e}_z \times \vec{e}_y) + a_z b_z (\vec{e}_z \times \vec{e}_z). \end{aligned}$$

Nach der Definition des Vektorproduktes ist

$$|\vec{e}_i \times \vec{e}_i| = |\vec{e}_i||\vec{e}_i| \sin 0^\circ = 1 \cdot 1 \cdot 0, \quad \text{also } \vec{e}_i \times \vec{e}_i = \vec{0}$$
$$\text{und} \quad |\vec{e}_i \times \vec{e}_j| = |\vec{e}_i| \cdot |\vec{e}_j| \sin 90^\circ = 1 \cdot 1 \cdot 1, \quad \text{wenn } i \neq j.$$

Damit ist $\vec{e}_i \times \vec{e}_j$ ein Einheitsvektor $\vec{e}$, der senkrecht auf $\vec{e}_i$ und $\vec{e}_j$ steht (im Sinne eines Rechtssystems).

$$\text{Also:} \quad \vec{e}_x \times \vec{e}_y = \vec{e}_z \quad \text{und} \quad \vec{e}_z \times \vec{e}_y = -\vec{e}_x.$$

Setzt man diese Erkenntnisse in obigen Ausdruck ein, so folgt die obige Behauptung.

Schluss mit der trockenen Theorie

Wir werden jetzt an einfachen Übungsaufgaben sehen, was man damit alles machen kann.

A1

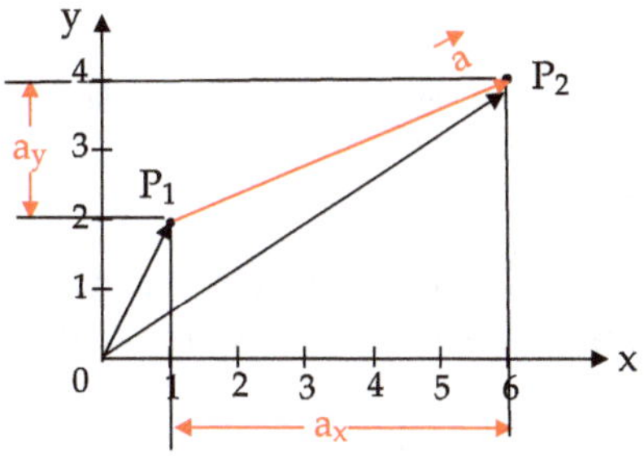

Gegeben sind die beiden Punkte P_1 (1/2/0) und P_2 (6/4/0).

Gesucht:

1) $\vec{a} = \overrightarrow{P_1P_2}$,
2) $|\vec{a}|$,
3) $\vec{e}_a$.

Ad 1) Die Komponenten von $\vec{a}$ sind sofort aus der Zeichnung ersichtlich:

$$a_x = 6 - 1 = 5 \quad \text{und} \quad a_y = 4 - 2 = 2 \Rightarrow \vec{a} = \begin{pmatrix} 5 \\ 2 \\ 0 \end{pmatrix}.$$

Oder:

$$\overrightarrow{OP_1} + \vec{a} = \overrightarrow{OP_2} \to \vec{a} = \overrightarrow{OP_2} - \overrightarrow{OP_1} = \begin{pmatrix} 6 \\ 4 \\ 0 \end{pmatrix} - \begin{pmatrix} 1 \\ 2 \\ 0 \end{pmatrix} = \begin{pmatrix} 5 \\ 2 \\ 0 \end{pmatrix}.$$

Ad 2) Der Betrag ist die Länge der Strecke $\overrightarrow{P_1P_2}$:

$$|a| = \sqrt{a_x^2 + a_y^2 + a_z^2} = \sqrt{5^2 + 2^2 + 0^2} = \sqrt{29}\,\text{LE} \quad \text{(Längeneinheiten)}.$$

Ad 3) Der Einheitsvektor

$$\vec{e}_a = \frac{\vec{a}}{|\vec{a}|} = \frac{1}{\sqrt{29}}\begin{pmatrix} 5 \\ 2 \\ 0 \end{pmatrix}.$$

A2

Zwei Pferde ziehen mit je 1 PS (Pferdestärke, womit auch sonst?) an einem Baum. Der Zug erfolgt unter dem Winkel α bzw. β gegen die horizontale x-Achse. Wie groß ist die resultierende Zugkraft und in welche Richtung zeigt diese?

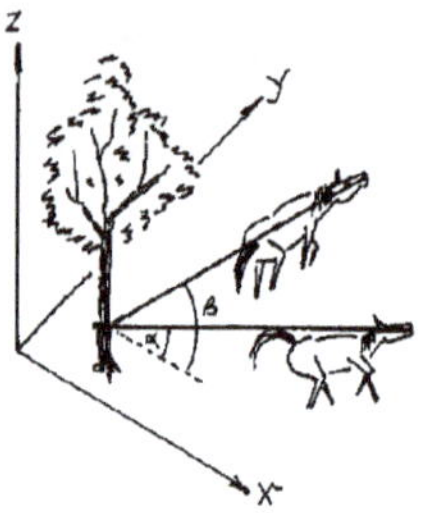

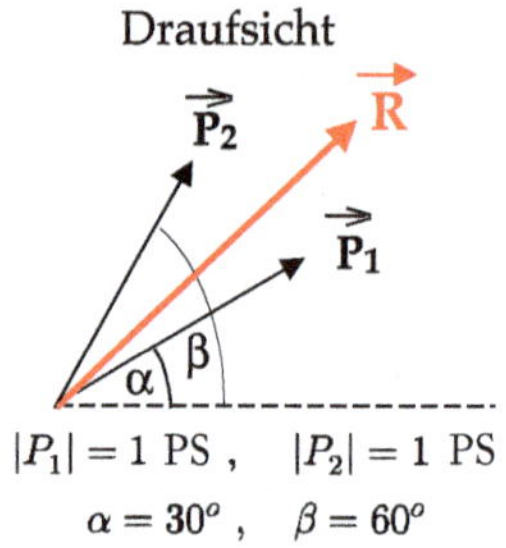

Anmerkung: Der Verfasser ist sich bewusst, dass PS eine Leistungseinheit ist. Hier soll sie jedoch im wahrsten Sinne des Wortes als „Pferdestärke", also als Kraft verstanden werden.

Die Resultierende ist die Summe der Pferdevektoren $\vec{\mathbf{R}} = \vec{\mathbf{P}}_1 + \vec{\mathbf{P}}_2$. Wir müssen also zuerst die Komponenten der Pferdevektoren ermitteln. Die Längen der Kraftvektoren sind 1.

$$\Rightarrow \quad P_{1x} = 1\cos\alpha = \frac{\sqrt{3}}{2}, \quad P_{2x} = 1\cos\beta = \frac{1}{2}$$
$$P_{1y} = 1 \cdot \sin\alpha = \frac{1}{2}, \quad P_{2y} = 1 \cdot \sin\beta = \frac{\sqrt{3}}{2}.$$

Damit bekommen wir die Resultierende:

$$\vec{R} = \vec{P}_1 + \vec{P}_2 = \begin{pmatrix} \sqrt{3}/2 \\ 1/2 \\ 0 \end{pmatrix} + \begin{pmatrix} 1/2 \\ \sqrt{3}/2 \\ 0 \end{pmatrix} = \frac{1}{2}(1+\sqrt{3})\begin{pmatrix} 1 \\ 1 \\ 0 \end{pmatrix}.$$

Der Betrag der Resultierenden ist damit

$$|\vec{R}| = \frac{1}{2}(1+\sqrt{3})\sqrt{(1^2+1^2)} = \frac{1}{\sqrt{2}}(1+\sqrt{3}) = 1{,}93\,\text{PS}.$$

Unter welchen Winkel γ gegen die x-Achse zieht die Resultierende? Da $R_x = R_y$, ist die Frage schnell beantwortet:

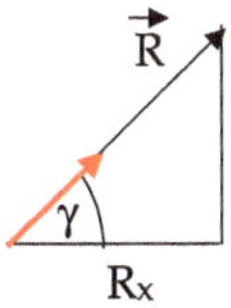

$R_y = R_x \quad \tan\gamma = 1 \rightarrow \gamma = 45°.$

Wir könnten den Winkel auch **mit dem Skalarprodukt** bestimmen: Im Theorieteil wurde gezeigt:

$$\vec{a} \cdot \vec{b} = |\vec{a}| \cdot |\vec{b}| \cos\alpha = a_x b_x + a_y b_y + a_z b_z.$$

Von der Resultierenden interessiert nur die Richtung, also der Vektor $\vec{r} = \begin{pmatrix} 1 \\ 1 \\ 0 \end{pmatrix}$.

Bilden wir das Skalarprodukt von r mit dem Einheitsvektor der x-Achse:

$$\vec{r} \cdot \vec{e}_x = \begin{pmatrix} 1 \\ 1 \\ 0 \end{pmatrix} \cdot \begin{pmatrix} 1 \\ 0 \\ 0 \end{pmatrix} = |\vec{r}| \cdot |\vec{e}_x| \cos\gamma$$

$$= 1 \cdot 1 + 1 \cdot 0 + 0 \cdot 0 = \sqrt{2} \cdot 1 \cos\gamma$$

$$\cos\gamma = \frac{1}{\sqrt{2}} \quad \Rightarrow \quad \gamma = 45°.$$

A3

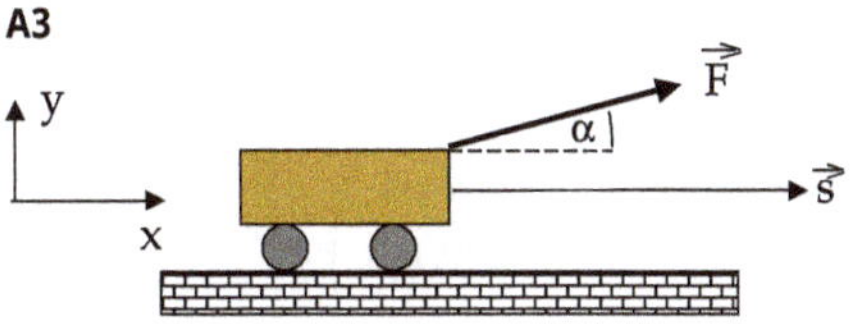

Unter Einwirkung der Kraft F legt der gezeichnete Wagen die Strecke s zurück. Man bilde das Skalarprodukt.

$$\vec{F} \cdot \vec{s} = \begin{pmatrix} F\cos\alpha \\ F\sin\alpha \\ 0 \end{pmatrix} \cdot \begin{pmatrix} s \\ 0 \\ 0 \end{pmatrix} = Fs\cos\alpha.$$

$F\cos\alpha$ ist die Komponente von F in Fahrtrichtung des Weges s. Das Skalarprodukt gibt also die Arbeit W, die eine Kraft F längs eines Weges s leistet!

Gleich ein weiteres Beispiel dazu:

A4

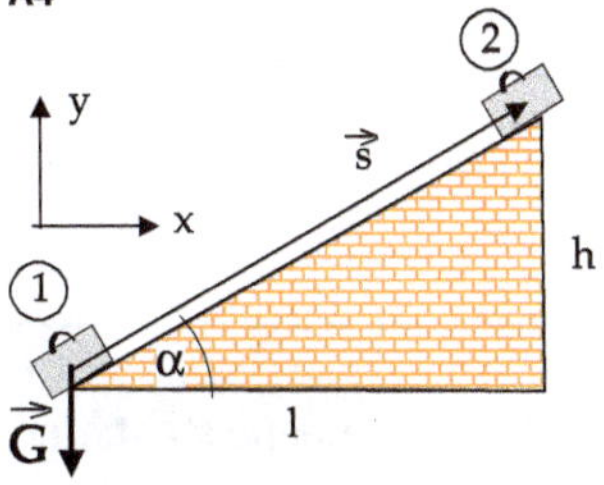

Ein Koffer vom Gewicht G soll auf einer schiefen Ebene von 1 nach 2 reibungsfrei verschoben werden. Welche Arbeit W leistet das Gewicht G an diesem Weg?

$$W = \vec{G} \cdot \vec{s} = \begin{pmatrix} 0 \\ -G \\ 0 \end{pmatrix} \cdot \begin{pmatrix} l \\ h \\ 0 \end{pmatrix} = -Gh,$$

$$W = \vec{G} \cdot \vec{s} = |\vec{G}| \cdot |\vec{s}| \cos(\alpha + 90^\circ) = -Gs \sin\alpha = -Gh.$$

Das Ergebnis ist unabhängig von α. Es kommt nur auf den Höhenunterschied an.
Nun muss das Ergebnis unabhängig vom Koordinatensystem sein. Wählen wir einmal eine andere Basis und lösen die Aufgabe noch einmal.

Vorbetrachtung zur Geometrie:

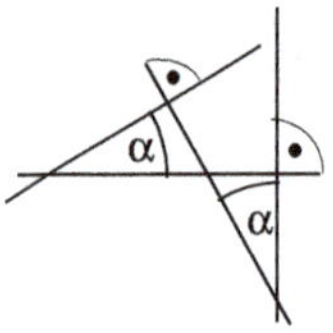

Satz der Mathematik: Stehen die Schenkel zweier Winkel paarweise senkrecht aufeiander, so sind die Winkel gleich.

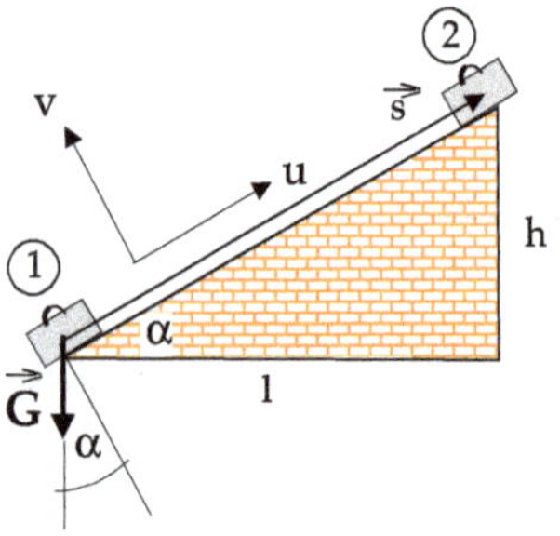

Wir müssen nun die Vektoren im < uvz >-System darstellen:

$$\vec{G} = \begin{pmatrix} -G\sin\alpha \\ -G\cos\alpha \\ 0 \end{pmatrix}, \quad s = \begin{pmatrix} s \\ 0 \\ 0 \end{pmatrix}$$

$$\Rightarrow \quad W = \vec{G} \cdot \vec{s} = \begin{pmatrix} -G\sin\alpha \\ -G\cos\alpha \\ 0 \end{pmatrix} \cdot \begin{pmatrix} s \\ 0 \\ 0 \end{pmatrix}$$

$$= -Gs\sin\alpha = -Gh.$$

Natürlich erhalten wir dasselbe Ergebnis wie im < xyz >-System.

Die letzten Aufgaben haben gezeigt, wie sinnvoll das Skalarprodukt definiert wurde. Wenden wir uns nun dem Vektorprodukt zu und versuchen herauszufinden, ob es ebenso raffiniert definiert worden ist (Ja!).

A5

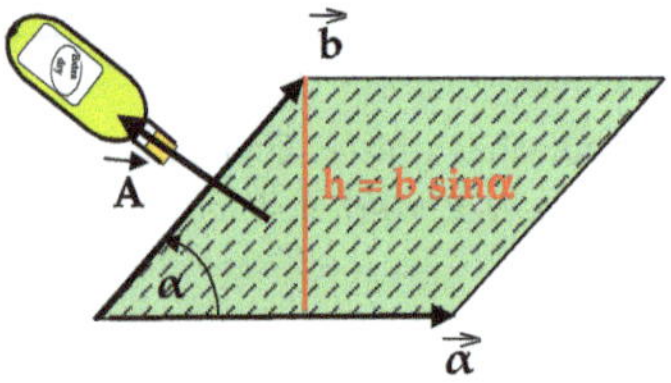

Gegeben sind die Vektoren $\vec{a} = \begin{pmatrix} 1 \\ 2 \\ 3 \end{pmatrix}$ und $\vec{b} = \begin{pmatrix} 3 \\ 2 \\ 1 \end{pmatrix}$. Berechne das Vektorprodukt $\vec{a} \times \vec{b}$.

$\vec{a} \times \vec{b} = \vec{A}$ ist ein Vektor, der senkrecht auf der von $\vec{a}$ und $\vec{b}$ geblideten Ebene steht, und dies im Sinne einer Rechtsschraube $\vec{a} \rightarrow \vec{b} \rightarrow \vec{A}$. Der Anfangspunkt ist bei Vektoren beliebig, wenn nichts anderes gesagt ist. Der Betrag des Vektorproduktes war definiert als $|\vec{A}| = |\vec{a} \times \vec{b}| = |\vec{a}||\vec{b}| \sin \alpha$.

Da $b \sin \alpha$ die Höhe des Parallelogramms ist, ergibt der Betrag die Fläche des Parallelogramms! Man erkennt: Mit dem Vektorprodukt läßt sich die Orientierung einer Fläche im Raum festlegen. Damit haben wir eine Fläche als Vektor kennengelernt.

Der Vektor einer Fläche steht senkrecht auf dieser. Sein Betrag ist der Flächeninhalt des Parallelogramms.

Nun zur Lösung der gestellten Aufgabe:

$$\vec{A} = \vec{a} \times \vec{b} = \begin{pmatrix} 1 \\ 2 \\ 3 \end{pmatrix} \times \begin{pmatrix} 3 \\ 2 \\ 1 \end{pmatrix} = \begin{vmatrix} \vec{e}_x & \vec{e}_y & \vec{e}_z \\ 1 & 2 & 3 \\ 3 & 2 & 1 \end{vmatrix}.$$

Entwickeln nach der ersten Zeile:

$$\vec{e}_x \begin{vmatrix} 2 & 3 \\ 2 & 1 \end{vmatrix} - \vec{e}_y \begin{vmatrix} 1 & 3 \\ 3 & 1 \end{vmatrix} + \vec{e}_z \begin{vmatrix} 1 & 2 \\ 3 & 2 \end{vmatrix} = \begin{pmatrix} -4 \\ +8 \\ -4 \end{pmatrix}.$$

Das ist der Vektor der Parallelogrammfläche. Der Flächeninhalt beträgt

$$|\vec{A}| = |\vec{a} \times \vec{b}| = \sqrt{(-4)^2 + 8^2 + (-4)^2} = \sqrt{96}\,\text{FE} \quad \text{(Flächeneinheiten)}.$$

Mit dem Vektorprodukt $|\vec{a} \times \vec{b}| = |\vec{a}|.|\vec{b}| \sin \alpha$ können wir auch den Winkel α berechnen:

$$\sqrt{96} = \sqrt{14} \cdot \sqrt{14} \sin \alpha \quad \Rightarrow \quad \sin \alpha = \frac{\sqrt{96}}{14} = 0{,}6999 \quad \Rightarrow \quad \alpha = 44{,}4^\circ.$$

Probe mit dem Skalarprodukt:

$$\vec{a} \cdot \vec{b} = |\vec{a}| \cdot |\vec{b}| \cos \alpha = a_x b_x + a_y b_y + a_z b_z$$

$$\sqrt{14} \cdot \sqrt{14} \cos \alpha = 1 \cdot 3 + 2 \cdot 2 + 3 \cdot 1$$

$$\Rightarrow \quad \cos \alpha = \frac{10}{14} = 0{,}7143 \quad \Rightarrow \quad \alpha = 44{,}4^\circ.$$

A6

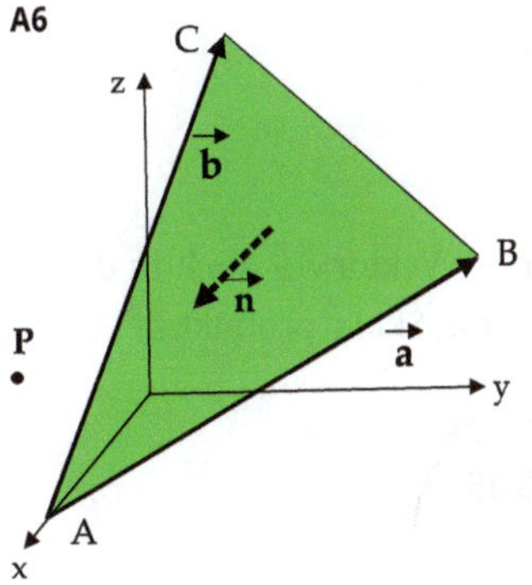

Gegeben sind drei Punkte $A\,(3/0/0)$, $B\,(-4/3/0)$, $C\,(-2/1/5)$.
Gesucht:

a) die Fläche des grünen Dreiecks,
b) der Normaleneinheitsvektor, der senkrecht auf der Fläche steht und nach innen zeigt;
c) liegt der Punkt $P(\frac{2}{15}/1/1)$ in der Dreiecksebene?

Ad a) Zunächst benötigen wir die Vektoren zweier Dreiecksseiten, z. B. der Seiten *AB* und *AC*. Nennen wir die Vektoren $\vec{a}$ und $\vec{b}$. Wie ging das noch? **Endpunkt minus Anfangspunkt** lautete die Faustregel.

$$\text{Also:}\quad \vec{a} = \begin{pmatrix} -4-3 \\ 3-0 \\ 0-0 \end{pmatrix} = \begin{pmatrix} -7 \\ 3 \\ 0 \end{pmatrix}, \quad \vec{b} = \begin{pmatrix} -2-3 \\ 1-0 \\ 5-0 \end{pmatrix} = \begin{pmatrix} -5 \\ 1 \\ 5 \end{pmatrix}.$$

Der Vektor der **Dreiecks**fläche ist dann

$$\vec{A} = \frac{1}{2}\vec{a} \times \vec{b} = \frac{1}{2}\begin{vmatrix} \vec{e}_x & \vec{e}_y & \vec{e}_z \\ -7 & 3 & 0 \\ -5 & 1 & 5 \end{vmatrix} = \frac{1}{2}\begin{pmatrix} 15 \\ 35 \\ 8 \end{pmatrix}.$$

Der Faktor 1/2 erscheint, weil das Vektorprodukt die Parallelogrammfläche ergibt, hier aber die Dreiecksfläche gefragt ist.

Als Betrag ergibt sich für die Dreiecksfläche

$$|\vec{A}| = \frac{1}{2}\sqrt{(15^2 + 35^2 + 8^2)} = \frac{1}{2}\sqrt{1514} \approx 19{,}4\,\text{FE}.$$

Ad b) Der Normaleneinheitvektor $\vec{n}$:

„Normal" bedeutet in der Mathematik senkrecht. Wir suchen also ein Vektor, der auf der Fläche senkrecht steht und den Betrag 1 hat. Nichts leichter als das. Der soeben ermittelte Vektor $\vec{A}$ hat ja die gewünschte Richtung. Dividieren wir durch seinen Betrag:

$$\vec{n} = \frac{\vec{A}}{|\vec{A}|} = \frac{1}{\sqrt{1514}}\begin{pmatrix} 15 \\ 35 \\ 8 \end{pmatrix}.$$

Die Orientierung von $\vec{n}$ fehlt noch. Es gibt ja zwei Normalenvektoren – einer, der nach innen, und einer, der nach außen zeigt! Wir suchen den, der nach innen zeigt. Der oben bestimmte Vektor ergab sich aus $\vec{a} \times \vec{b}$ und bildet mit diesen ein Rechtssystem. Er zeigt also nach außen. Die richtige Antwort auf die gestellte Frage lautet also

$$\vec{n} = \frac{-1}{\sqrt{1514}}\begin{pmatrix} 15 \\ 35 \\ 8 \end{pmatrix}.$$

Ad c) Liegt der Punkt *P* in der Dreiecksebene, so würde der Vektor $\overrightarrow{AP}$ auch in dieser Ebene liegen und somit senkrecht auf *A* stehen. Damit wäre das Skalarprodukt $\overrightarrow{AP} \cdot \vec{A} = 0$. Prüfen wir das einmal:

$$\overrightarrow{AP} = \begin{pmatrix} +2/15 \\ 1 \\ 1 \end{pmatrix} - \begin{pmatrix} 3 \\ 0 \\ 0 \end{pmatrix} = \begin{pmatrix} -43/15 \\ 1 \\ 1 \end{pmatrix}$$

$$\overrightarrow{AP} \cdot \vec{A} = \begin{pmatrix} -43/15 \\ 1 \\ 1 \end{pmatrix} \frac{1}{2} \begin{pmatrix} 15 \\ 35 \\ 8 \end{pmatrix} = \frac{1}{2}(-43 + 35 + 8) = 0.$$

Punkt P liegt somit in der Ebene.

Noch etwas zum Skalarprodukt:

$$\vec{a} \cdot \vec{b} = 0, \quad \text{wenn } \vec{a} \perp \vec{b},$$
$$\vec{a} \cdot \vec{b} = a \cdot b, \quad \text{wenn } \vec{a} \| \vec{b}.$$

Mir geschah mal Folgendes: Ich ließ an einem Bahnhof meinen Koffer von einem Kofferträger zur Taxe bringen. Der Mann hob den Koffer 20 cm hoch, trug ihn horizontal 50 m zum Taxistand, stellte ihn ab und wollte 5 € haben. Ich fragte ihn, wofür. Er sagte: „Für meine Arbeit". Ich sagte ihm: „Sie sollten Mechanik bei mir lernen. Passen Sie mal auf:

Arbeit ist das Skalarprodukt $W = \vec{F} \cdot \vec{r}$. Sie heben den Koffer h cm von 0 nach 1. Die Arbeit dabei ist $-Gh$, denn G und h sind parallel. Von 1 nach 2 ist die Arbeit 0, denn G ist senkecht zu s! Von 2 nach 3 ist die Arbeit $+Gh$. Damit ist die ganze Arbeit Null!"

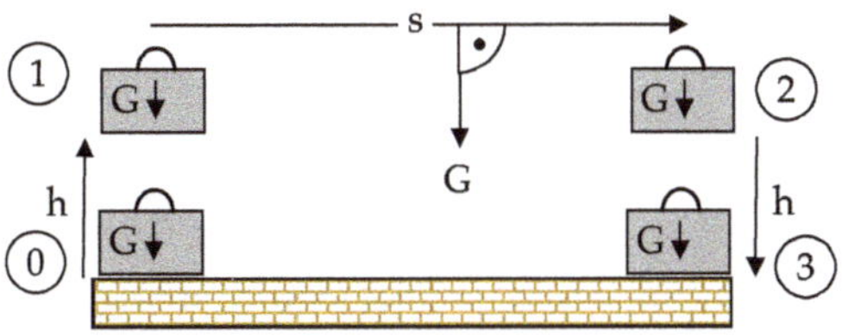

Der Kofferträger meinte, man sehe doch, dass er gearbeitet habe, denn er schwitze. Stimmt. Meine Rechnung stimmt aber auch! Wo ist der Gedankenfehler?

Grömaz, der größte Mechaniker aller Zeiten, kennt die Lösung des Problems und möchte diese nicht für sich behalten: Wir haben hier nicht die Arbeit des Kofferrägers berechnet, sondern die Arbeit des Koffergewichtes!

Was lernen wir daraus? *Ein Kofferträger soll Geld für seine Arbeit bekommen. Aber niemals einem Koffer Geld geben!*

Dieses Bisschen Vektorrechnung reicht für das Verständnis der Mechanik im 1. Semester aus. Hier wurde genau soviel zur Vektorrechnung gesagt, wie für ME I notwendig ist. Nicht mehr und nicht weniger. Dieses Bisschen muss man allerdings gründlich beherrschen, wenn nicht – gleich noch einmal wiederholen.

Lernen bedeutet ständiges Wiederholen! (Erster Satz von Lehnert)

Diesen Satz entdeckte Lehnert während seines Studiums. Aus der Tatsache, dass er nicht in der Lage war, das Studium ohne Anwendung dieses Satzes sinnvoll durchzuziehen, folgerte er die Allgemeingültigkeit dieses Satzes.

Der Vollständigkeit halber möchte ich aber noch das **Spatprodukt** vorstellen.Ein Spat ist ein geometrischer Körper, bei dem die Grundfläche sowie alle anderen Seiten Parallelogramme sind und parallel zueinander verlaufen. Das Spatprodukt berechnet das Volumen dieses Gebildes.

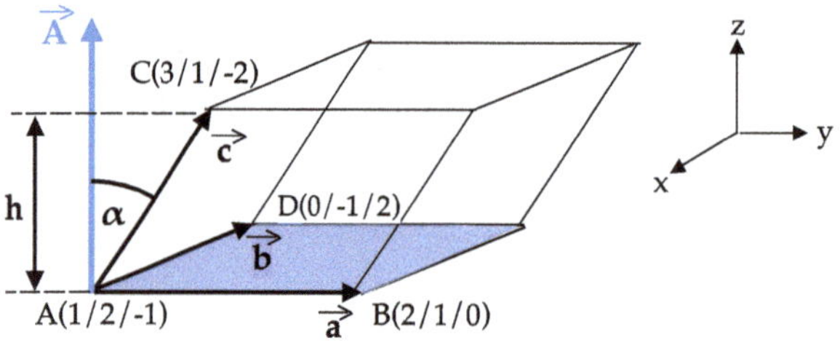

Durch die drei Vektoren $\vec{a}, \vec{b}, \vec{c}$ ist das Spat eindeutig definiert.

Machen wir uns Gedanken, wie das Volumen berechnet werden kann. Aus der Schule wissen wir noch: Volumen = Grundfläche mal Höhe. Die Grundfläche ist $A = |\vec{A}| = |\vec{a} \times \vec{b}|$. Die Höhe ist $h = |\vec{c}| \cos \alpha$. Also : $V = Ah = |\vec{a} \times \vec{b}| \cdot |\vec{c}| \cos \alpha$. Würden wir uns noch an das **Skalarprodukt** auf S. 5 erinnern, so stellten wir fest, dass genau dies hier steht.

Erkenntnis:

$$V = \vec{A} \cdot \vec{c} = (\vec{a} \times \vec{b}) \cdot \vec{c} \quad \text{(Spatprodukt).}$$

Rechnen wir das einmal aus. Auf S. 6 und 7 wurde gezeigt:

$$\vec{a} \times \vec{b} = \begin{pmatrix} a_y b_z - a_z b_y \\ -a_x b_z + a_z b_x \\ a_x b_y - a_y b_x \end{pmatrix}$$

$$\Rightarrow \quad (\vec{a} \times \vec{b}) \cdot \vec{c} = \begin{pmatrix} a_y b_z - a_z b_y \\ -a_x b_z + a_z b_x \\ a_x b_y - a_y b_x \end{pmatrix} \cdot \begin{pmatrix} c_x \\ c_y \\ c_z \end{pmatrix} = \begin{matrix} a_y b_z c_x - a_z b_y c_x \\ -a_x b_z c_y + a_z b_x c_y \\ a_x b_y c_z - a_y b_x c_z \end{matrix}$$

Ganz scharfes Hinsehen zeigt, dass hier eine Determinante steht, die aus den Komponenten der drei Vektoren gebildet wird.

$$V = (\vec{a} \times \vec{b}) \cdot \vec{c} = [\vec{a}\vec{b}\vec{c}] = \begin{vmatrix} a_x & a_y & az \\ b_x & b_y & b_z \\ c_x & c_y & c_z \end{vmatrix} \quad \text{(Spatprodukt).}$$

Berechnen wir nun das Volumen des oben gezeichneten Spats. Dazu brauchen wir die Komponenten der drei Vektoren a, $\vec{b}$, und $\vec{c}$. Wie ging das noch? Endkoordinaten minus Startkoordinaten:

$$\vec{a} = \begin{pmatrix} 2-1 \\ 1-2 \\ 0-(-1) \end{pmatrix} = \begin{pmatrix} 1 \\ -1 \\ 1 \end{pmatrix}; \quad \vec{b} = \begin{pmatrix} -1 \\ -3 \\ 3 \end{pmatrix}; \quad \vec{c} = \begin{pmatrix} 2 \\ -1 \\ -1 \end{pmatrix}.$$

Damit bilden wir das Spatprodukt mit der eben gezeigten Determinante:

$$V = [\vec{a}\vec{b}\vec{c}] = \begin{vmatrix} 1 & -1 & 1 \\ -1 & -3 & 3 \\ 2 & -1 & -1 \end{vmatrix} = \begin{cases} 1 \cdot (-3) \cdot (-1) + (-1) \cdot 3 \cdot 2 + 1 \cdot (-1) \cdot (-1) \\ -1 \cdot (-3) \cdot 2 - (-1) \cdot (-1) \cdot (-1) - 1 \cdot 3 \cdot (-1) \end{cases}$$

$$\text{Ausrechnen:} \quad V = 8\,\text{VE} \quad \text{(Volumeneinheiten).}$$

Die roten, blauen und schwarzen Linien in der Determinante sollen die Regel von Sarus zeigen: Es werden immer drei Zahlen multipliziert. Die Zahlen auf den drei durchgezogenen Linien sind positiv zu nehmen und die auf den gestrichelten negativ.

Damit ist das Kapitel „Vektorrechnung“ eigentlich abgeschlossen. Bevor wir uns jedoch in die mit Spannung erwartete Mechanik stürzen, beschäftigen wir uns noch einen Moment mit dem Moment. Das hat etwas mit dem Vektorprodukt zu tun und ist eine der wichtigsten Größen in der Mechanik.

2A Das Moment

In meiner ersten Vorlesung ME I sagte der Professor: „Meine Damen und Herren. Das Moment ist eine der wichtigsten Größen der Mechanik. Das Moment ist wichtiger als die Kraft.“ Ich dachte, der Mann ist nicht ganz richtig im Kopf! Ich bin in Deutschland aufgewachsen und wusste doch, was ein Moment ist: „Hallo Sie, einen Moment bitte.„ Gemeint ist: einen Augenblick. Und ein Augenblick soll wichtiger sein, als eine Kraft??

Außerdem heißt es: **der** Moment und nicht **das** Moment. Na ja, dachte ich. Der Mann war ein Ungar – der, die, das ... typisch Ausländer!

Kurze Zeit später musste ich zur Kenntnis nehmen, dass ich der Dumme war. Der Professor hat völlig korrekt gesprochen: **Das** Moment, und das hat mit meinem Moment nichts zu tun.

Momentum = **Bewegungsgröße**

Immer, wenn etwas „gedreht" werden soll, kommt das Moment ins Spiel.

Es kam noch oft vor, dass ich der Dumme war, meine Gedanken falsch waren und der Professor recht hatte. Es war teilweise frustrierend, meine Dummheit einzusehen, aber auch lehrreich. Bald war ich von diesem Professor begeistert. Seine Vorlesungen waren für mich die tollsten im Studium und haben in mir die Liebe zur Mechanik begründet.

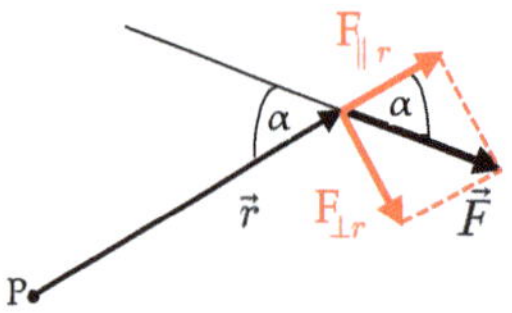

Gegeben ist ein Kraftvektor $\vec{F}$ und ein Punkt P. Der Vektor von P zum Angriffspunkt der Kraft $\vec{F}$ ist $\vec{r}$. $\vec{r}$ und $\vec{F}$ schließen den Winkel α ein.

Nun definieren wir:
Das Moment einer Kraft bzgl. eines Punktes

$$\vec{M}_P = \vec{r} \times \vec{F} \quad \textbf{Einheit: Nm.}$$

Aus der Definition des Vektorproduktes folgt

1.) **Das Moment einer Kraft *F* steht senkrecht auf der von *F* und dem Hebelarm *r* gebildeten Ebene im Sinne einer Rechtsschraube – hier also in die Zeichenebe hinein.**
2.) a) $|\vec{M}_P| = |\vec{r}| \cdot |\vec{F}| \sin\alpha = rF_{\perp r}$. Aus der Zeichnung ist sofort ersichtlich, dass $F \sin\alpha$ die senkrechte Kraftkomponente auf r ist.
Länge des Hebelarms *r* mal Kraftkomponente senkrecht dazu.
b) Oder **anders betrachtet:**

$$|\vec{M}_P| = |\vec{F}| \cdot |\vec{r}| \sin\alpha = Fr_{\perp r}.$$

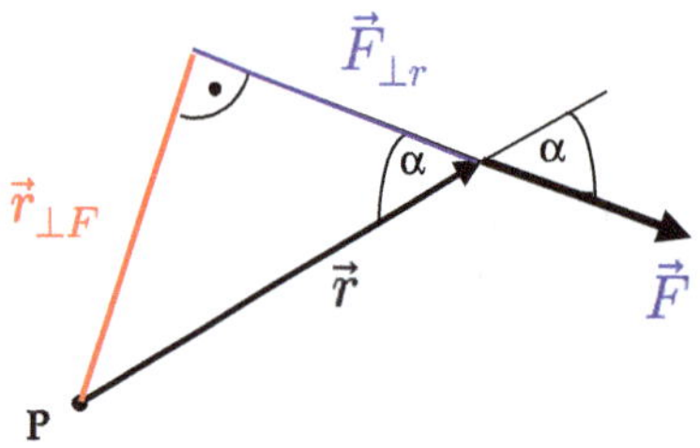

Kraft F mal Wegkomponente senkrecht zur Kraftwirkungslinie.

Stellen wir uns den Hebelarm als Drehmomentenschlüssel vor und den Punkt P als Mutter:

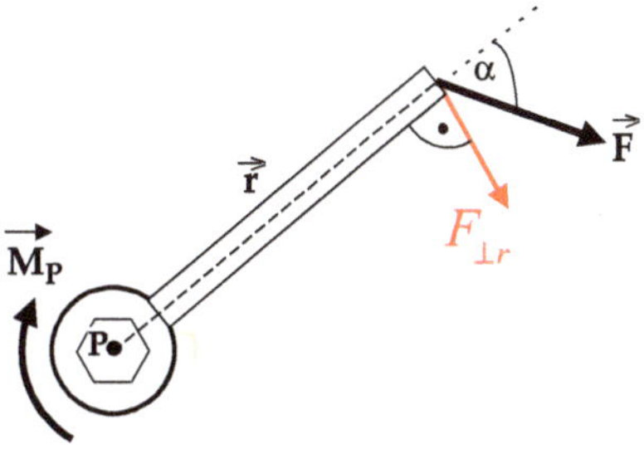

Die Wirkung des Momentes ist klar. Es versucht, die Mutter zu drehen. Wir erkennen auch, wie genial das Vektorprodukt definiert wurde:

Es geht nur die zu $\vec{r}$ senkrechte Komponenten $F_{\perp r}$ ein.

Das weiß jeder, der schon mal versucht hat, eine Tür zu öffnen. Die Hand drückt senkrecht mit $F_{\perp r}$ auf die Türklinke! Oder hat schon mal jemand versucht, eine Tür mit der grünen Kraftkomponente $F_{//\mathrm{r}}$ zu öffnen?

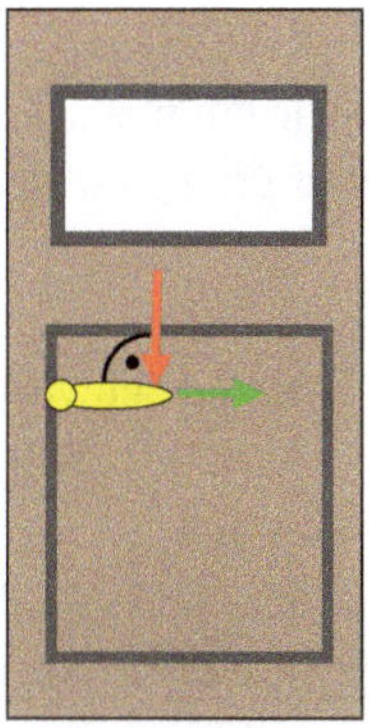

Auf die Mutter wirkt zweierlei:
1. Das Moment $\vec{M}_P$,
2. Die Kraft $\vec{F}$.

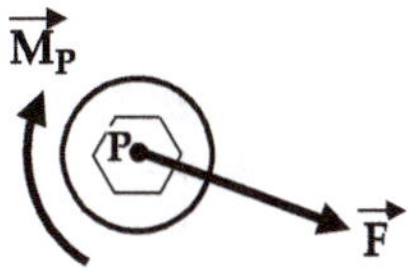

Die Kraftwirkung ist oft unerwünscht, man will nur die Drehwirkung. Abhilfe: Der Doppelschlüssel. Radfahrer kennen den als Flügelmutter.

Das Kräftepaar

Die Momentenwirkung ist nun

$$M = 2 \cdot r \cdot F_{\perp r}$$

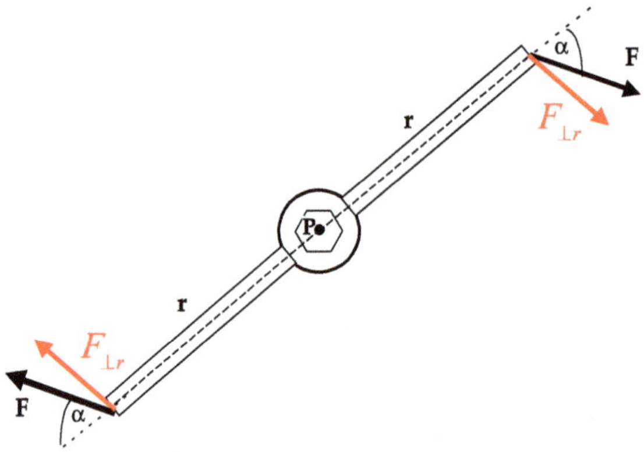

$$\sum \vec{F}_j = \vec{0}.$$

Die resultierende Kraft ist nun Null, da beide Kräfte gleich groß und parallel sind, aber entgegengesetzt wirken. Das nennt man ein **Kräftepaar.**

Auch Kräfte dürfen heiraten. Sie sind dann ein Kräftepaar. Genau wie ein menschliches Ehepaar gehen sie parallel durch das Leben. Aber wie Mann und Frau sind sie mental völlig entgegengesetzt.

M: Dieses Symbol wird uns in Zukunft sehr oft begegnen. Gemeint ist dann immer ein Kräftepaar. Das bereitet am Anfang merkwürdigerweise vielen Studenten Schwierigkeiten. Einfach an eine Flügelmutter denken und schon sind diese behoben. Oder sich einen Wasserhahn vorstellen: Einen Finger links, einen rechts und Wasser an!

Das Kräftepaar nenne ich gerne **„reines Moment“**, da es kräftefrei ist.

Kräftepaar und Bezugspunkt

Ich rechne einmal das Moment beider Kräfte bzgl. der drei Punkte A, B und C.

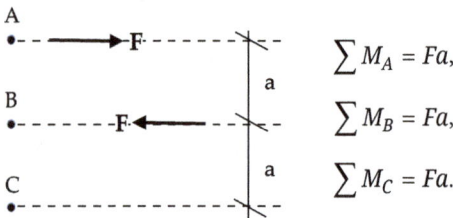

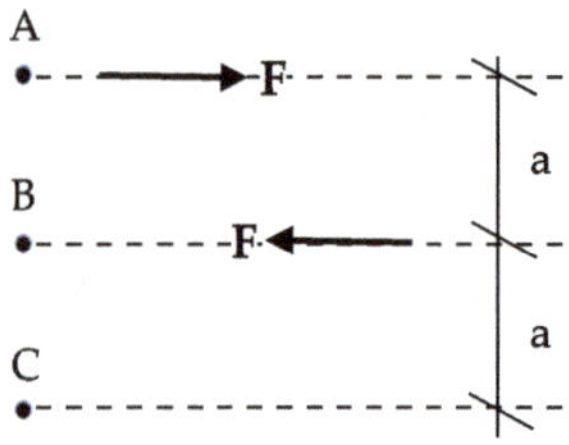

$$\sum M_A = Fa,$$

$$\sum M_B = Fa,$$

$$\sum M_C = Fa.$$

Erkenntnis: Das Moment eines Kräftepaares ist vom Bezugspunkt unabhängig.

Zum Schluss dazu noch eine Übungsaufgabe und dann starten wir mit der Statik. Diese Übungsaufgabe sollte man sich mehrmals durch den Kopf gehen lassen. Wer sie zu 100 % verstanden hat, der braucht vor dem Moment keine Angst mehr zu haben.

A7
Das Riesenrad

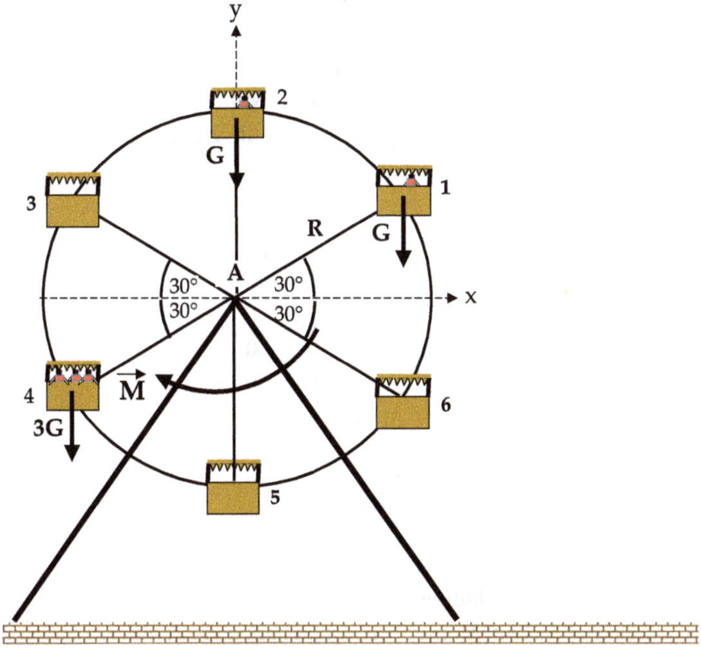

Die Systemteile des Riesenrades (Gondeln und Gestänge) sind als gewichtslos anzunehmen. Das Rad hat den Radius 5 m. In Gondel 1 und 2 sitzt je ein Mensch vom Gewicht $G = 1$ kN. In Gondel 4 sitzen drei Menschen – je vom Gewicht 1 kN. Die Gondeln 3, 5 und 6 sind leer. Das Rad wird von einem Motor mit dem Moment $M_0 = 10$ kN m angetrieben. Wie groß ist das resultierende Moment bzgl. der Achse A des Rades in der gezeichneten Lage?

Resultierendes Moment:

$$\vec{M}_A = \vec{M}_0 + \sum_{j=1}^{6} \vec{r}_j \times \vec{F}_j.$$

Die Kraftvektoren:

$$\vec{G}_1 = \begin{pmatrix} 0 \\ -G \\ 0 \end{pmatrix}, \quad \vec{G}_2 = \begin{pmatrix} 0 \\ -G \\ 0 \end{pmatrix}, \quad \vec{G}_4 = \begin{pmatrix} 0 \\ -3G \\ 0 \end{pmatrix}.$$

Die Ortsvektoren:

$$\vec{r}_1 = \begin{pmatrix} R\cos 30^\circ \\ R\sin 30^\circ \\ 0 \end{pmatrix} = \begin{pmatrix} R\frac{\sqrt{3}}{2} \\ R\frac{1}{2} \\ 0 \end{pmatrix}, \quad \vec{r}_2 = \begin{pmatrix} 0 \\ R \\ 0 \end{pmatrix},$$

$$\vec{r}_4 = \begin{pmatrix} -R\cos 30^\circ \\ -R\sin 30^\circ \\ 0 \end{pmatrix} = \begin{pmatrix} -R\frac{\sqrt{3}}{2} \\ -R\frac{1}{2} \\ 0 \end{pmatrix}.$$

M_o soll das Antriebsmoment sein, welches das Rad um die z-Achse dreht (E-Motor). Es hat also nur eine z-Komponente vom Betrag M_o. + oder –? Nun, die positive z-Achse kommt aus der Zeichenebene heraus, M_o hingegen dreht in die Zeichenebene hinein (Rechtsschraube). Das resultierende Moment ist also

$$\vec{M}_A = \vec{M}_o + \begin{vmatrix} \vec{e}_x & \vec{e}_y & \vec{e}_z \\ R\frac{\sqrt{3}}{2} & R\frac{1}{2} & 0 \\ 0 & -G & 0 \end{vmatrix} + \begin{vmatrix} \vec{e}_x & \vec{e}_y & \vec{e}_z \\ 0 & R & 0 \\ 0 & -G & 0 \end{vmatrix} + \begin{vmatrix} \vec{e}_x & \vec{e}_y & \vec{e}_z \\ -R\frac{\sqrt{3}}{2} & -R\frac{1}{2} & 0 \\ 0 & -3G & 0 \end{vmatrix}$$

$$= \begin{pmatrix} 0 \\ 0 \\ -M_o \end{pmatrix} + \begin{pmatrix} 0 \\ 0 \\ -GR\frac{\sqrt{3}}{2} \end{pmatrix} + \begin{pmatrix} 0 \\ 0 \\ 0 \end{pmatrix} + \begin{pmatrix} 0 \\ 0 \\ GR\frac{3\sqrt{3}}{2} \end{pmatrix},$$

$$\vec{M}_A = \begin{pmatrix} 0 \\ 0 \\ -M_o + GR\sqrt{3} \end{pmatrix} = \begin{pmatrix} 0 \\ 0 \\ -1{,}34 \end{pmatrix} \text{kN} \cdot \text{m}.$$

Ohne Rechnung hätte man sofort sehen können:

a) Das Gewicht von Gondel 2 kann kein Moment zur Folge haben, da die Wirkungslinie der Kraft genau durch A geht, der senkrechte Abstand also Null ist.

b) Alle Momente können nur eine z-Komponente haben, da $\vec{M} = \vec{r} \times \vec{G}$ nach Definition senkrecht auf $\vec{r}$ und $\vec{G}$ stehen muss. $\vec{r}$ und $\vec{G}$ liegen in der xy-Ebene.

Solch einfache ebenen Aufgaben löst man einfacher, ohne große Rechnung: Mann erkennt doch sofort, dass die Momente nur eine z-Komponente haben können. Die zueinander senkrechten Komponenten von $\vec{r}$ und $\vec{G}$ sind auch sofort zu sehen:

$$|\vec{M}_z| = M_z = -M_o - RG\cos 30^\circ + G \cdot 0 + 3RG\cos 30^\circ = -M_o + \sqrt{3}RG,$$

und damit der Vektor $\vec{M}_A = (-M_o + \sqrt{3}RG)\vec{e}_z$.

B Statik starrer Körper

Starrer Körper, was ist das? Ein starrer Körper ist undeformierbar, d. h. der Abstand zweier Punkte ist unveränderlich.

Statik, was ist das? Statik ist die Lehre vom Gleichgewicht.

Gleichgewicht, was ist das? Ein Körper ist im Gleichgewicht (GG), wenn seine Beschleunigung Null ist.

Beschleunigung, was ist das? Beschleunigung ist die Änderung der Geschwindigkeit.

Wann ist die Beschleunigung einer Masse Null? Diese ist Null, wenn die Geschwindigkeit konstant ist. Außerdem hat man in der Schule das Newtonsche Gesetz kennengelernt:

$$\sum \vec{F}_j = m\vec{a}_s.$$

Die Summe aller an einem Körper angreifenden Kräfte ist Masse mal Beschleunigung des Schwerpunktes.

$$\Rightarrow \quad \text{Wenn } \vec{a}_S = \vec{0}, \quad \text{dann folgt: } \sum \vec{F}_j = \vec{0}.$$

Das ist Grömaz, der größte Mechaniker aller Zeiten. Er wäre im Kraftgleichgewicht, wenn die Summe aller an ihm angreifenden Kräfte Null ergäbe.

Das ist jedoch nicht genug, denn er könnte sich noch beschleunigt drehen und wäre dann nicht mehr im GG! Also müssen wir noch fordern, dass die Summe aller Momente Null wird.

Damit haben wir die Gleichgewichtsbedingungen der Statik

Ein Körper ist im GG, wenn gilt:

$$\sum \vec{F}_j = \begin{pmatrix} \sum F_x \\ \sum F_y \\ \sum F_z \end{pmatrix} = \vec{0} \quad \text{und} \quad \begin{pmatrix} \sum M_x^P \\ \sum M_y^P \\ \sum M_z^P \end{pmatrix} = \vec{0}.$$

Es müssen also zwei Vektorgleichungen im **3-dimensionalen Raum** erfüllt werden. Da ein Vektor Null wird, wenn alle seine Komponenten Null werden, hat man sechs skalare Gleichungen zu erfüllen.

$$\begin{aligned} \sum F_x &= 0 \qquad & \sum M_y^P &= 0 \\ \sum F_y &= 0 \qquad & \sum M_x^P &= 0 \\ \sum F_z &= 0 \qquad & \sum M_z^P &= 0 \end{aligned}$$

Sechs skalare Gleichgewichtsbe dingungen (GGB) im R3

https://doi.org/10.1515/9783111598222-002

Da sich der Körper um keinen Punkt des Universums drehen soll, ist der Punkt P beliebig.

Welche von den 6 GGB im R3 bleiben im **2-dimensionalen Raum** übrig?

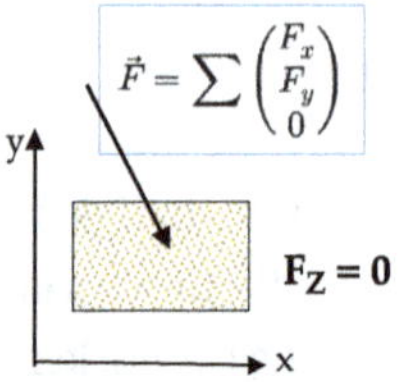

Im R2 (in der xy-Ebene) gibt es keine Kraft in z-Richtung. Damit entfällt die 3. Kraftgleichgewichtsbedingung.

Dann kann es aber auch kein Moment geben, dass um die x- oder um die y-Achse dreht! Denn dazu wäre ein Kräftepaar notwendig, bei dem die Kräfte in z-Richtung wirken. Also gibt es nur ein M_z.

$$\Rightarrow \quad \sum F_x = 0 \quad \sum F_y = 0 \quad \sum M_z^P = 0 \quad \textbf{3 skalare GGB im R2.}$$

Noch ein Versuch, das Moment und seine Wirkung zu erklären:

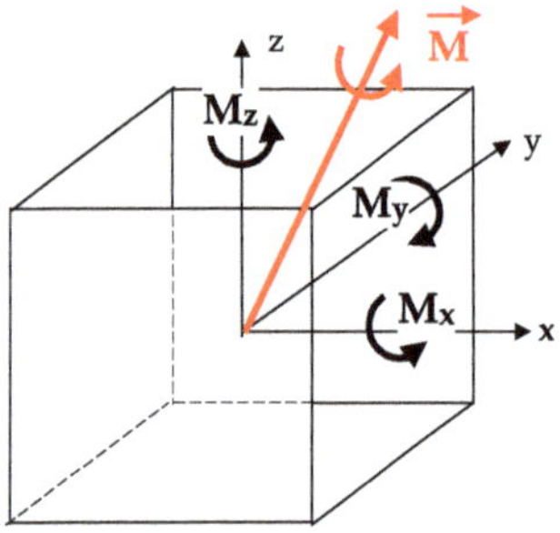

Will man den gezeichneten Quader um die x-Achse drehen, so ist dazu ein Moment (Kräftepaar) M_x notwendig. Will man um die y- bzw. z-Achse drehen, so braucht man ein Moment M_y bzw. M_z.

Will man alle drei Drehungen gleichzeiteig ausführen, so braucht man das Moment

$$\vec{M} = \begin{pmatrix} M_x \\ M_y \\ M_z \end{pmatrix}.$$

Testen wir doch all diese Aussagen gleich einmal am denkbar einfachsten Beispiel:

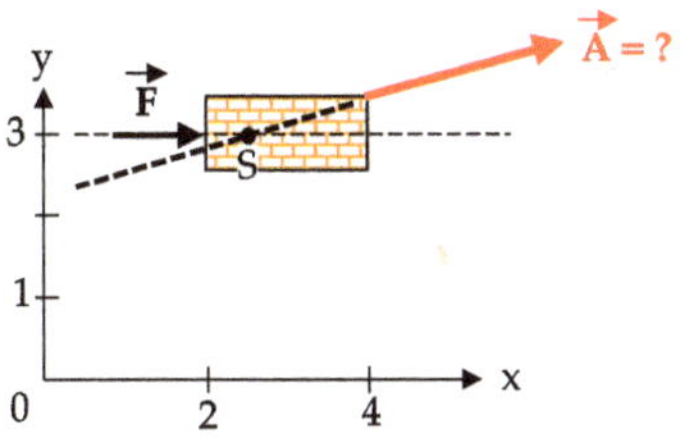

Ein Klotz wird in der xy-Ebene durch eine horizontale Kraft $\vec{F}$ belstet. Wie groß muss eine zusätzliche Kraft $\vec{A}$ sein, damit er im Gleichgewicht ist?

Scharfes Hinsehen und tiefes Nachdenken lässt sicherlich jeden diese Frage sofort beantworten:

$$\vec{A} = -F\vec{e}_x.$$

Mal sehen, ob unsere drei ebenen GGB das auch schaffen.

Kraftgleichgewicht:

$$\sum \vec{F}_j = \vec{0} = \vec{F} + \vec{A} \quad \Rightarrow \quad \vec{A} = \begin{pmatrix} A_x \\ A_y \\ A_z \end{pmatrix} = -\vec{F} = \begin{pmatrix} -F \\ 0 \\ 0 \end{pmatrix}.$$

Momentengleichgewicht: S ist der Schnittpunkt der **Wirkungslinien** beider Kräfte.

Man sieht sofort, dass das resultierende Moment um S Null sein muss.

Damit ist das Momentengleichgewicht erfüllt.

Schnittprinzip ⟷ Reaktionsprinzip

Herr Newton, geb. 1643, stellte sich folgende Frage: Wie gros ist die Kraft zwischen dem Gewicht und dem Erdboden? Idiotische Frage, naturlich G, sagen viele jetzt. Dann frage ich gleichmal + oder −?

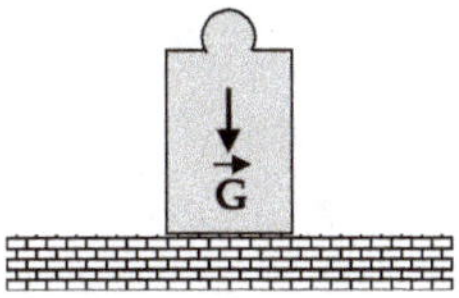

Die Frage von Newton ist nicht idiotisch, sondern genial und trifft genau den Kern des Problems. Wir müssen ja die GGB erfüllen. Die gesuchte Kraft ist aber nicht zu sehen, wie das in der vorigen Aufgabe der Fall war. Newton kam auf die geniale Idee des **Freischnitts:**

Schneide durch einen gedachten Schnitt das System von der Umgebung frei, zeichne da, wo du geschnitten hast die sog. Schnittkräfte ein und bilde Gleichgewicht.

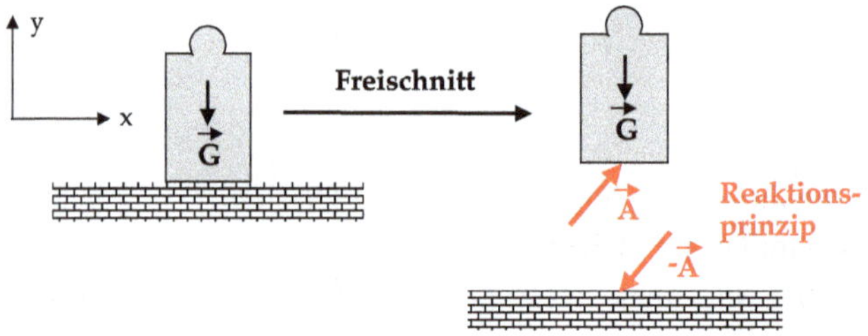

Nun können wir Gleichgewicht wie in der vorigen Aufgabe bilden:

$$\sum \vec{F}_j = \vec{0} = \vec{G} + \vec{A} \quad \Rightarrow \quad \vec{A} = \begin{pmatrix} A_x \\ A_y \\ A_z \end{pmatrix} = -\vec{G} = -\begin{pmatrix} 0 \\ -G \\ 0 \end{pmatrix} \quad \Rightarrow \quad \begin{aligned} A_x &= 0 \\ A_y &= G \\ A_z &= 0. \end{aligned}$$

Wir erkennen: Wirkt auf der einen Schnittseite eine Kraft A, so wirkt auf der anderen Seite eine gleich große Kraft, die aber entgegengesetzt gerichtet ist (**Reaktionsprinzip**). Ist doch eigentlich klar: Das Gewicht drückt auf den Boden und umgekehrt verhindert der Boden, dass das Gewicht nach unten fällt.

Das Reaktionsprinzip begegnet uns überall im Leben. Versucht mal, mit der Faust gegen eine Wand zu schlagen. Damit macht ihr evtl. die Wand kaputt. Die Wand reagiert aber und bricht evtl. eure Handknochen!

Auch in der Politik funktioniert das: Ein Land A schießt eine Rakete auf ein Land B. B reagiert und schickt einen Selbstmordattentäter mit einer Bombe nach A. A reagiert und schickt eine Rakete nach B. B ist böse und schickt einen Selbstmordattentäter nach A. A ist böse und ...Dieses Spiel kann Jahrezehnte so weitergehen.

In meiner Kindheit spielten wir oft „Seilziehen". Zwei Gruppen zogen an einem Seil. Die Gruppe, die die andere Gruppe zu Fall brachte, hatte gewonnen. Solange beide Gruppen mit gleicher Kraft F zogen, war Gleichgewicht.

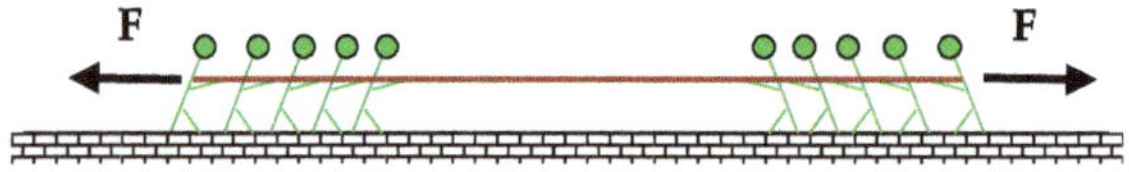

„Wie groß ist denn dann aber die Kraft im Seil?" Das fragte ich mich, als ich größer war:

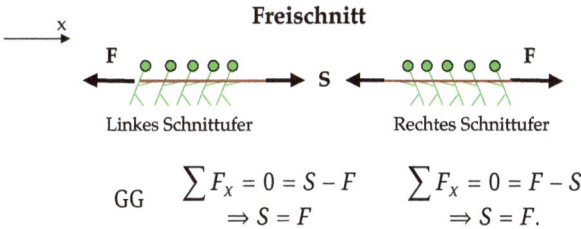

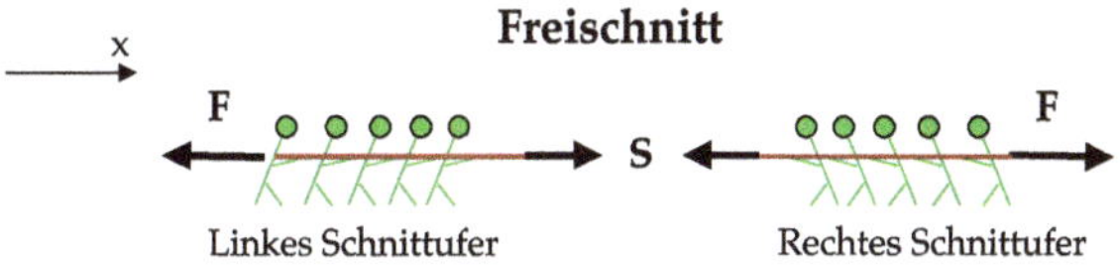

GG $\sum F_x = 0 = S - F \Rightarrow S = F$ $\qquad \sum F_x = 0 = F - S \Rightarrow S = F.$

Natürlich beides Mal das gleiche Ergebnis $S = F$. Auf welcher Seite man rechnet, ist also egal.

Der Freischnitt ist eins der wichtigsten Dinge der technischen Mechanik. Viele Studenten verstehen im ersten Semester den Sinn nicht. Glaubt mir:

Der falsche Freischnitt ist die falsche Lösung

Beachte auch: Ein Freischnitt geht vollständig um das System herum, in der Ebene wie eine geschlossene Kurve, und im Raum wie ein Luftballon.

Mit diesen wenigen theoretischen Grundlagen sind wir in der Lage, eine große Anzahl von Aufgaben zu lösen. Es handelt sich um Aufgaben zum Thema:

Auflagerreaktionen, Fachwerksberechnung, Schnittlasten

Lösungsschema für all diese Aufgaben

1.) Durch einen geeigneten Schnitt die unbekannten Kräfte und Momente freilegen.
2.) Die Gleichgewichtsbedingungen hinschreiben.
3.) Das sich ergebende Gleichungssystem lösen.

Das ist eigentlich ganz einfach. Das Schwierigste ist für die meisten Studenten am Anfang nicht die Mechanik, sondern die Geometrie! Immer wieder müssen Winkel gefunden werden, um die Kraftkomponenten zu bestimmen. Im Prinzip ist es nur die Scheu vor der Geometrie, die so manchen die Mechanik zum „Fach des Grauens" werden lässt. Diese Schwierigkeiten lassen sich durch stetiges Üben ausmerzen. Wer diese überwunden hat, für den wird die Mechanik zum Zaubergarten.

Es ist wie beim Autofahren. Wer es erlernen möchte, muss unbedingt selbst am Steuer sitzen und üben. Nur als Beifahrer (Hörer) dem Fahrlehrer (Professor) zuzuschauen (zuzuhören) und dann in der Prüfung (Klausur) zum ersten Mal selbst zu fahren (rechnen) ist sinnlos. Das endet am nächsten Baum (mit Durchfall). In der Mechanik ist das Üben und die praktische Anwendung der in der Vorlesung gebrachten Theorie das Geheimnis, sicher und mit Vergnügen durch den Zaubergarten Mechanik zu fahren.

Auf geht´s, wir beginnen unsere praktischen Fahrstunden.

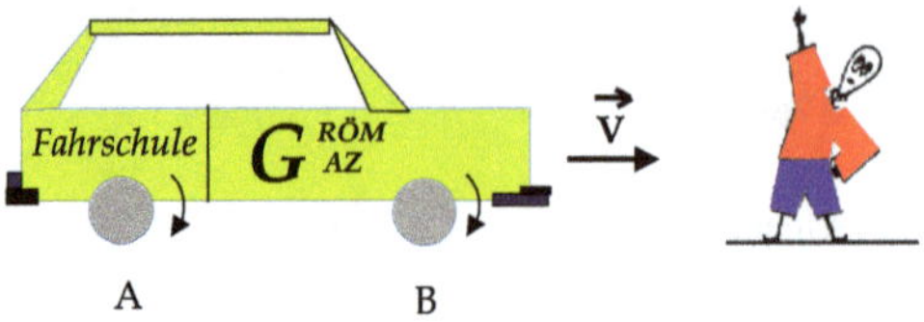

1B Gleichgewicht und Lagerreaktionen ebener Systeme

Wir beginnen unsere Übungen zunächst mit ebenen Systemen.

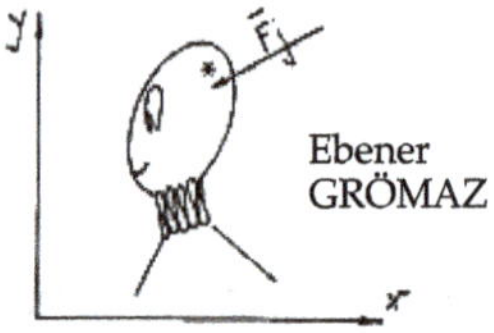

$$\sum \vec{F}_j = \vec{0} \quad \text{und} \quad \sum \vec{M}_j^P = \vec{0}.$$

Es gibt keine Kräfte in z-Richtung.

$$\sum F_x = 0, \quad \sum F_y = 0, \quad \sum M_z^P = 0.$$

Die Bauingenieure verzichten oft auf ein Koordinatensystem und sprechen die GGB dann in folgender Form aus:

$$\sum H = 0,$$
$$\sum V = 0,$$
$$\sum M_P = 0.$$

H = Horizontale Kräfte, V = Vertikale Kräfte, P = Drehpunkt (beliebig).

Es folgen nun mehrere Übungsaufgaben zu disem Thema. Der Lösungsweg ist immer gleich:

Freischneiden
GG bilden
Unbekannte bestimmen

1B 1

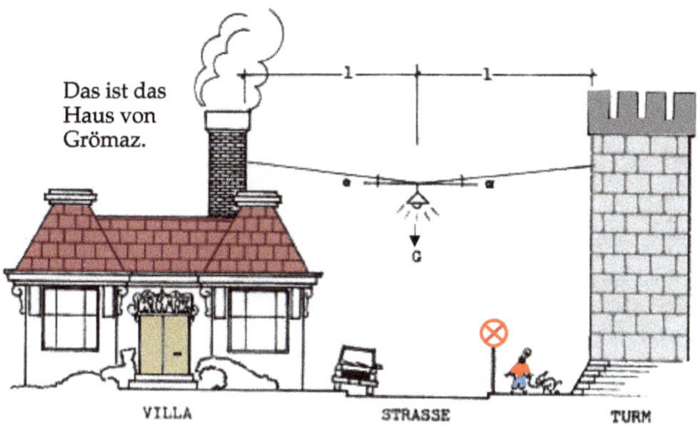

Fragen:

a) Welche Jahreszeit ist es?

b) Welcher Tagesabschnitt ist es?

c) Was macht der Hund?

d) **Wie groß sind die Kräfte in den Seilen, wenn die Lampe ein Gewicht von G N hat und die Seile mit der Horizontalen einen Winkel α einschließen?**

Die Fragen a, b, c soll sich jeder selbst überlegen.

Zur Frage d):

1.) Der Freischnitt

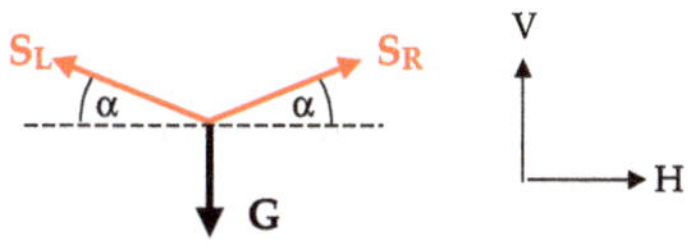

2.) Kraftgleichgewicht

$$\sum H = 0 = S_R \cos\alpha - S_L \cos\alpha \quad \Rightarrow \quad S_L = S_R = S,$$
$$\sum V = 0 = S_R \sin\alpha + S_L \sin\alpha - G.$$

3.) Unbekannte berechnen

$$S_L = S_R = S = \frac{G}{2\sin\alpha}.$$

Warum wurde die Momenten-GGB nicht benötigt? Das liegt daran, dass sich die drei Kräfte in einem Punkt schneiden. Damit sind alle Momente automatisch Null.

Ein Kraftsystem, bei dem sich **alle Kräfte in einem Punkt schneiden,** nennt man

Zentrales Kraftsystem

Lösen wir diese Aufgabe noch einmal ganz formal mit Vektoren:

1.) Der Freischnitt

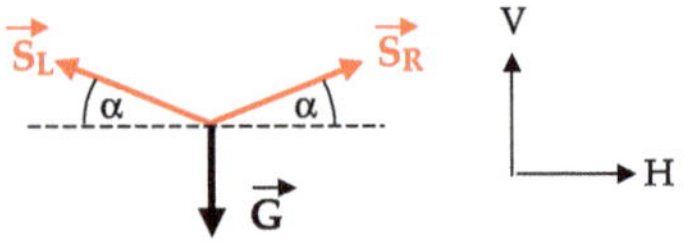

2.) Kraftgleichgewicht

$$\sum \vec{F}_j = \vec{0} = \vec{S}_L + \vec{S}_R + \vec{G} = \begin{pmatrix} -S_L \cos\alpha \\ S_L \sin\alpha \\ 0 \end{pmatrix} + \begin{pmatrix} S_R \cos\alpha \\ S_R \sin\alpha \\ 0 \end{pmatrix} + \begin{pmatrix} 0 \\ -G \\ 0 \end{pmatrix}$$

$$\Rightarrow \quad \vec{0} = \begin{pmatrix} -S_L \cos\alpha + S_R \cos\alpha \\ S_L \sin\alpha + S_R \sin\alpha - G \\ 0 \end{pmatrix}.$$

3.) Unbekannte berechnen

Ein Vektor ist Null, wenn alle Komponenten Null sind.

$$\Rightarrow \quad S_L = S_R = S \quad \text{und} \quad 2S \sin\alpha = G$$

$$\Rightarrow \quad S = \frac{G}{2\sin\alpha}.$$

Erkenntnis: Es ist unmöglich, ein Seil horizontal zu spannen und vertikal zu belasten. Bei $\alpha = 0$ wird die Seilkraft unendlich – das Seil reißt.

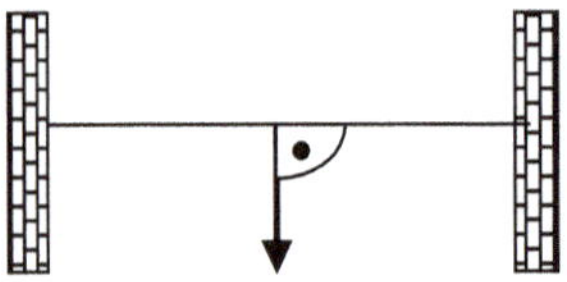

Geht nicht

Beachte, dass wir hier nur starre Körper betrachten. Ein reales Seil würde sich dehnen und damit sofort einen Winkel α bilden.

Noch eine Aufgabe zum zentralen Kraftsystem

1B 2

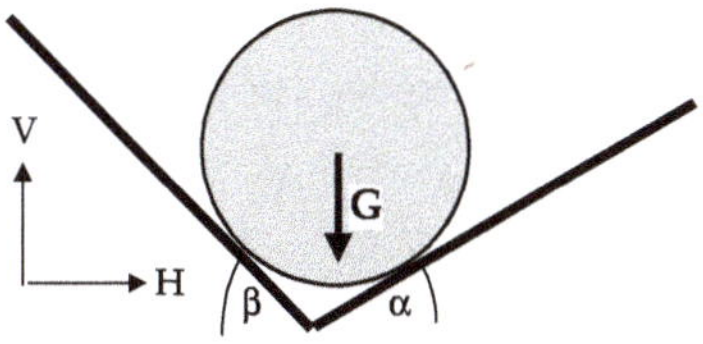

Eine Kugel vom Gewicht G liegt wie gezeichnet zwischen zwei schiefen Ebenen.
Gegeben: G, α, β.
Gesucht: Die Kontaktkrafte.

1.) Der Freischnitt

Die Schnittkräfte nennen wir N_L und N_R. Warum N? ***N*** wie **N**ormakraft. Normal zu den Ebenen.

Gibt es aber nicht auch Kraftkomponenten parallel zu den Ebenen? Das wären **Reibungskräfte** R.

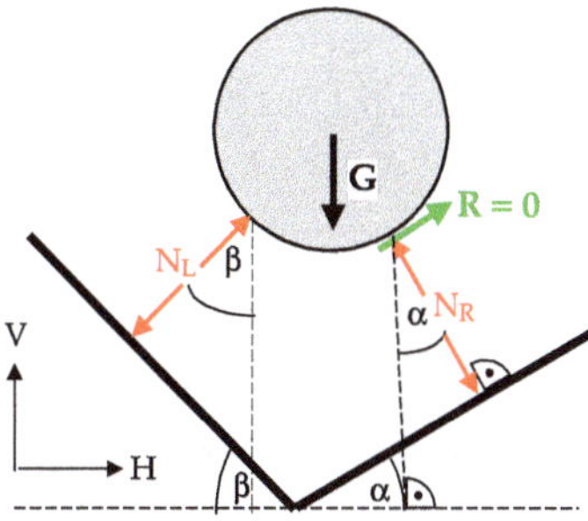

Nein, die kann es nicht geben. Die eingetragene Kraft ***R*** hätte ein Moment zur Folge, das Rad würde sich wie durch Geisterhand drehen und ich vor Angst sofort in die Kirche laufen.

Spitzfindige Leute wenden ein, dass es auf der linken Seite auch ein gleichgroßes R geben könnte mit Richtung nach oben. Dann würden sich die Momente ausgleichen. Nein, sage ich auch dazu, denn ich könnte ja eine Seite mit Öl schmieren und die Reibung klein machen. Wieder wäre das Momentengleichgewicht nicht erfüllt.

2.) Kraftgleichgewicht

(Die Momenten-GGB wird nicht benötigt, da zentrales Kraftsystem)

Wir müssen die horizontalen und vertikalen Kraftkomponenten finden. Wieder die Geometrie!

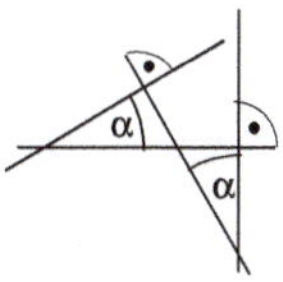

Satz der Mathematik: Stehen die Schenkel zweier Winkel paarweise senkrecht aufeinander, so sind die Winkel gleich.

Damit erkennen wir die oben eingezeichneten Winkel α und β der Normalkräfte gegen die Vertikalen.

$$\begin{aligned} \sum H &= 0 = N_L \sin\beta - N_R \sin\alpha \quad 1) \\ \sum V &= 0 = N_L \cos\beta + N_R \cos\alpha - G \quad 2) \end{aligned}$$

2 Gleichungen mit
2 Unbekannten N_L, N_R

3.) Gleichungssystem lösen

Aus 1) folgt:

$$N_L = N_R \frac{\sin\alpha}{\sin\beta}.$$

In 2) einsetzen:

$$N_R \frac{\sin\alpha}{\sin\beta} \cos\beta + N_R \cos\alpha = N_R \frac{\sin\alpha\cos\beta + \cos\alpha\sin\beta}{\sin\beta} = G$$

$$\Rightarrow \quad N_R = \frac{\sin\beta}{\sin\alpha\cos\beta + \cos\alpha\sin\beta} G \quad \Rightarrow \quad N_L = \frac{\sin\alpha}{\sin\alpha\cos\beta + \cos\alpha\sin\beta} G.$$

1B 3 a) Die Balkenwaage

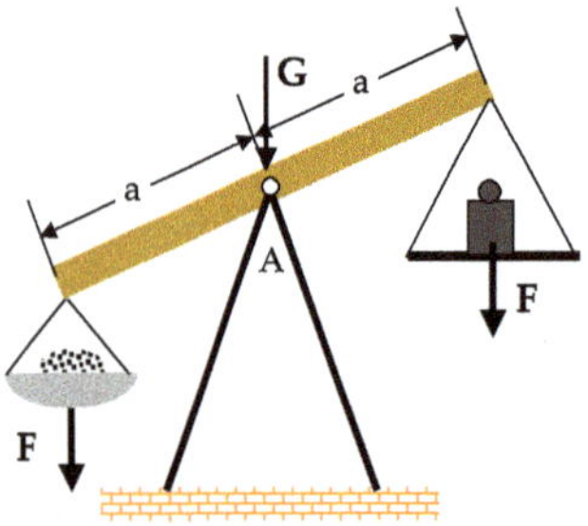

Wir lassen auf dem Markt 1 kg Reis mit einer Balkenwaage abwiegen. Der Balken hat das Gewicht *G*, die Länge 2a und wird im Punkt *A* gehalten. Rechts wird ein Gewicht *F* angebracht, das der Masse 1 kg entspricht. Links wird die entsprechende Menge Reis gelegt. Die Waage ist nun im GG.

Mit welcher Kraft muss der Balken im Punkt *A* gehalten werden und welcher Winkel gegen die Horizontale stellt sich ein?

Klingt primitiv. Beantwortet doch diese Fragen einmal ohne die Rechnung anzuschauen und vergleicht sie mit der folgenden Rechnung.

1.) Der Freischnitt

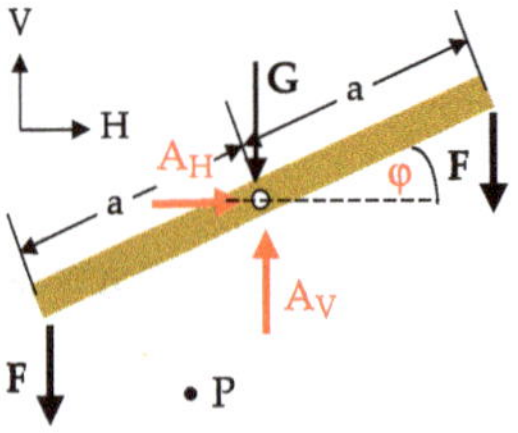

Wir bleiben bei der Sprache der Bauingenieure und nennen die Koordinaten Horizontal und Vertikal.

Den gesuchten Kraftvektor, mit dem der Balken gehalten werden muss, nennen wir
$\vec{A} = \begin{pmatrix} A_H \\ A_V \\ 0 \end{pmatrix}$
Die Schnittkraft nennen wir A, weil sie im Punkt A angreift.

2.) Kraftgleichgewicht
Für die drei Unbekannten A_H, A_V und φ stehen uns auch drei GGB zur Verfügung:

$$\sum H = 0 = A_H, \quad \sum V = 0 = A_V - G - 2F \quad \Rightarrow \quad A_V = G + 2F.$$

Für das Momentengleichgewicht ist der Bezugspunkt egal. Wir könnten den skizzierten Punkt P nehmen. Das wäre jedoch dumm, da dann **alle** Kräfte eingehen. Daher wählt man einen Punkt, bei dem möglichst viele Kräfte kein Moment haben. Hier wäre das der Punkt A.

$$\sum M_A = 0 = Fa\cos\varphi - Fa\cos\varphi.$$

Das ist immer Null! Also ist der Winkel beliebig! Das will der gesunde Menschenverstand nicht glauben. Der Balken war doch auf dem Markt im Gleichgewichtszustand immer horizontal. Stimmt. Allerdings sah dort die Waage etwas anders aus. Mit der hier betrachteten Waage kann man nicht wiegen, weil diese im **Schwerpunkt** gehalten wird!

1B 3 b) Wir bauen die Waage etwas um, sodass A nicht mehr der Schwerpunkt ist

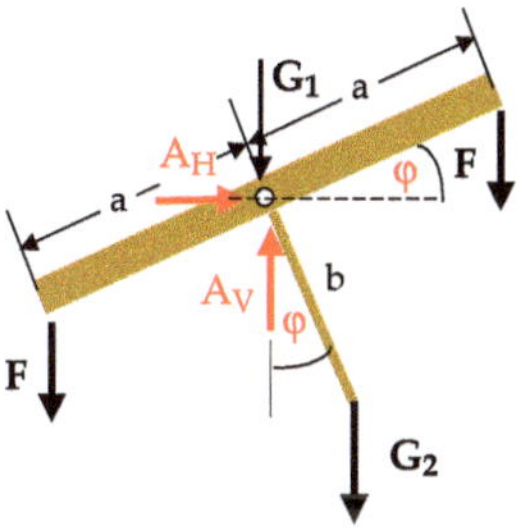

Senkrecht zum Balken wird noch ein gewichtsloser Stab der Länge b angeschweißt und am Ende ein Gewicht der Größe G_2 angehängt. Der Winkel dieses Stabes gegen die Vertikale ist dann auch φ.
Sofort ersichtlich sind die Lagerkräfte

$$A_H = 0 \quad A_V = 2F + G_1 + G_2.$$

Die Momentenbedingung lautet nun

$$\sum M_A = 0 = Fa\sin\varphi - Fa\cos\varphi - G_2 b\sin\varphi.$$

$$\boxed{\Rightarrow \quad \sin\varphi = 0 \quad \Rightarrow \quad \underbrace{\varphi_1 = 0}_{\text{Stabil}} \ und\ \underbrace{\varphi_2 = 180^o}_{\text{labil}}}$$

Diese Waage kennen wir vom Markt.

1B 4

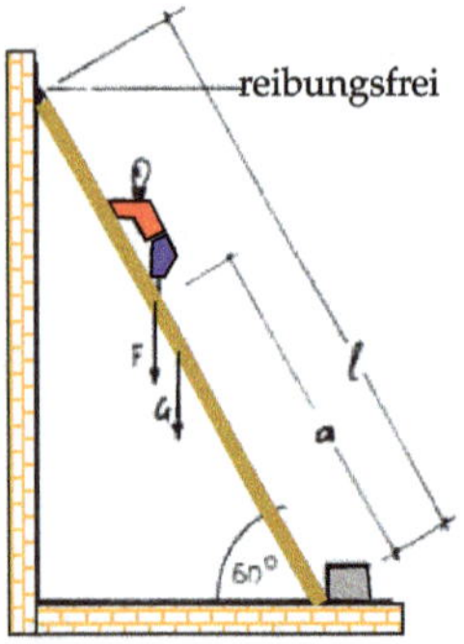

Grömaz (sein Gewicht ist F) erklimmt eine Leiter vom Gewicht G und der Länge l. a Meter ist er diese schon entlanggeklettert. Damit die Leiter nicht abrutscht, hat er unten einen Klotz angenagelt. Oben, zwischen der Leiter und der Wand gibt es keine Reibung.

Gegeben: G, $F = 3G$, $a/l = 2/3$.

Gesucht: Die Kräfte zwischen der Leiter und dem Boden bzw. dem Klotz und zwischen der Leiter und der Wand.

1.) Der Freischnitt

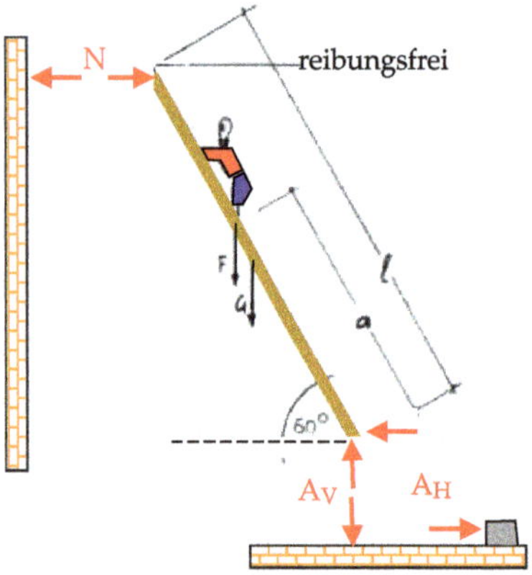

2.) Gleichgewicht

$$\sum V = 0 = A_V - G - F \quad \Rightarrow \quad A_V = G + F$$

$$\sum M_A = 0 = G\frac{l}{2}\cos 60^\circ + Fa\cos 60^\circ - Nl\sin 60^\circ$$

$$\Rightarrow \quad \underline{N} = \frac{(0,5Gl + Fa)\cos 60^o}{l\sin 60^o} = \underline{\frac{5}{2\sqrt{3}}G}$$

$$\sum H = 0 = A_H - N \quad \Rightarrow A = N = \ldots\ldots$$

Man sollte sich immer überlegen, in welcher Reihenfolge man die GGB schreibt, damit man möglichst schnell ein Endergebnis bekommt.

Hätte ich als zweite Gleichung horizontales GG genommen, so hätte ich noch kein Endergebnis. Ich hätte dann als dritte Gleichung die Momentenbedingung nehmen müssen und dann zurück zur zweiten Gleichung, um A_H zu rechnen. Das Ergebnis wäre gleich, aber das kostet Zeit, und Zeit ist wertvoll.

1B 5

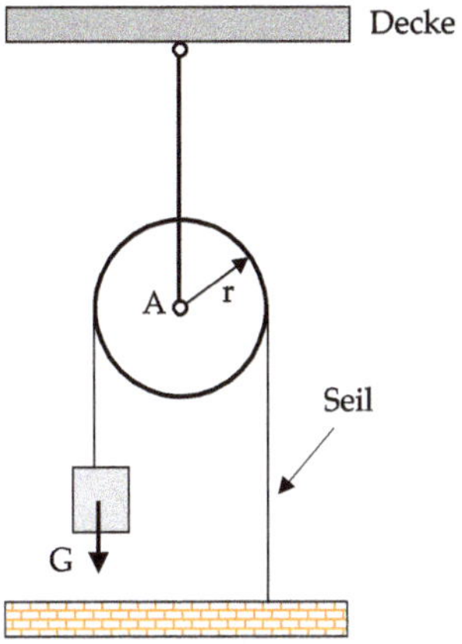

Ein Rad ist über einen Stab an der Decke befestigt. Ein über das Rad gelegtes Seil ist rechts mit dem Boden verbunden und links durch ein Gewicht G belastet. Die Gewichte von Rad, Stab und Seil werden vernachlässigt.

Mit welcher Kraft Z zieht der Stab an der Decke?

Der „gesunde" Menschenverstand lässt die Meisten antworten: „Ist doch klar, wenn 1 G angehangen wird, wird auch mit 1 G an der Decke gezogen. Also: $Z = G$".

Mal sehen, ob unser Verstand wirklich so gesund ist, wie wir glauben.

1.) Der Freischnitt

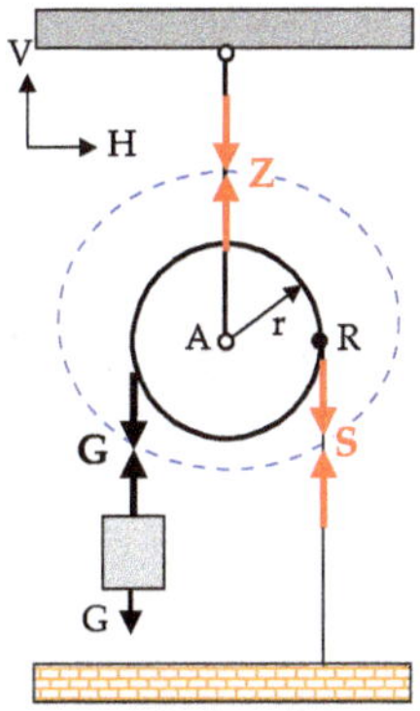

2.) Gleichgewicht

$$\sum H = 0 = 0 \quad \text{automatisch},$$
$$\sum M_A = 0 = Gr - Sr \quad \Rightarrow \quad S = G,$$
$$\sum V = 0 = Z - S - G \quad \Rightarrow \quad \underline{Z = 2G.}$$

3.) Gleichungssystem lösen

Schon geschehen.

$Z = 2G$! Unser gesunder Menschenverstand ist doch nicht so gesund!

Man hätte Z auch direkt ausrechnen können, indem man das Momentengleichgewicht um den rechten Punkt R bildet:

$$\sum M_R = 0 = G2r - Z \quad \Rightarrow \quad \underline{Z = 2G}.$$

Die Mechanik wird uns noch oft zeigen, wie falsch wir denken. Die Mathematik tut das ebenso. Das ist einer der Gründe, warum diese Fächer bei vielen Menschen so unbeliebt sind. Menschen können es nicht ertragen, wenn ihnen ihre Irrtümer so offen gezeigt werden. Dabei sollten sie sich freuen, dass die Freunde Mathe und ME ihnen die Wahrheit so präzise zeigen.

2B Gleichgewicht und Lagerreaktionen ebener Mehrkörpesysteme

In der ersten Übung haben wir das GG an einem Körper betrachtet: Eine Lampe, eine Kugel, eine Leiter, ... In der zweiten Übung werden wir das GG mehrerer Körper betrachten, die miteinander verbunden sind. Das Prinzip bleibt das gleiche:

Jeden Körper freischneiden GGB für jeden Körper formulieren Gleichungssystem lösen

---

2B 1

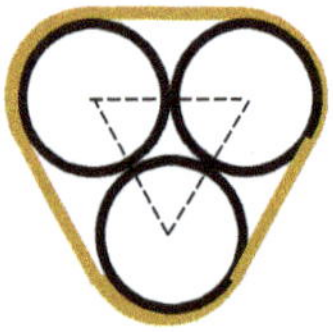

Drei gleich große Rohre für eine Pipeline werden zum Transport mit einem Seil zusammengebunden. Eine Maschine erzeugt dazu eine vorgegebene Seilkraft S. Die Gewichte der Rohre und des Seils sind zu vernachlässigen.

Gegeben: S.

Gesucht: Die Kontaktkräfte zwischen den Rohren.

Zur Geometrie: Da die Rohre gleich groß sind, bilden die Mittelpunkte ein gleichseitiges Dreieck. Die Innenwinkel sind damit 60°.

1.) Alle Systemteile freischneiden und die Schnittkräfte einzeichnen.

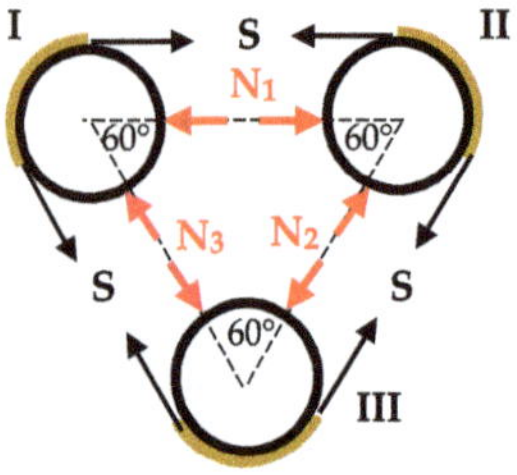

Reibungskräfte kann es nicht geben (Begründung s. Aufgabe 1 B2).

Das ist ein völlig korrekter Freischnitt. Wir haben drei Systemteile I, II, und III. Für jeden Schnitt müssen die GGB geschrieben werden.

Wegen der Symmetrie sind aber die drei Normalkäfte gleich. Damit genügt es, nur ein Rohr zu betrachten z. B. Schnitt I.

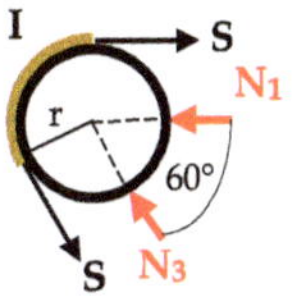

$$\sum V = 0 = N_3 \sin 60^\circ - S \sin 60^\circ \quad \Rightarrow \quad N_3 = S$$

Und wegen der Symmetrie: $N_1 = N_2 = S$.

Wir hätten auch $\sum H = 0$ bilden können:

$$\sum H = 0 = S - N_1 - N_3 \cos 60^\circ + S \cos 60^\circ .$$

Mit $N_3 = S$ folgt dann: $N_1 = S$

Man sieht sofort, dass das Momentengleichgewicht auch erfüllt ist, da die Kräfte S gleich groß sind, aber entgegengesetzt drehen.

2B 2

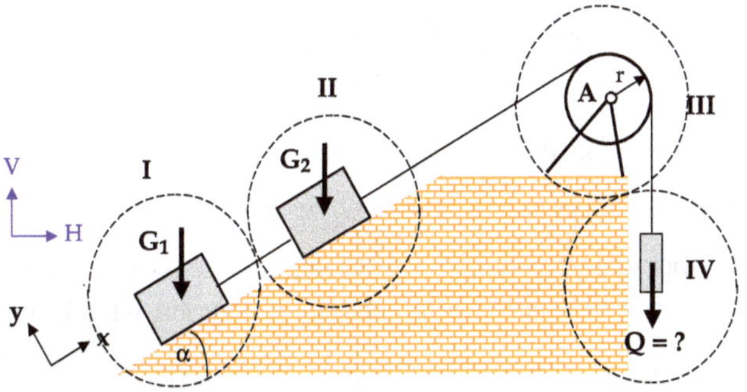

Zwei mit einem Seil verbundene Gewichte liegen **reibungsfrei** auf einer schiefen Ebene.
Gegeben: Die Skizze.
Gesucht: Wie groß muss Q sein, damit Gleichgewicht herrscht? Wie groß sind die Seil- und die Lagerkräfte?

Erst einmal überlegen, was zu tun ist: Alle vier Systemteile freischneiden. Für jeden Schnitt müssen in der Ebene drei GGB erfüllt sein. Im Prinzip bekommen wir also $3 \times 4 = 12$ Gleichungen. Gleichungssystem lösen – fertig!

Keine Angst, so schlimm wird es hier nicht werden.

Die Unbekannten sind rot gezeichnet. Zählen wir einmal: Es sind acht.

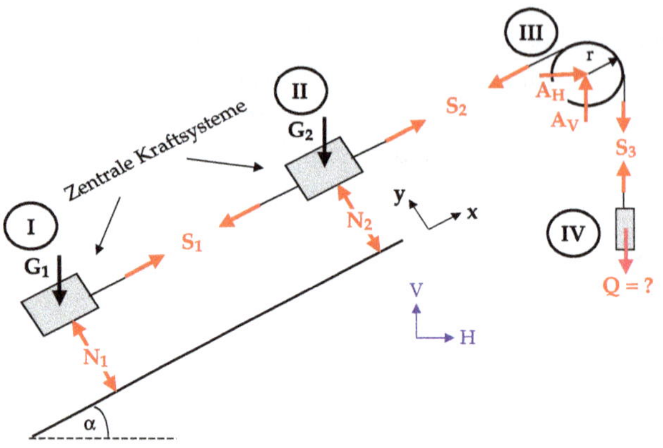

Die Lösung muss unabhängig vom Koordinatensystem sein. Um das zu prüfen, habe ich zwei Systeme vorgegeben. Rechnen wir einmal in beiden.

Schnitt (I)

Im <HVz>-System

$$\sum H = 0 = S_1 \cos\alpha - N_1 \sin\alpha \qquad \sum V = 0 = S_1 \sin\alpha + N_1 \cos\alpha - G_1.$$

Das sind zwei gekoppelte Gleichungen.

Gleichungssystem lösen:

$$\Rightarrow \quad \underline{N_1 = G_1 \cos\alpha, \quad S_1 = G_1 \sin\alpha.}$$

Im <xyz>-System

$$\sum F_x = 0 = S_1 - G_1 \sin\alpha \quad \Rightarrow \quad \underline{S_1 = G_1 \sin\alpha,}$$
$$\sum F_y = 0 = N_1 - G_1 \cos\alpha \quad \Rightarrow \quad \underline{N_1 = G_1 \cos\alpha.}$$

Natürlich das gleiche Ergebnis, aber viel schneller, weil die Gleichungen entkoppelt sind.

Also: Immer erst überlegen in welchem Koordinatensystem man am schnellsten die Lösung bekommt.

Schnitt (II)

Wenn wir Schnitt I verstanden haben, muss es klar sein, dass am besten im <*xyz*>-System gerechnet wird.

$$\sum F_x = 0 = S_2 - S_1 - G_2 \sin\alpha \quad \Rightarrow \quad \underline{S_2 = (G_1 + G_2)\sin\alpha,}$$
$$\sum F_y = 0 = N_2 - G_2 \cos\alpha \quad \Rightarrow \quad \underline{N_2 = G_2 \cos\alpha.}$$

Jetzt sollte jeder Schnitt II noch einmal im <*HVz*>-System rechnen.

Schnitt (III)

Hier wirken drei Kräfte in H- bzw. V-Richtung und nur eine in x-Richtung. Damit bietet sich für die Rechnung das <*HVz*>-System an. Schnitt III ist kein zentrales Kraftsystem, also müssen wir alle drei GGB formulieren. Erst überlegen, dann schreiben. Mit welcher Gleichung bekommt man am schnellsten ein Ergebnis? Finden wir eine Gleichung mit nur einer Unbekannten? Ja, das Momentengleichgewicht um A liefert sofort S_3, denn S_2 wurde gerade berechnet:

$$\sum M_A = 0 = S_3 r - S_2 r \quad \Rightarrow \quad S_3 = S_2 = (G_1 + G_2)\sin\alpha,$$
$$\sum H = 0 = A_H - S_2 \cos\alpha \quad \Rightarrow \quad A_H = (G_1 + G_2)\sin\alpha\cos\alpha,$$
$$\sum V = 0 = A_V - S_2 \sin\alpha - S_3 \quad \Rightarrow \quad A_V = (G_1 + G_2)(1 + \sin\alpha)\sin\alpha.$$

Schnitt IV

Das ist primitiv:

$$\sum V = 0 = Q - S_3 \quad \Rightarrow \quad Q = (G_1 + G_2)\sin\alpha.$$

Damit sind alle Fragen der Aufgabe 2B 2 beantwortet.

2B 3 Der Flaschenzug

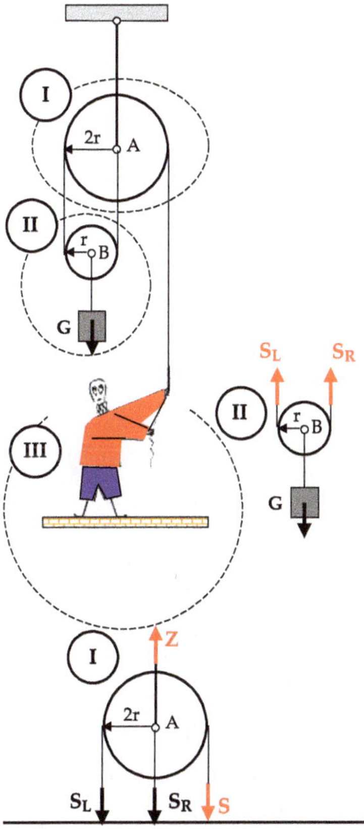

Da ich nicht einmal weiß, warum ich Jan bzw. Lehnert heiße, ist es mir völlig egal, warum dieses Ding „Flaschenzug" heißt. Mit welcher Kraft S muss Grömaz mindestens ziehen, damit er auch in Zukunft Mechanik betreiben kann?

Mit welcher Kraft Z zieht in diesem Fall der Flaschenzug an der Decke?

Die Räder und Seile sind als gewichtslos anzunehmen.

Die erste Intelligenzleistung ist die Beantwortung der Frage, mit welchem Schnitt die Rechnung am besten beginnt. Bei Schnitt I sehe ich spontan vier Unbekannte. Gefällt mir nicht. Bei Schnitt II sind es nur zwei Unbekannte. Also starten wir mit Schnitt II.

$\sum H = 0$ automatisch erfüllt

$\sum M_B = 0 = S_R r - S_L r$

$\Rightarrow \quad S_R = S_L$

$\sum V = 0 = S_L + S_R - G$

$\Rightarrow \quad S_L = S_R = \frac{1}{2}G$

$\sum H = 0$ automatisch erfüllt

$\sum M_A = 0 = S_L 2r - S2r$

$\Rightarrow \quad S = S_L = \frac{1}{2}G$

$\sum V = 0 = Z - S_L - S_R - S$

$\Rightarrow \quad Z = \frac{3}{2}G.$

Das ist das Geheimnis des Flaschenzuges. Grömaz muss nur mit der halben angehängten Kraft ziehen. Allerdings wirkt auf die Decke 1,5 G.

2B 4

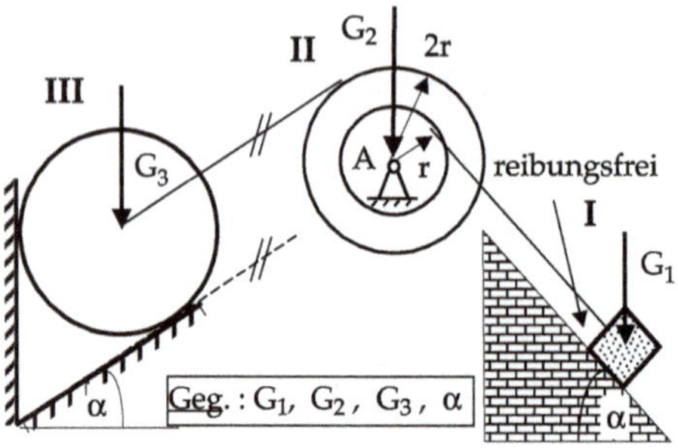

Das Gewicht G_1 liegt **reibungsfrei** auf einer schiefen Ebene. Ein über eine in A gelagerte Umlenkrolle vom Gewicht G_2 geführtes Seil verbindet G_1 mit einer Kugel vom Gewicht G_3. Die Kugel liegt zwischen zwei Ebenen. Bestimmen Sie:

a) Die Seilkräfte und Lagerkräft bei A.

b) Die Kontaktkräfte zwischen der Kugel und den Ebenen.

c) Wie groß muss G_3 mindestens sein, damit bei gegebenem G_1 in der gezeichneten Lage Gleichgewicht herrscht?

Erst überlegen: Mit welchem Freischnitt sollten wir beginnen? Bei Schnitt III gibt es zwei unbekannte Kontaktkräfte und eine Seilkraft, also drei Unbekannte. Es ist jedoch ein zentrales Kraftsystem. Wir haben also nur zwei Gleichungen.

Schnitt II ist kein zentrales System. Wir haben hier drei Gleichungen (ebenes System). Es gibt aber vier Unbekannte: zwei Seilkräfte und zwei Lagerkräfte. Damit empfehle ich mit Schnitt I zu beginnen.

a)

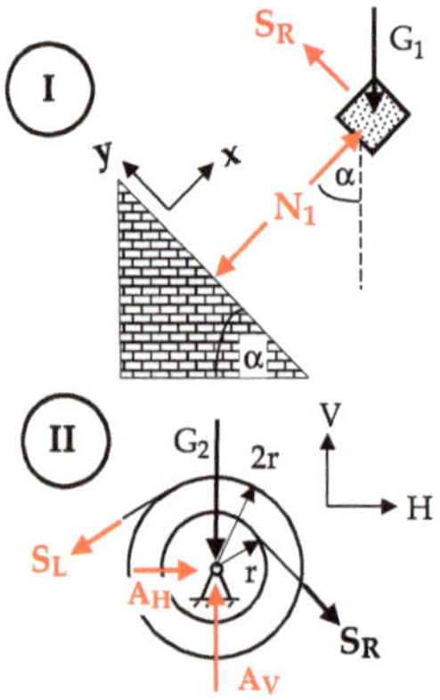

Vernünftigerweise rechnen wir im <xyz>-System!

$$\sum F_y = 0 = S_R - G_1 \sin\alpha \quad \Rightarrow \quad S_R = G_1 \sin\alpha.$$

N_1 ist nicht gefragt! Dann rechne ich es auch nicht!

Hier ist es vorteilhafter, im <HVz>-System zu rechnen. S_R ist aus Schnitt I schon bekannt.

Aus welcher GGB bekommt man am schnellsten ein Ergebnis?

$$\sum M_A = 0 = S_L 2r - S_R r \quad \Rightarrow \quad \underline{S_L = \frac{1}{2} G_1 \sin\alpha},$$

$$\sum H = 0 = S_R \cos\alpha - S_L \cos\alpha + A_H \quad \Rightarrow \quad \underline{A_H = -\frac{1}{2} G_1 \sin\alpha \cos\alpha},$$

$$\sum V = 0 = A_V - G_2 - S_L \sin\alpha - S_R \sin\alpha \quad \Rightarrow \quad \underline{A_V = G_2 + \frac{3}{2} G_1 \sin^2\alpha}.$$

b)

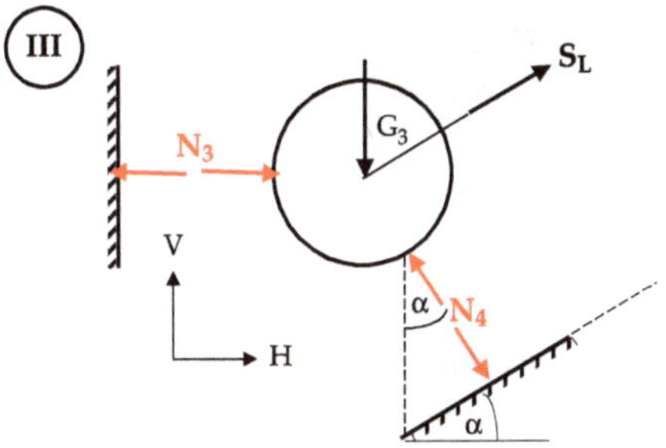

Selbst überlegen: Warum ist der Winkel zwischen der Vertikalen und N_4 α?
Erst überlegen: Zentrales Kraftsystem. Mit welcher Gleichung beginnen wir?

$$\sum H = 0 \quad \text{oder} \quad \sum V = 0?$$

$$\sum V = 0 = N_4 \cos\alpha + S_L \sin\alpha - G_3 \quad \Rightarrow \quad \underline{N_4 = \frac{1}{\cos\alpha}\left(G_3 - \frac{1}{2} G_1 \sin^2\alpha\right)},$$

$$\sum H = 0 = N_3 + S_L \cos\alpha - N_4 \sin\alpha \quad \Rightarrow \quad \underline{N_3 = \left(G_3 - \frac{1}{2} G_1\right)\tan\alpha}.$$

Übungsempfehlung: Im <*xyz*>-System rechnen.

c) Gleichgewicht herrscht, für $N_3 \geq 0$. $\Rightarrow$ $\underline{G_3 > \frac{1}{2} G_1}$.

Das war die zweite Übung und ich denke, das Prinzip, die Aufgaben zu lösen, ist klar geworden.

1. Jedes Systemteil aus der Umgebung herausschneiden und die freigelegten Kräfte (Momente – bisher noch nicht aufgetreten) anbringen.
2. Die GGB für jedes Systemteil anschreiben.
3. Gleichungssystem lösen.

Sicherlich war das Lösen der Aufgaben für die Meisten schwierig – alles ist ja neu und ungewohnt. Dennoch muss man rückblickend zugeben, dass nicht mehr zu tun war, als die obigen drei Punkte abzuarbeiten. Ist es nicht komisch, dass das selbstständige Lösen dieser Aufgaben uns so schwerfällt? Aber bald – nach einiger Übung – lachen wir darüber und verstehen nicht mehr, was daran so schwer war.

Wir werden uns nun in den nächsten Übungen mit Balken und Balkensystemen beschäftigen. Das Lösungsprinzip bleibt gleich. Nur optisch sehen die Aufgaben etwas anders aus. Die Schwierigkeit liegt nur im richtigen und geschickten Freischneiden. Das kann aber jeder durch Üben erlernen.

3B Lagerreaktionen ebener Balkensysteme

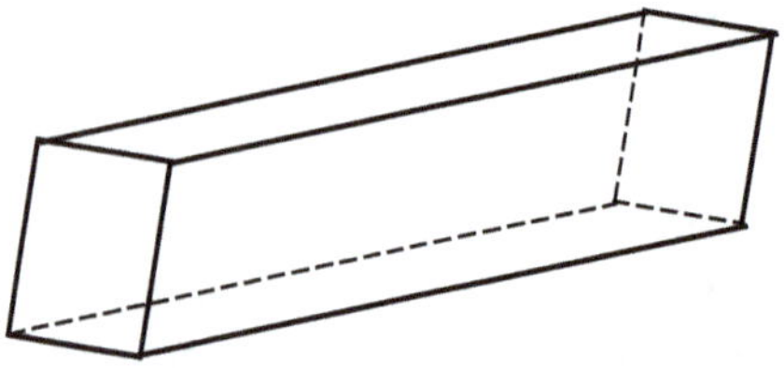

Auf einem Lager liegt man. Nachts ist mein Lager das Bett, denn auf diesem liege ich. Für Menschen gibt es Federbetten, Latexbetten, Schaumstoffbetten, Wasserbetten, Nagelbetten usw. Wegen der Gleichberechtigung gibt es auch für Balken verschiedene Betten (Lager). Ich stelle zunächst mal drei Lager vor, mit denen wir es eine Weile zu tun haben.

Lagersymbole ebener Balken.

Bezeichnung	Symbol	Freischnitt Lagerreaktionen
Loses Lager oder Gleitlager		eine Lagerkraft 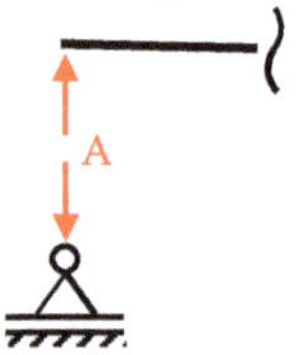
Festes Lager		zwei Lagerkräfte 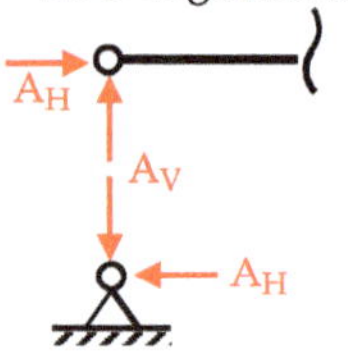
Einspannung		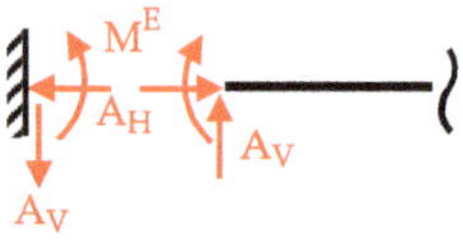 drei Lagerreaktionen

Was ist denn das für ein merkwürdiges **Einspannmoment** M^E?

Viele Studenten haben anfangs Probleme, sich die Einspannung vorzustellen. Man denke an einen eingemauerten starren Balken. Auf Grund des Gewichtes G möchte sich der Balken wie gezeichnet im Mauerwerk drehen. Die Mauer verhindert dies, indem sie auf der linken Seite mit einer resultierenden Kraft P nach unten drückt und rechts nach oben. Das ist aber ein Kräftepaar, welches wir als „reines" Moment kennen gelernt haben. (siehe S. 18).

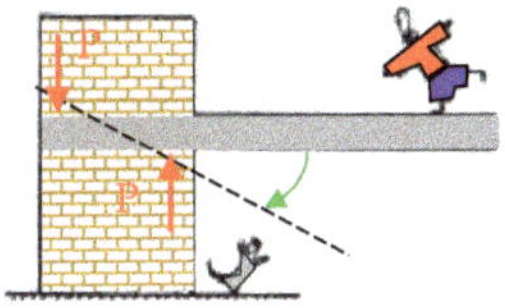

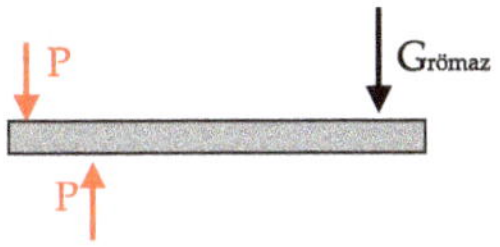

Starten wir unsere Übungsaufgaben zu diesem Thema.

3B 1 Der Balken auf zwei Stützen

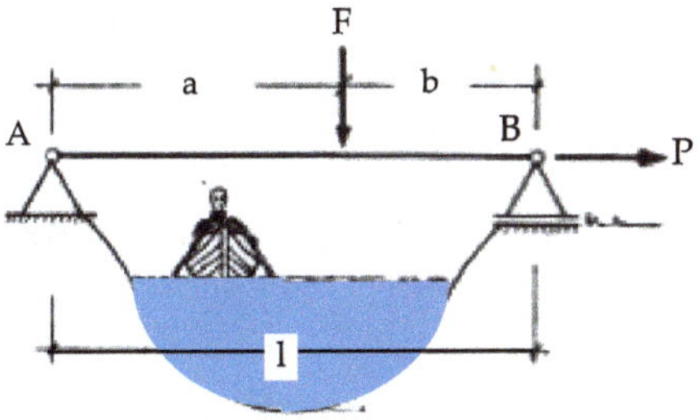

Ein Brückenbalken der Länge $l = a + b$ wird gemäß Skizze durch eine vertikale Kraft F und am rechten Ende durch eine horizontale Kraft P belastet. Warum und wie und wieso soll egal sein. Links ist ein Festlager und rechts ein Loslager.

Gesucht: Die Lagerkräfte in A und B.

Das ist die denkbar einfachste Aufgabe am Balken. Ein Festlager, ein Loslager, also drei unbekannte Lagerkräfte. In der Ebene haben wir aber auch drei GGB.

Drei Unbekannte — Drei Gleichungen. Ein solches System nennt man **statisch bestimmt.**

Obwohl (oder vielleicht gerade weil) dies die einfachste Aufgabe am Balken ist, werde ich sie **fünfmal lösen** – jedesmal etwas anders!

Jede Aufgabe startet mit dem Freischnitt:

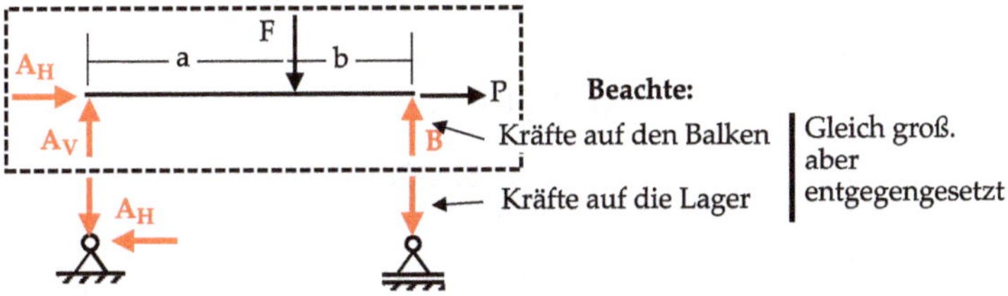

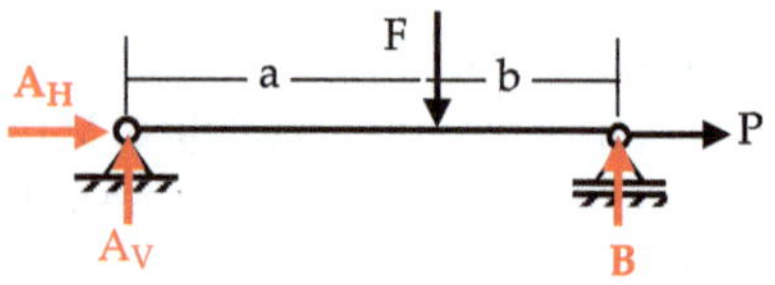

Wir rechnen am oberen Freischnitt. Hier sind die Kräfte eingezeichnet, die auf den Balken wirken.

Da beim Balken der Freischnitt so einfach ist – man muss ja nur die Lager weglassen – werde ich zukünftig den Schnitt nicht durchführen und die Kräfte direkt in die Skizze einzeichnen. Aber immer daran denken, dass das bereits der Freischnitt des Balkens ist!

Die Kräfte benennen wir einfach nach den Punkten, an denen sie angreifen.

Lösungsmethode a

1. $\sum H = 0 = A_H + P \quad \Rightarrow \quad \underline{A_H = -P}.$

   Also entgegen der willkürlich angenommenen positiven Richtung nach rechts:

2. $\sum M_A = 0 = B(a+b) - Fa \quad \Rightarrow \quad \underline{B = \frac{a}{a+b}F}.$

3. $\sum V = 0 = A_V + B - F \quad \Rightarrow \quad \underline{A_V = \frac{b}{a+b}F}.$

Wie ist das mit dem positiven Vorzeichen? Ich habe soeben so gerechnet, als würde ein positives H nach rechts zeigen. Nach links ist aber auch „horizontal"! Die positive Richtung ist offensichtlich egal. Man kann ja die GGB mit −1 multiplizieren. Das Endergebnis bleibt gleich. Ich habe mir angewöhnt, den Term, den ich **zufälligerweise** als ersten schreibe, positiv zu nennen.

Lösungsmethode b

Wir verändern die GGB etwas:

1. $\sum H = 0 = A_H + P \quad \Rightarrow \quad \underline{A_H = -P}$ (siehe Gl. 1 bei a).

2. $\sum M_B = 0 = A_V(a+b) - Fb \quad \Rightarrow \quad \underline{A_V = \frac{b}{a+b}F}.$

3. $\sum V = 0 = A_V + B - F \quad \Rightarrow \quad \underline{B = \frac{a}{a+b}F}.$

Natürlich das gleiche Ergebnis. Allerdings erhalten wir hier A_V im zweiten Schritt und B im dritten Schritt. Wir erkennen auch, dass der Bezugspunkt für das Moment egal ist.

Lösungsmethode c

Wir verändern die GGB etwas:

1. $\sum H = 0 = A_H + P \quad \Rightarrow \quad \underline{A_H = -P}$ (siehe Gl. 1. bei a).

2. $\sum M_A = 0 = B(a+b) - Fa \quad \Rightarrow \quad \underline{B = \frac{a}{a+b}F}$ (siehe Gl. 2. bei a).

3. $\sum M_B = 0 = A_V(a+b) - Fb \quad \Rightarrow \quad A_V = \frac{b}{a+b}F$ (siehe Gl. 2. bei b).

Eigentlich widerspricht das den drei ebenen GGB, denn da hatten wir zweimal Kraftgleichgewicht und einmal Momentengleichgewicht. Bei Methode c haben wir einmal Kraft- und zweimal Momentengleichgewicht benutzt!

Erkenntnis: Eine Kraft-GGB kann durch eine Momenten-GGB ersetzt werden.

Lösungsmethode d

Nun ersetze ich noch die horizontale GGB durch eine Momenten-GGB:

1. $\sum M_A = 0 = B(a+b) - Fa \quad \Rightarrow \quad \underline{B = \frac{a}{a+b}F}$ (siehe Gl. 2. bei a).
2. $\sum M_B = 0 = A_V(a+b) - Fb \quad \Rightarrow \quad \underline{A_V = \frac{b}{a+b}F}$ (siehe Gl. 2. bei b).
3. Wir wählen einen beliebigen Punkt C als Bezugspunkt für das dritte Momentengleichgewicht.

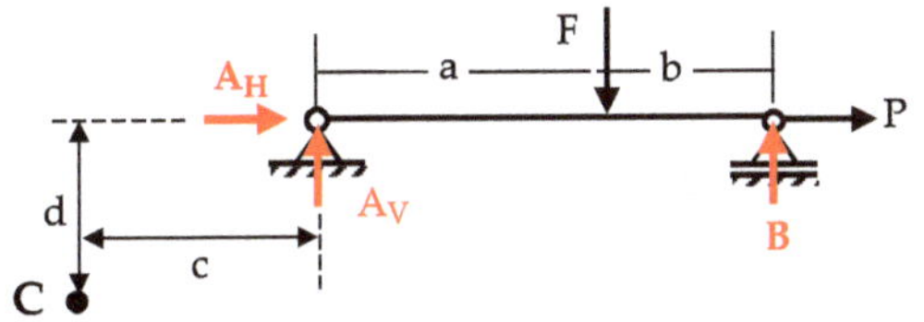

$$\sum M_C = 0 = A_H d \boxed{-A_V c + F(a+c) - B(a+b+c)} + Pd = 0$$

Setzt man A_V und B ein, so ergibt der Term im gestrichelten Kasten eine Null!

Damit bekommt man das schon erahnte Ergebnis: $\underline{A_H = -P}$.

Nur ein Idiot würde A_H so besimmen! Wir erkennen jedoch, dass auch mit den drei Momentenbedingungen die Lösung vollständig folgt. Allerdings dürfen die drei Bezugspunkte A, B und C nicht auf einer Linie liegen.

Lösungsmethode e

Ein letztes Mal lösen wir diese Aufgabe, und zwar „ganz sauber" **vektoriell**. Solche ebenen Systeme berechnet man selbstverständlich ausschließlich mit den drei skalaren GGB. Im Dreidimensionalen wird das allerdings sehr mühsam, und dann muss das vektoriell geschehen.

Jetzt müssen wir ein Koordinatensystem angeben, in dem die Vektoren dargestellt werden.

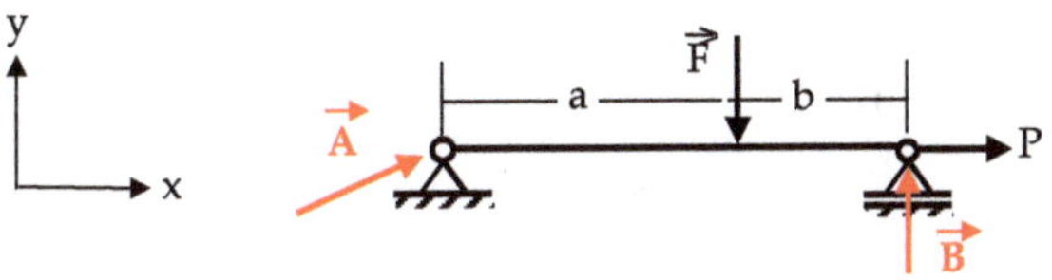

$$\sum \vec{M}_A = \vec{0} = \vec{r}_F \times \vec{F} + \vec{r}_B \times \vec{B} + \vec{r}_p \times \vec{P}$$

$$= \begin{vmatrix} \vec{e}_x & \vec{e}_y & \vec{e}_z \\ a & 0 & 0 \\ 0 & -F & 0 \end{vmatrix} + \begin{vmatrix} \vec{e}_x & \vec{e}_y & \vec{e}_z \\ a+b & 0 & 0 \\ 0 & B & 0 \end{vmatrix} + \begin{vmatrix} \vec{e}_x & \vec{e}_y & \vec{e}_z \\ a+b & 0 & 0 \\ P & 0 & 0 \end{vmatrix}$$

$$\vec{0} = \begin{pmatrix} 0 \\ 0 \\ -aF \end{pmatrix} + \begin{pmatrix} 0 \\ 0 \\ (a+b)B \end{pmatrix} + \begin{pmatrix} 0 \\ 0 \\ 0 \end{pmatrix} = \begin{pmatrix} 0 \\ 0 \\ -aF + (a+b)B \end{pmatrix}$$

$$\Rightarrow \quad \underline{B = \frac{a}{a+b} F}$$

$$\sum \vec{F}_j = \vec{0} = \vec{A} + \vec{B} + \vec{F} + \vec{P} = \begin{pmatrix} A_x \\ A_y \\ A_z \end{pmatrix} + \begin{pmatrix} 0 \\ B \\ 0 \end{pmatrix} + \begin{pmatrix} 0 \\ -F \\ 0 \end{pmatrix} + \begin{pmatrix} P \\ 0 \\ 0 \end{pmatrix}$$

$$\vec{0} = \begin{pmatrix} A_x + P \\ A_y + B - F \\ A_z \end{pmatrix} \begin{matrix} \rightarrow \\ \rightarrow \\ \rightarrow \end{matrix} \begin{matrix} \underline{A_x = -P} \\ \underline{A_y = \frac{b}{a+b} F} \\ \underline{A_z = 0.} \end{matrix}$$

Klasse !!!

3B 2 Der eingespannte Balken

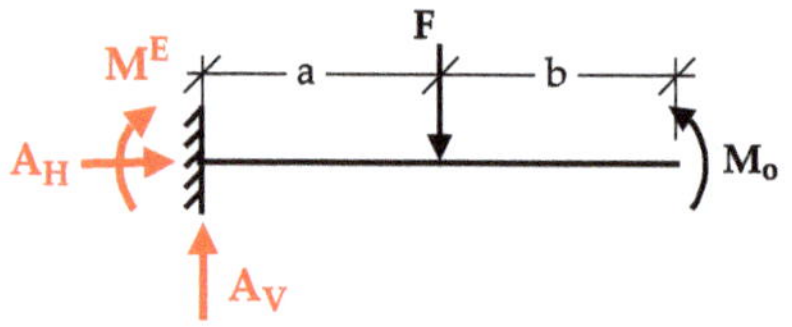

Gegeben: F, M_o, a, b.
Gesucht: Die Lagerreaktionen.

---

1. Freischnitt: Schon geschehen! Lagerreaktionen einfach rot eingezeichnet. Beachte: Das sind die Lagerreaktionen **auf den Balken**.
2. GGB:

$$\sum H = 0 = \underline{A_H},$$
$$\sum V = 0 = A_V - F \quad \Rightarrow \quad \underline{A_V = F},$$
$$\sum M_A = 0 = M^E + Fa - M_o \quad \Rightarrow \quad \underline{M^E = M_o - Fa}.$$

3. Gleichungssystem lösen. Schon geschehen, da die Gleichungen entkoppelt waren.

Noch drei so einfache Aufgaben. Am besten erst allein rechnen, und hinterher die Lösung anschauen.

3B 3

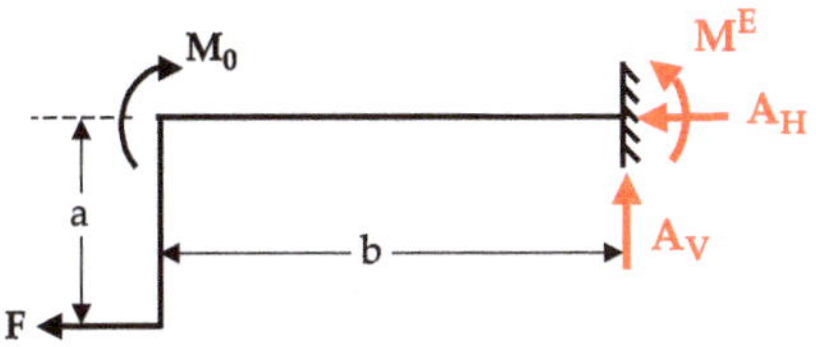

Gegeben: Die Zeichnung.
Gesucht: Die Lagerreaktionen.

$$\sum H = 0 = A_H + F \quad \Rightarrow \quad \underline{A_H = -F},$$
$$\sum V = 0 = \underline{A_V},$$
$$\underline{\sum M_A = 0 = M^E - Fa - M_0 \quad \Rightarrow \quad M^E = M_0 + Fa.}$$

Nanu! Der Angriffspunkt von M_0 geht gar nicht ein!? Nein, tut er wirklich nicht. Ein Moment ist ein Kräftepaar und dies ist vom Bezugspunkt unabhängig (siehe S. 18).

3B 4

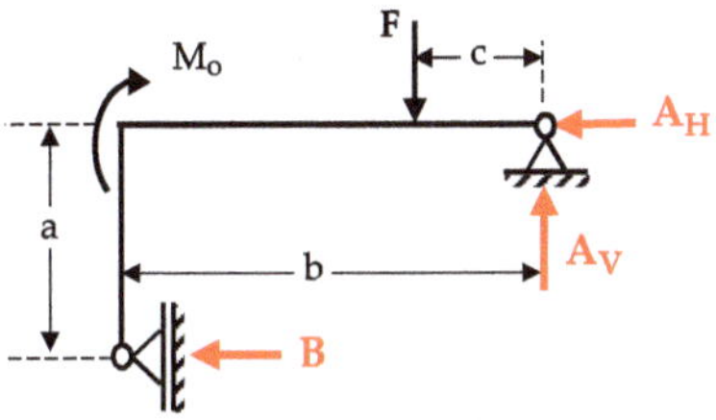

Gegeben: Die Zeichnung.
Gesucht: Die Lagerreaktionen.

$$\sum V = 0 = \underline{A_V - F},$$
$$\sum M_A = 0 = cF - M_0 - aB \quad \Rightarrow \quad \underline{B = \frac{c}{a}F - \frac{1}{a}M_0},$$
$$\sum H = 0 = A_H + B \quad \Rightarrow \quad \underline{A_H = -\frac{c}{a}F + \frac{1}{a}M_0}.$$

3B 5

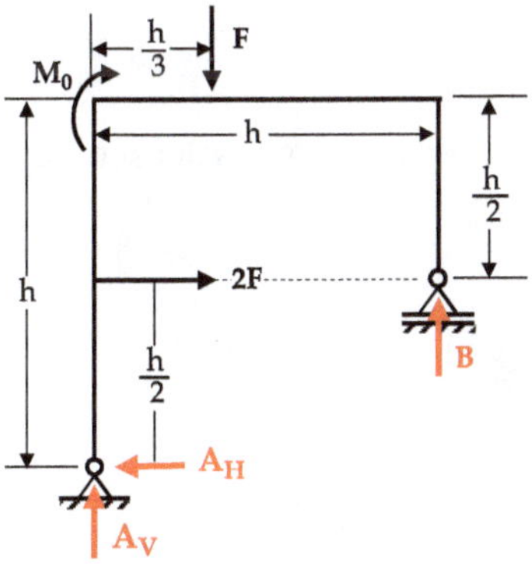

Gegeben: Die Zeichnung.
Gesucht: Die Lagerreaktionen.

So langsam habe ich Hemmungen, schon wieder diese drei Gleichungen hinzuschreiben. Ich kann es aber nicht ändern, die Mechanik ist nun mal nicht schwerer (jedenfalls bis jetzt nicht).

$$\sum H = 0 = A_H - 2F \quad \Rightarrow \quad \underline{A_H = 2F},$$

$$\sum M_A = 0 = M_0 + 2F\frac{h}{2} + F\frac{h}{3} - Bh \quad \Rightarrow \quad \underline{B = \frac{M_0}{h} + \frac{4}{3}F},$$

$$\sum V = 0 = A_V + B - F \quad \Rightarrow \quad \underline{A_V = -\frac{M_0}{h} - \frac{1}{3}F}.$$

Warum habe ich zuerst das Momentengleichgewicht um A gebildet und dann das vertikale Kraftgleichgewicht und nicht umgekehrt? Nun, das Momentengleichgewicht enthält nur eine Unbekannte, wohingegen im vertikalen GG zwei Unbekannte auftreten. Es ist rechentechnisch nützlich, solche Überlegungen vor dem Aufstellen der GGB anzustellen.

Bei allen bisher gerechneten Aufgaben traten immer drei Unbekannte auf, und dafür standen die drei GGB zur Verfügung. Ein solches System nennt man **„statisch bestimmt"**. Am Ende der Festigkeitslehre lernen wir auch, wie statisch unbestimmte Aufgaben gelöst werden.

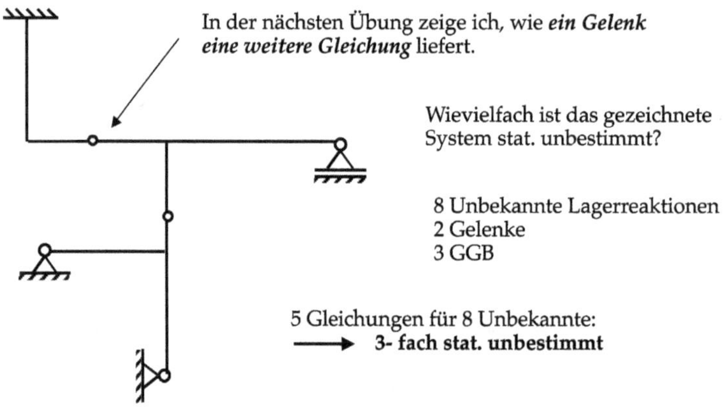
In der nächsten Übung zeige ich, wie ***ein Gelenk eine weitere Gleichung*** liefert.
Wievielfach ist das gezeichnete System stat. unbestimmt?
8 Unbekannte Lagerreaktionen
2 Gelenke
3 GGB
5 Gleichungen für 8 Unbekannte:
→ **3- fach stat. unbestimmt**

In der nächsten, der vierten Übung werden wir Balkensysteme mit Gelenken kennenlernen. Das Lösungsprinzip bleibt gleich:

1. Freischneiden
2. GGB aufstellen
3. Gleichungssystem lösen

4B Ebene Balkensysteme mit Gelenken

Keine Angst, wir verlassen unsere drei (inzwischen ans Herz gewachsenen) GGB noch lange nicht. Wir wollen in dieser Übung nur zusätzlich das Gelenk kennenlernen. Das Gelenk haben wir schon beim festen und losen Lager kennengelernt. Es ist ein Bauteil, das eine Drehbewegung der Systemteile zulässt. Das bedeutet, dass ein Gelenk **momentenfrei** ist (im Gegensatz zu einer Einspannung, wo durch M^E eine Drehung verhindert wird).

Versucht doch mal zu zählen, wie viele Gelenke es in eurem Körper gibt. Zwei Kniegelenke, zwei Handgelenke, n Fingergelenke usw. Nach dem Zählen bei Google nachfragen, wie viele es wirklich sind. Ihr werdet staunen.

Betrachten wir das folgende zweiteilige System, in dem zwei in A und B fest gelagerte Körper durch ein Gelenk verbunden sind.

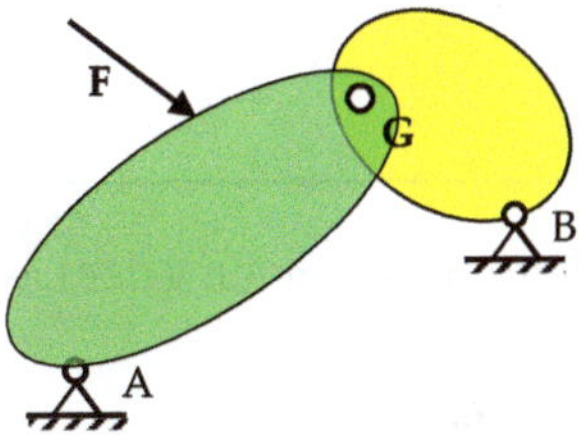

Wie könnte man ein Gelenk herstellen?
→ Loch bohren → Bolzen rein.

Wir haben hier zwei Festlager, also vier unbekannte Kraftkomponenten. Zur Verfügung stehen uns die drei GGB, also drei Gleichungen für vier Unbekannte. Ist das System statisch unbestimmt? Nein, es ist statisch bestimmt, denn es gibt ja noch das Gelenk! Dies gibt uns gleich eine vierte Gleichung.

Nach dem oben Gesagten gibt es im Gelenk kein Moment. Damit kann es im ebenen Fall nur einen Kraftvektor mit den Komponenten $\boldsymbol{G}_{\mathrm{H}}$ und $\boldsymbol{G}_{\mathrm{V}}$ geben.

Im Gelenk ist das Moment $M_{\mathrm{G}} = 0$.

Diese **Gelenkbedingung** liefert uns die vierte Gleichung. Wie das funktioniert, wird sofort klar, wenn man die beiden Systemteile LINKS und RECHTS freischneidet, und an jedem Teil Gleichgewicht bildet. Dies tun wir nun:

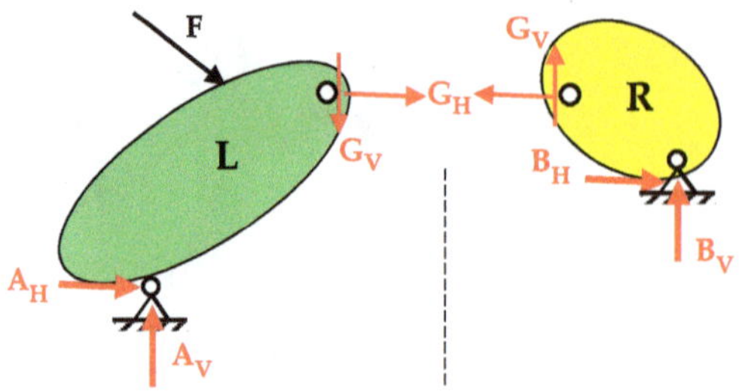

$$\sum H^L = 0 \qquad \sum H^R = 0$$
$$\sum V^L = 0 \qquad \sum V^R = 0$$
$$\sum M^L = 0 \qquad \sum M^R = 0.$$

Damit haben wir sechs Gleichungen für die sechs Unbekannten $A_V, A_H, B_V, B_H, G_V, G_H$.

4B 1

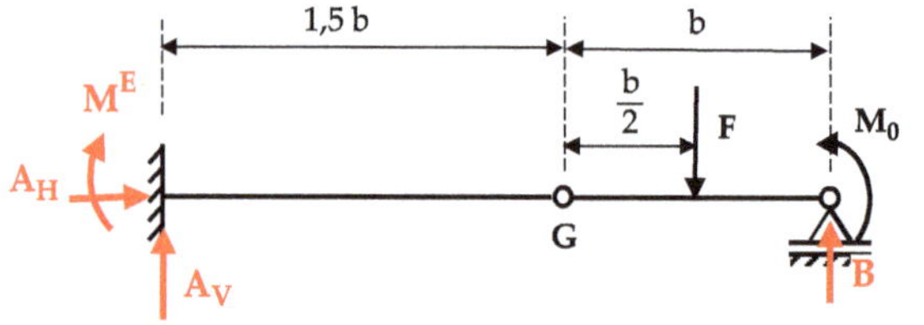

Gegeben: *b*, *F*, M_0.
Gesucht: Alle vier Lagerreaktionen, die Gelenkkräfte.

Folgender Lösungsweg führt oft (nicht immer) am schnellsten zur Bestimmung der Lagerreaktionen:

1. **Teile das System durch einen Gelenkschnitt in zwei Teile.**
2. **Schreibe die Gelenkbedingung der Summe aller Momente um:** $G = 0$.
3. **Gehe zurück zum ganzen System und formuliere hier die drei GGB.**

Machen wir das einmal:

1. **Freischnitt**

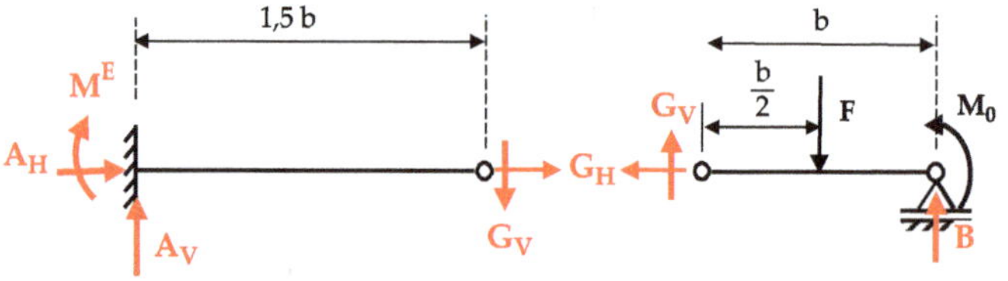

In Zukunft werde ich den Schnitt nur in Gedanken machen und nicht zeichnen.

2. Gelenkbedingung

Schreibe: $\sum M_G^{\text{Links}} = 0$ oder $\sum M_G^{\text{Rechts}} = 0.$

Hier entscheiden wir uns für die rechte Seite, da wir sofort B erhalten:

$$\sum M_G^{\text{Rechts}} = 0 = F\frac{b}{2} - M_0 - Bb \quad \Rightarrow \quad \underline{B = \frac{1}{2}F - \frac{M_0}{b}}.$$

3. Zurück zum ganzen System

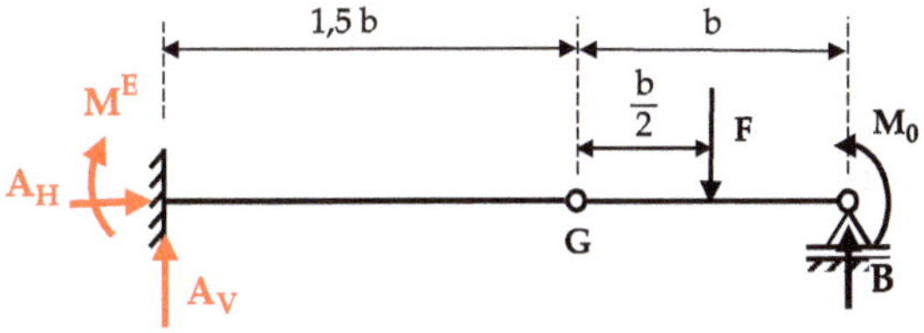

$$\sum H = 0 = \underline{A_H},$$

$$\sum V = 0 = A_V + B - F \quad \Rightarrow \quad \underline{A_V = \frac{1}{2}F + \frac{M_0}{b}},$$

$$\sum M_A = 0 = M^E + 2Fb - M_0 - B\frac{5}{2}b \quad \Rightarrow \quad \underline{M^E = -\frac{3}{4}Fb - \frac{3}{2}M_0}.$$

Statt das Momentengleichgewicht $\sum M_A = 0$ am ganzen System zu bilden, ginge es einfacher die noch nicht benutzte Gelenkbedingung zu nehmen:

$$\sum M_G^{\text{Links}} = 0 = M^E + A_V 1{,}5b \quad \Rightarrow \quad \underline{M^E = -\frac{3}{4}Fb - \frac{3}{2}M_0}.$$

Zur Berechnung der Gelenkkräfte betrachten wir den Schnitt

Links

$$\sum H = 0 = A_H + G_H \quad \Rightarrow \quad \underline{G_H = 0},$$

$$\sum V = 0 = A_V - G_V \quad \Rightarrow \quad \underline{G_V = \frac{1}{2}F + \frac{M_0}{b}}$$

oder

Rechts

$$\sum H = 0 = G_H \quad \Rightarrow \quad \underline{G_H = 0},$$

$$\sum V = 0 = G_V + B - F \quad \Rightarrow \quad \underline{G_V = \frac{1}{2}F + \frac{M_0}{b}}.$$

4B 2

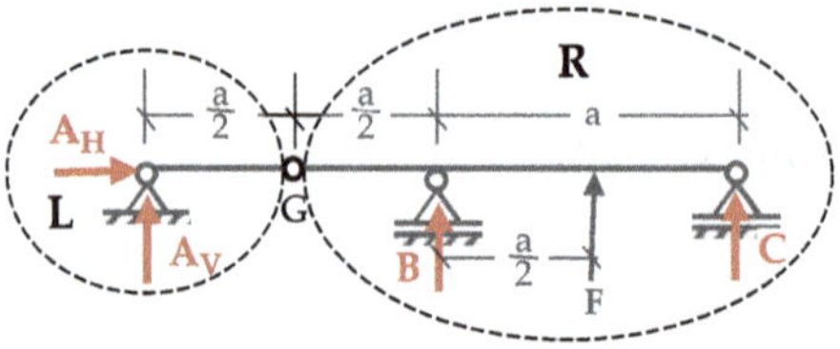

Gegeben: a, F.
Gesucht: Lagerkräfte.

4 unbekannte Lagerkräfte ⟷ 3 GGB + 1 Gelenkbed. | 4 Gleichungen

⟶ Stat. bestimmt

1. **Gedachter Freischnitt:** siehe oben.
2. **Gelenkbedingung:**

$$\sum M_G^L = 0 = A_V \frac{a}{2} \quad \Rightarrow \quad \underline{A_V = 0}.$$

3. **Ganzes System:**

$$\sum H = 0 = A_H,$$

$$\sum M_C = 0 = F\frac{a}{2} + Ba \quad \Rightarrow \quad \underline{B = -\frac{1}{2}F},$$

$$\sum V = 0 = B + C + F \quad \Rightarrow \quad \underline{C = -\frac{1}{2}F}.$$

Gelenkkräfte: Linken oder rechten Schnitt betrachten. Links ist einfacher:

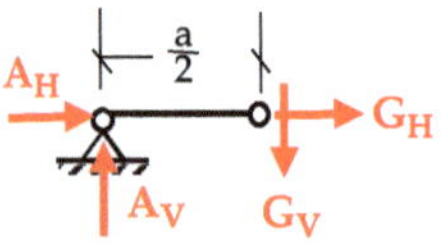

$$\sum H = 0 = A_H + G_H \quad \Rightarrow \quad \underline{G_H = 0},$$

$$\sum V = 0 = A_V - G_V \quad \Rightarrow \quad \underline{G_V = 0}.$$

4B 3 Balken mit zwei Gelenken

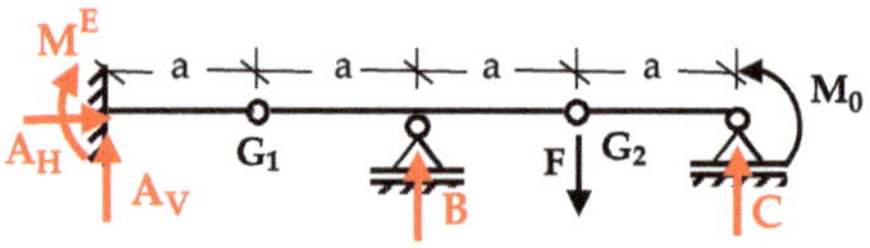

Gegeben: a, F, M_0.
Gesucht: Lagerreaktionen.

Unbekannte: fünf.
Gleichungen: drei GGB + zwei Gelenkbedingungen = fünf
Also statisch bestimmt

1. **Schneiden wir geschickt frei:**

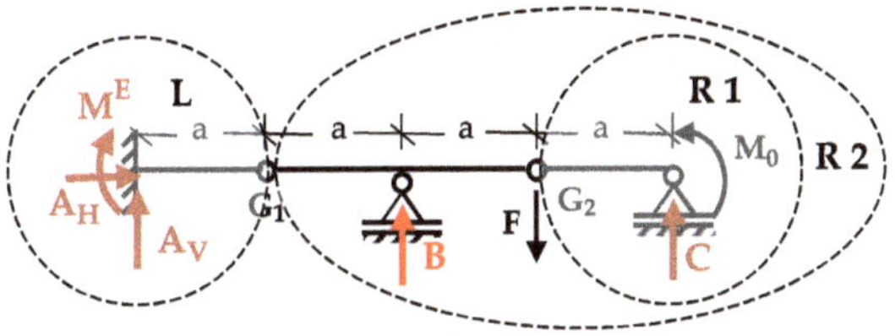

2. **Gelenkbedingungen:**
   Schnitt R1:

$$\sum M_{G2}^{R1} = 0 = Ca + M_o \quad \Rightarrow \quad \underline{C = -\frac{M_o}{a}}.$$

   Schnitt R2:

$$\sum M_{G1}^{R2} = 0 = Ba - F \cdot 2a + C \cdot 3a + M_o \quad \Rightarrow \quad \underline{B = 2F + \frac{2}{a} M_o}.$$

   Schnitt L:

$$\sum M_{G1}^{L} = 0 = A_V a + M^E \quad \Rightarrow \quad M^E = -A_V a \quad A_V = ?$$

3. **Ganzes System:**

$$\sum H = 0 = A_H,$$

$$\sum V = 0 = A_V + B + C - F \quad \Rightarrow \quad \underline{A_V = -F - \frac{M_o}{a}},$$

$$\underline{M^E = Fa + \frac{M_o}{a}}.$$

Sollten die **Gelenkkräfte** gefragt sein: Schnitt L und R1 betrachten:

$$G_{1H} = 0, \quad G_{1V} = -F - \frac{M_o}{a}, \quad G_{2H} = 0, \quad G_{2V} = F + \frac{M_o}{a}.$$

4B 4

Gegeben: a, F, M_0.
Gesucht: Ist klar.

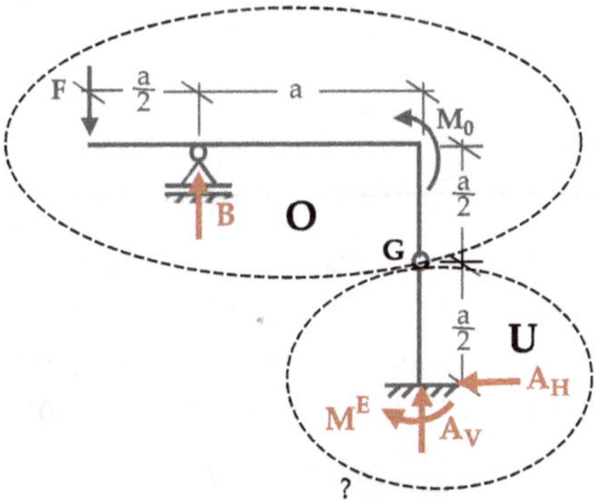

Für uns lösbar? Lagerreaktionen = GGB + Gelenke

$$4 = 3 + 1 \quad \text{w: statisch bestimmt.}$$

1. **Schnitt s. oben**
2. **Gelenkbedingung**

$$\sum M_G^o = 0 = M_o - Ba + F\frac{3}{2}a \quad \Rightarrow \quad \underline{B = \frac{M_o}{a} + \frac{3}{2}F}.$$

3. **Ganzes System**

$$\sum H = \underline{0 = A_H},$$

$$\sum V = 0 = A_V + B - F \quad \Rightarrow \quad \underline{A_V = -\frac{M_o}{a} - \frac{1}{2}F}.$$

Gelenkbedingung unten

$$\sum M_G^U = 0 = M^E + A_H\frac{a}{2} \quad \Rightarrow \quad \underline{M^E = 0}.$$

Zum selbst üben: Statt der **Gelenkbedingung unten** die Summe aller Momente um A am ganzen System bilden.

4B 5 Der Dreigelenkrahmen

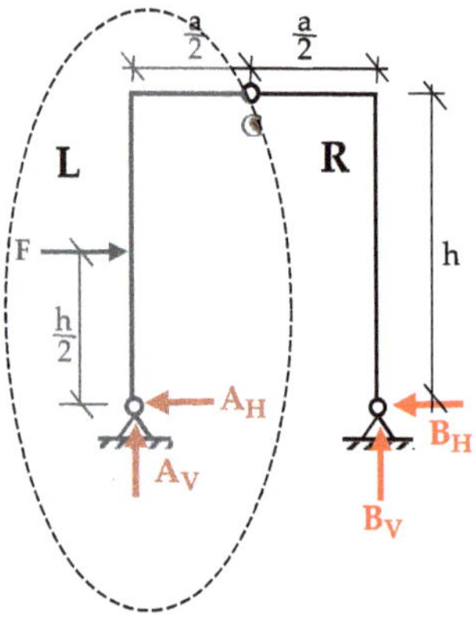

Gegeben: Die Zeichnung.
Gesucht: Ist klar.

Bei jeder Aufgabe erst überlegen: Wie fange ich rechentechnisch am günstigsten an. Dann erst mit dem Lösen beginnen. Hier wäre es ungünstig mit der Gelenkbedingung zu starten, denn egal, ob man links oder rechts rechnet, bekommt man eine Gleichung mit zwei Unbekannten. Ich habe aber eine Gleichung mit einer Unbekannten lieber. Also:

Ganzes System

$$\sum M_A = 0 = B_V \cdot a - F\frac{h}{2} \quad \Rightarrow \quad \underline{B_V = \frac{h}{2a}F},$$

$$\sum M_B = 0 = A_V \cdot a + F\frac{h}{2} \quad \Rightarrow \quad \underline{A_V = -\frac{h}{2a}F.}$$

Schnitt L

$$\sum M_G^L = 0 = F\frac{h}{2} - A_V\frac{a}{2} - A_H h \quad \Rightarrow \quad \underline{A_H = \frac{3}{4}F.}$$

Schnitt R

$$\sum M_G^R = 0 = B_H h - B_V\frac{a}{2} \quad \Rightarrow \quad \underline{B_H = \frac{1}{4}F.}$$

4B 6

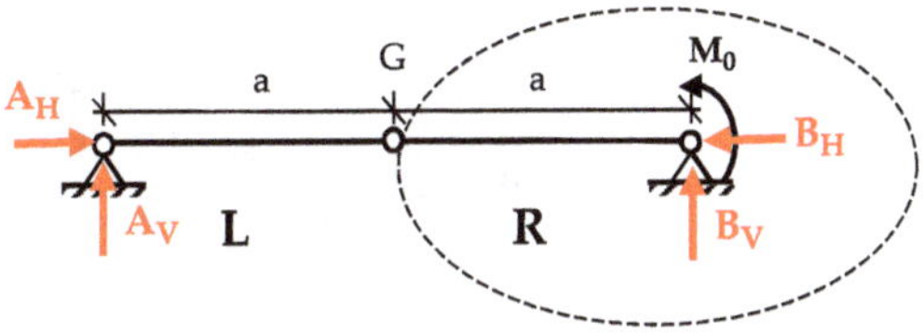

Betrachten wir zum Schluss der vierten Übung dieses System. Vier Unbekannte, drei GGB und eine Gelenkbedingung. Sollte gehen.

Gelenkbedingung: $\sum M_G^L = 0 = A_V a \quad \Longrightarrow \quad \underline{A_V = 0}$?

Ganzes System: $\sum V = 0 = A_V + B_V \quad \Longrightarrow \quad \underline{B_V = 0}$?

oder

Gelenkbedingung: $\sum M_G^R = 0 = B_V \cdot a + M_o \quad \Longrightarrow \quad \underline{B_V = -\frac{M_o}{a}}$

$\sum V = 0 = A_V + B_V \quad \Longrightarrow \quad \underline{A_V = \frac{M_o}{a}}$?

Entweder haben wir uns verrechnet oder die Mechanik ist falsch oder wir haben etwas übersehen.

Verrechnet sicher nicht – diese war zu einfach.

Mechanik falsch: Unwahrscheinlich.
Also: Etwas nicht bedacht: **Das System ist labil (beweglich).**
Kaum zu glauben, aber infinitesimal möglich.

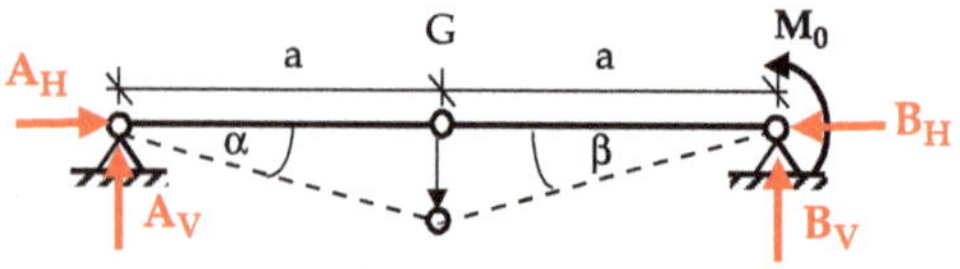

Der linke Teil könnte sich unendlich wenig um A drehen und der rechte Teil um B. In beiden Fällen würde sich der Gelenkpunkt widerspruchsfrei infinitesimal senkrecht nach unten bewegen!

5B Ebene Balkensysteme mit Streckenlasten

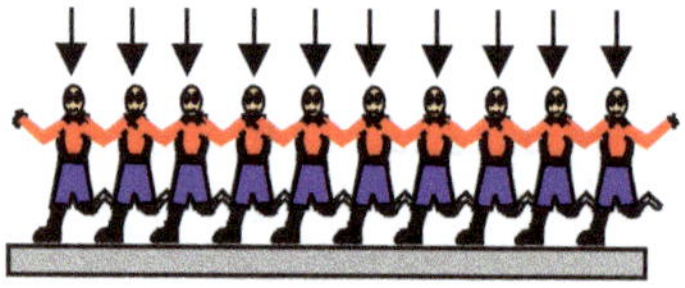

Auch in der fünften Übung ändert sich der Lösungsweg nicht:

Freischneiden → GGB formulieren → Gleichungssystem lösen

Es ändert sich nur die Art der Belastung.

Als Student hatte ich anfangs gedankliche Schwierigkeiten mit Streckenlasten (auch „Schüttungen" genannt). Das erledigte sich schnell und ich weiß bis heute nicht, warum ich damit Probleme hatte.

Stellen wir uns einen Balken der Länge $L = 10$ m mit konstantem Querschnitt vor. Der gesamte Balken wiegt G Newton. Wie viel wiegt 1 m Balken?

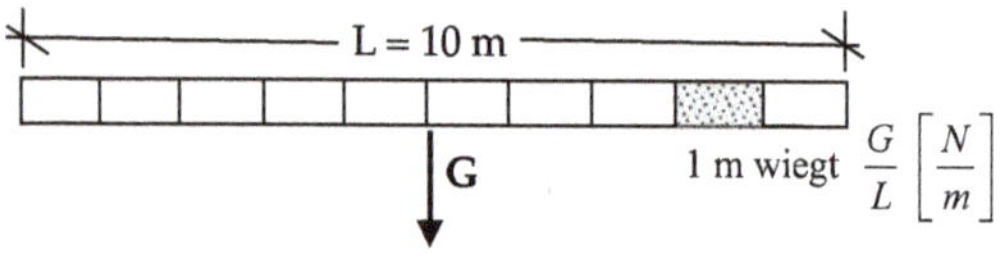

Das nennt man eine Streckenlast und bezeichnet sie mit q_0 (hier konstant).

$$\text{Also:} \quad q_0 = \frac{G}{L}\left[\frac{N}{m}\right] \quad \Rightarrow \quad G = q_0 L.$$

Ist der Balkenquerschnitt nicht konstant, so hätte man ein $q(x)$.

Ebenso könnten wir ein Stück Balken der Länge „dx“ mit dem Gewicht „dG“ betrachten:

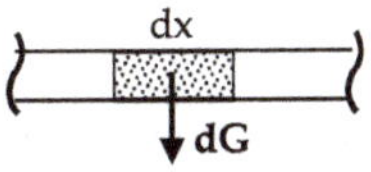

Mit gleicher Logik hat man

$$q(x) = \frac{dG}{dx} \quad \Rightarrow \quad dG = q(x)dx \quad \Rightarrow \quad G = \int_0^L q(x)dx.$$

5B 1 Balken unter Eigengewicht

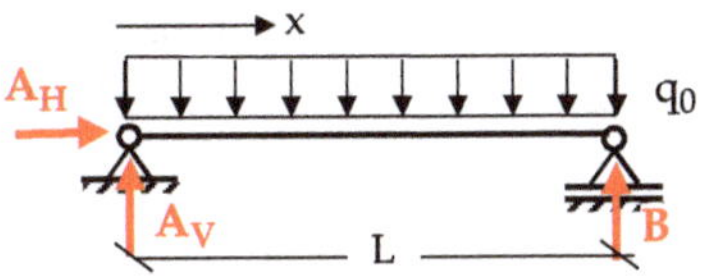

Gegeben: L, q_0.
Gesucht: Lagerkräfte.

Wieder das alte Spiel:

$$\sum H = 0 = A_H,$$
$$\sum V = 0 = A_V + B + \overset{?}{\ldots\ldots}$$

Hier müssen wir kurz nachdenken.

Es sollen alle Einzelkräfte addiert werden. O. K., machen wir: Wir betrachten das unendlich kleine Intervall dx. $q_0 dx$ ist dann die unendlich kleine Einzellast. All diese müssen aufsummiert werden. In der Sprache der Mathematik ist es das Integral!

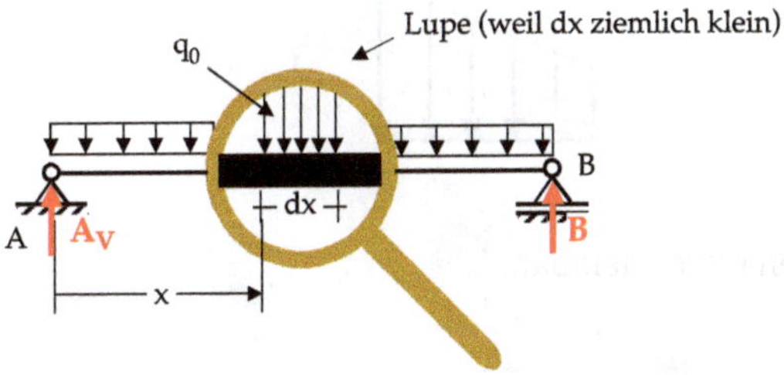

Jetzt geht es:

$$\sum V = 0 = A_V + B - \int_{x=0}^{L} q_0 dx,$$

$$A_V = -B + q_0 x|_0^L,$$
$$A_V = -B + q_0 L.$$

$\sum M_A = 0 = BL + \ldots ? \ldots$ Wieder kurz nachdenken:

Das Moment der unendlich kleinen Kraft $q_0 dx$ bzgl. A ist das unendlich kleine Moment $dM = x\, q_0 dx$. Diese müssen aufsummiert, also integriert werden.

Jetzt geht es:

$$\sum M_A = 0 = BL - \int_0^L x q_0 dx = BL - \frac{1}{2} q_0 x^2 \Big|_0^L$$
$$\Rightarrow \quad B = \frac{1}{2} q_0 L \quad \Rightarrow \quad A_V = \frac{1}{2} q_0 L.$$

Bei dieser einfachen Belastung können wir uns die Integration allerdings sparen, indem wir uns vorstellen, dass die resultierende Belastung $R = q_0 L$ im Schwerpunkt bei $L/2$ der Streckenlast angreift:

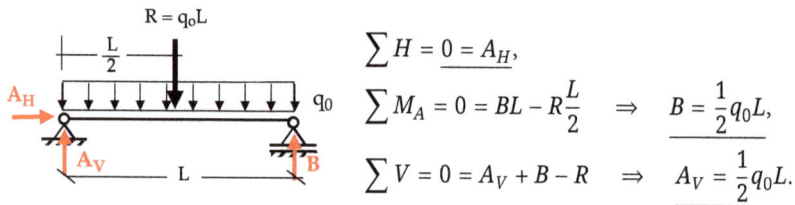

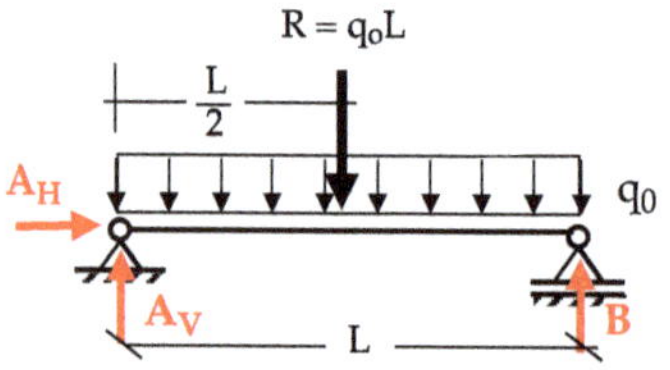

$$\sum H = 0 = \underline{A_H},$$
$$\sum M_A = 0 = BL - R\frac{L}{2} \quad \Rightarrow \quad \underline{B = \frac{1}{2} q_0 L},$$
$$\sum V = 0 = A_V + B - R \quad \Rightarrow \quad \underline{A_V = \frac{1}{2} q_0 L}.$$

Diese „schnelle" Methode ist immer dann anwendbar, wenn die Resultierende und der Schwerpunkt der Streckenlast sofort ersichtlich sind.

Also bei

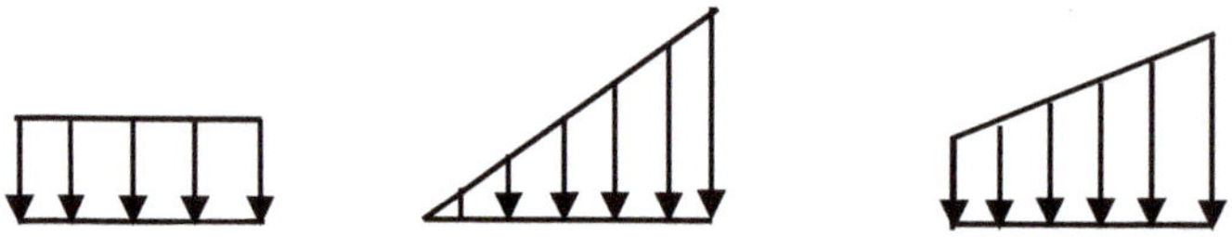

Bei allgemeinem $q(x)$ ist die Integration unvermeidbar.

5B 2

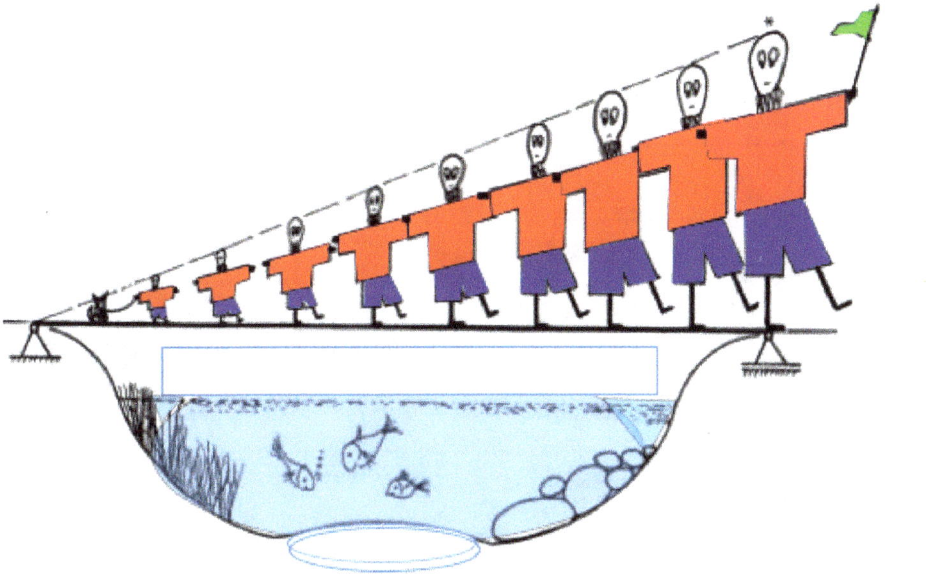

Familie Grömaz überquert {säuberlich nach Größe [diese ist bei den Grömazens proportional ihrem Gewicht] sortiert (pro Meter je eine Person)} eine 10 m lange Brücke.
Wie groß sind die Lagerkräfte infolge des Lastfalles „Familie Grömaz"?
Gegeben: Gewicht von Papa Grömaz: $G = 600$ N
Brückenlänge: $L = 10$ m

Wir können die Belastung angenähert als Dreieckslast ansehen (der Bauingenieur sagt: die Einzellasten werden „verschmiert").

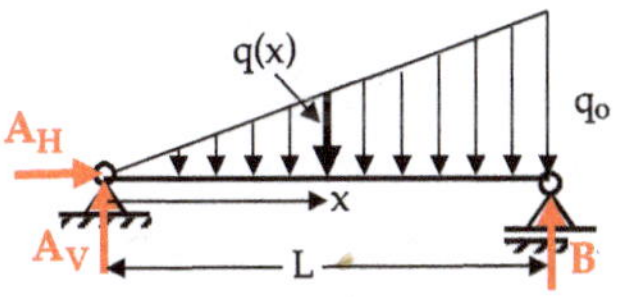

Der letzte Brückenmeter ist mit dem Gewicht von Papa Grömaz $G = 600$ N belastet,

$$\text{d. h.} \quad q_0 = \frac{600}{1} = 600 \frac{\text{N}}{\text{m}}.$$

Der Strahlensatz liefert dann für die Last an einer beliebigen Stelle x:

$$\frac{q(x)}{q_0} = \frac{x}{L} \quad \Rightarrow \quad q(x) = q_0 \frac{x}{L}.$$

Jeder normale Mensch löst diese Aufgabe mit der Resultierenden und nicht mit Integration. Ich führe beides vor:

a) Mit der Resultierenden

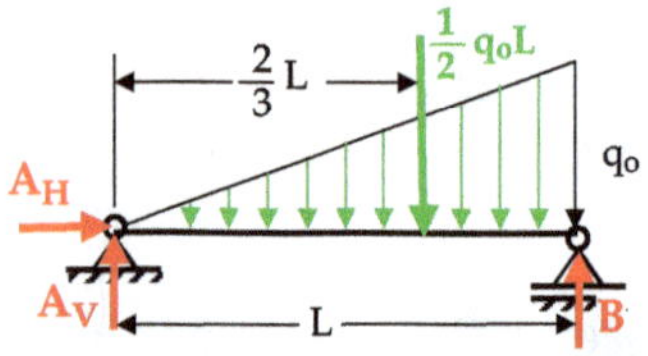

Die Resultierende ist die Fläche der Belastung (0,5 q_0L) und greift im Schwerpunkt an.
Unsere Lieblingsgleichungen:

$$\sum H = 0 = \underline{A_H},$$

$$\sum M_A = 0 = BL - \frac{1}{2}q_0L\frac{2}{3}L \quad \Rightarrow \quad \underline{B = \frac{1}{3}q_0L = 2\,\text{kN}},$$

$$\sum V = 0 = A_V + B - \frac{1}{2}q_0L \quad \Rightarrow \quad \underline{A_V = \frac{1}{6}q_{0L} = 1\,\text{kN}}.$$

b) Mit Integration

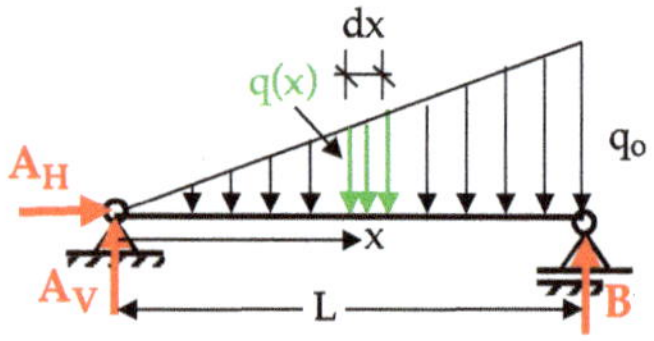

Da dx unendlich klein ist, ist die grüne Fläche ein Rechteck.

$\underline{A_H = 0}$ ist klar.

$$\sum M_A = 0 = GL - \int_0^L x \cdot q(x)dx = BL - \int_0^L x\frac{q_0}{L}xdx \quad \Rightarrow \quad \underline{B = \frac{1}{3}q_0L},$$

$$\sum V = 0 = A_V + B - \int_0^L q_0\frac{x}{L}dx \quad \Rightarrow \quad A_V = -B + \frac{q_0}{L}\frac{1}{2}x^2\Big|_0^L$$

$$\Rightarrow \quad \underline{A_V = \frac{1}{6}q_0L}.$$

5B 3

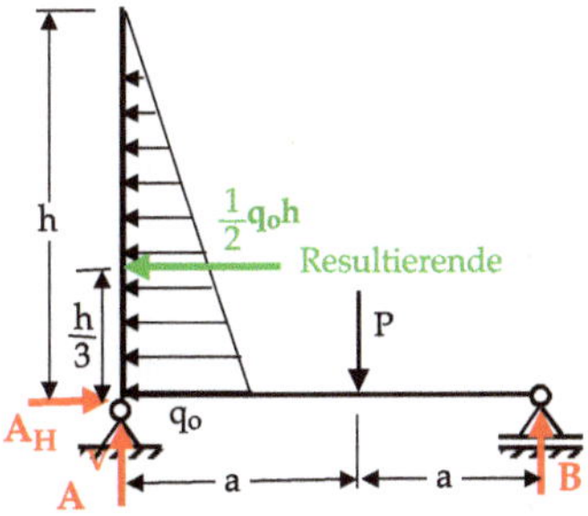

Gegeben: Die Zeichnung.
Gesucht: Die Lagerkräfte.

$$\sum H = 0 = A_H - \frac{1}{2}q_0 h \quad \Rightarrow \quad \underline{A_H = \frac{1}{2}q_0 h},$$

$$\sum M_A = 0 = B \cdot 2a - Pa + \frac{1}{2}q_0 h \cdot \frac{h}{3} \quad \Rightarrow \quad \underline{B = \frac{1}{2}P - \frac{h^2}{12a}q_0},$$

$$\sum V = 0 = A_V + B - P \quad \Rightarrow \quad \underline{A_V = \frac{1}{2}P + \frac{h^2}{12a}q_0}.$$

Mit Integration: alleine versuchen.

5B 4 Dreigelenkrahmen mit Streckenlast

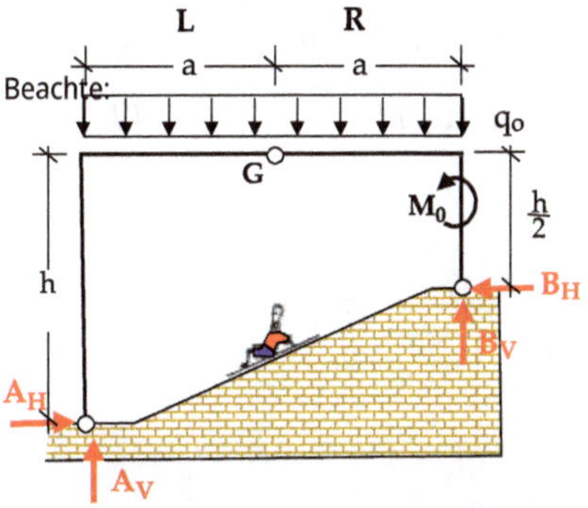

Gegeben: Die Zeichnung.
Gesucht: Lagerreaktionen.

Beachte:

Der Angriffspunkt von M_0 ist für die Lagerreaktionen ohne Bedeutung (siehe 3B 3).
Vier Unbekannte
3 GGB + 1 Gelenk = 4 Gleichungen
→ statisch bestimmt

1. Freischnitt

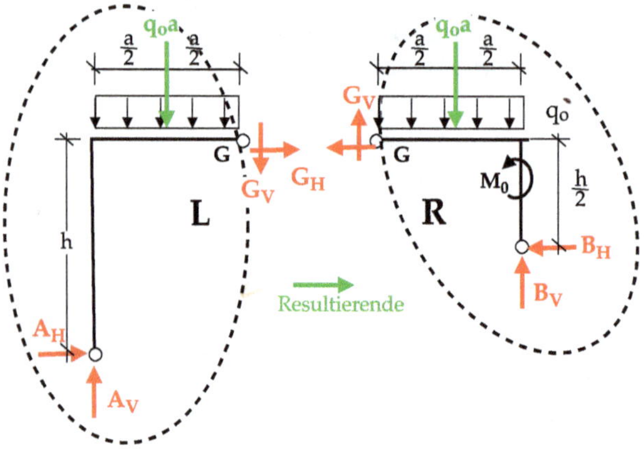

2. Gelenkbedingung

$$\sum M_G^L = 0 = A_V a - A_H h - q_0 a \frac{a}{2} \quad \text{I}$$

3. Ganzes System

$$\sum H = 0 = A_H - B_H \quad \Rightarrow \quad A_H = B_H \quad \text{II}$$

$$\sum V = 0 = A_V + B_V - q_0 2a \quad \Rightarrow \quad B_V = 2q_0 a - A_V \quad \text{III}$$

$$\sum M_B = 0 = A_V 2a - A_H \frac{h}{2} - q_0 2a \cdot a - M_o \quad \text{IV}$$

4. Gleichungssystem lösen

2 x I–IV:

$$0 = -\frac{3}{2} A_H h + q_0 a^2 + M_o \quad \Rightarrow \quad \underline{A_H = \frac{2a^2}{3h} q_0 + \frac{2}{3h} M_o = B_H}.$$

$$\Rightarrow \quad \text{aus I: } \underline{A_V = \frac{7}{6} q_0 a + \frac{2}{3a} M_o}$$

$$\Rightarrow \quad \text{aus III: } \underline{B_V = \frac{5}{6} q_0 a - \frac{2}{3a} M_o}.$$

Diesmal war das Lösen des Gleichungssystems etwas mühsamer, aber das Lösungsprinzip einfach wie immer!

Zum Selbstüben schlage ich folgende Alternativwege vor:

a) $\sum H = 0, \quad \sum V = 0, \quad \sum M_A = 0, \quad \sum M_G^R = 0,$

b) $\sum H = 0, \quad \sum M_B = 0, \quad \sum M_A = 0, \quad \sum M_C^R = 0,$

c) $\sum M_B = 0, \quad \sum M_G^L = 0, \quad \sum M_A = 0, \quad \sum M_G^R = 0.$

Erkenntnis: Wir können rechnen wie wir wollen (nur richtig), das Ergebnis ist immer dasselbe.

5B 5

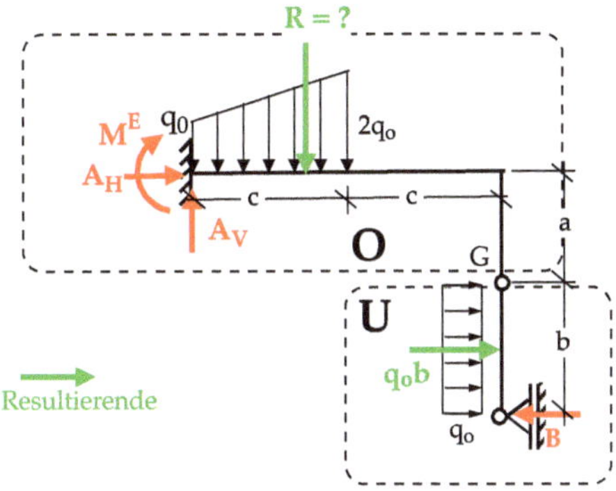

Gegeben: Die Zeichnung.
Gesucht: Lagerreaktionen.

Erst überlegen: An welchem Schnitt und mit welcher Gleichung komme ich am schnellsten zur Lösung?

Schnitt unten:

$$\sum M_G^U = 0 = Bb - q_0 b \frac{b}{2} \quad \Rightarrow \quad \underline{B = \frac{1}{2} q_0 b.}$$

Ganzes System:

$$\sum H = 0 = A_H + q_0 b - B \quad \Rightarrow \quad \underline{A_H = -\frac{1}{2} q_0 b.}$$

Die Trapezlast spalten wir am besten in eine Rechtecks- und eine Dreieckslast auf.

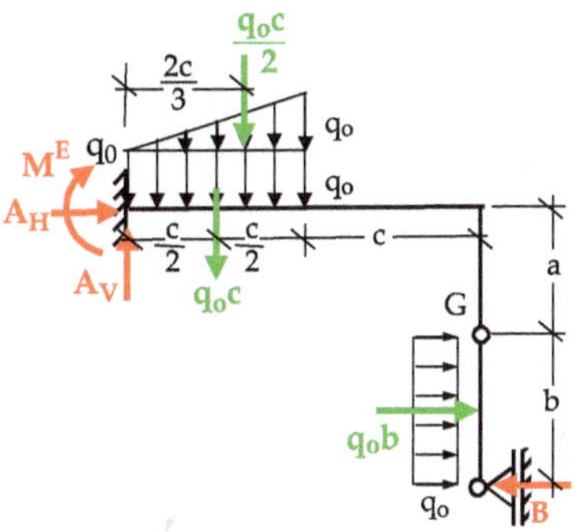

$$\sum V = 0 = A_V - q_0 c - \frac{1}{2} q_0 c \quad \Rightarrow \quad \underline{A_V = \frac{3}{2} q_0 c},$$

$$\sum M_A = 0 = M^E + q_0 c \cdot \frac{c}{2} + \frac{q_0 c}{2} \cdot \frac{2c}{3} - q_0 b \cdot \left(a + \frac{b}{2}\right) + B(a + b)$$

$$\Rightarrow \quad \underline{M^E = -\frac{5}{6} q_0 c^2 + \frac{1}{2} q_0 ab.}$$

5B 6 Der Pendelstab

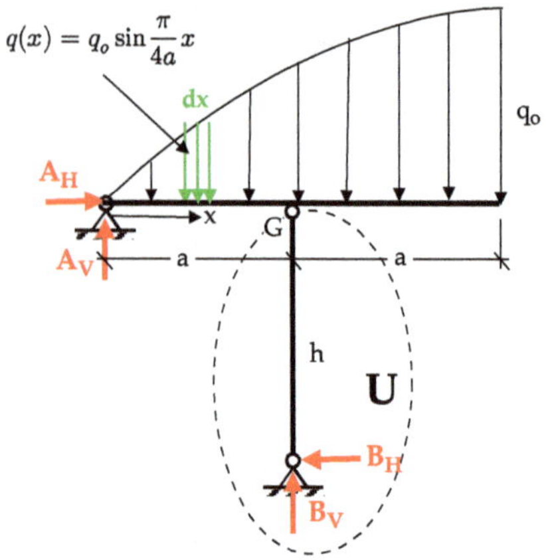

Gegeben: Die Zeichnung.
Gesucht: Lagerreaktionen.

Hier haben wir eine sinusförmige Streckenlast. Da ich die Belastungsfläche und die Lage des Schwerpunktes nicht kenne, ist die Integration unvermeidbar.

Doch zunächst schreiben wir die **Gelenkbedingung** am unteren Schnitt:

$$\sum M_G^U = 0 = B_H h \quad \Rightarrow \quad \underline{B_H = 0}.$$

Das ist eine interessante Erkenntnis. Es gibt keine horizontale Lagerkraft. Damit könnte man sich das untere Lager als Gleitlager vorstellen. Der Stab hätte dann die Möglichkeit, sich infinitesimal um G zu drehen – zu pendeln. Deshalb nennt man ihn **„Pendelstab"**.

Pendelstab
a) beiderseits gelenkig gelagert,
b) dazwischen keine weitere Belastung.

⟶ Es gibt nur eine Kraft in Stabrichtung.

Gäbe es eine Belastung zwischen den Gelenken, so wäre die horizontale Lagerkraft nicht Null.

Weiter geht es mit den GGB am ganzen System: $\sum H = \underline{0 = A_H}$.

An der Stelle x betrachten wir das unendlich kleine Element dx, welches durch die unendlich kleine Kraft $q(x)dx$ belastet ist. Das Moment dieser Kraft bzgl. A ist dann

$$dM = x \cdot q(x)dx.$$

Beim Momentengleichgewicht müssen diese summiert – also integriert – werden:

$$\sum M_A = 0 = B_V \cdot a - \underbrace{B_H h}_{=0} - \int_0^{2a} x \cdot q_0 \sin(\pi/4a)\ x\ dx$$

Die Integrallösung entnehmen wir einer Formelsammlung und erhalten

$$B_V = \frac{q_0}{a}\left[\frac{\sin\frac{\pi x}{4a}}{\left(\frac{\pi}{4a}\right)^2} - \frac{\cos\frac{\pi x}{4a}}{\frac{\pi}{4a}}\right]_0^{2a} = \frac{q_0}{a}\left[\frac{16a^2}{\pi^2}\sin\frac{\pi}{2} - \frac{4a}{\pi}2a\cos\frac{\pi}{2}\right]$$

$$\Rightarrow \quad \underline{B_V = \frac{16a}{\pi^2}q_0.}$$

Schließlich noch das vertikale Gleichgewicht:

$$\sum V = 0 = A_V + B - \int_0^{2a} q_0 \sin\frac{\pi x}{4a}dx = A_V + B + \left[\frac{4aq_0}{\pi}\cos\frac{\pi x}{4a}\right]_0^{2a}$$

$$\Rightarrow \quad \underline{A_V = \left(-\frac{16}{\pi^2} + \frac{4a}{\pi}\right)aq_0.}$$

Drei Übungsblöcke haben wir uns jetzt mit Lagerreaktionen ebener statisch bestimmter Balkensysteme beschäftigt, und es dürfte keine Probleme mehr geben, solche Aufgaben selbständig zu lösen. Treten doch noch Schwierigkeiten auf, so empfehle ich: **Wiederholen!**

a) sind diese Aufgaben für die Mechanik elementar,
b) werden wir uns in ME I noch viele Übungsblöcke mit Balkensystemen beschäftigen. Die Ermittlung der Lagerreaktionen wird dann vorausgesetzt.

6B Lagerreaktionen räumlicher Systeme

Wir erinnern uns: Ein räumliches System ist im Gleichgewicht, wenn zwei Vektorgleichungen erfüllt sind.

$$\sum \vec{F}_j = \begin{pmatrix} \sum F_x \\ \sum F_y \\ \sum F_z \end{pmatrix} = \vec{0} \quad \text{und} \quad \sum \vec{M}_k = \begin{pmatrix} \sum M_x \\ \sum M_y \\ \sum M_z \end{pmatrix} = \vec{0}.$$

Das sind sechs skalare Gleichungen zur Berechnung von sechs Lagerreaktionen (im Gegensatz zu den drei GGB im ebenen Fall). Alle Gedankengänge bleiben gleich, es kommen lediglich eine Kraftbedingung und zwei Momentenbedingungen hinzu. Das Momentengleichgewicht ist hier leider nicht so leicht zu überblicken wie in der Ebene, wo es ja nur eine Drehachse z gab. Es gibt nun drei Drehachsen. Wir werden deshalb diese Aufgaben vektoriell lösen. Das geht sehr einfach und schematisch, ist aber evtl. mit etwas Schreibarbeit verbunden.

6B 1

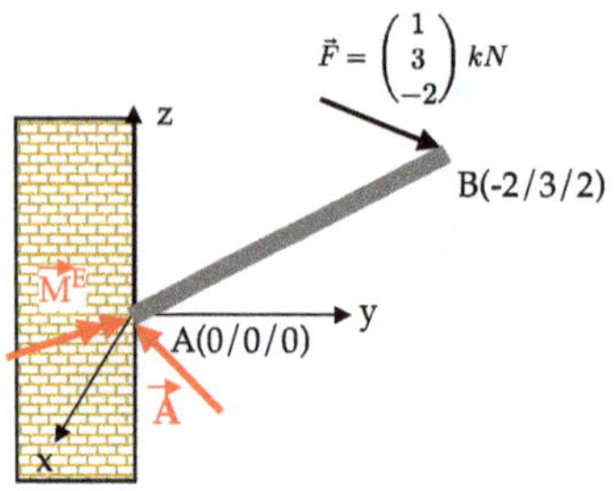

Ein Balken ist in $A(0/0/0)$ fest eingespannt, d. h., es gibt hier 0 Bewegungsmöglichkeiten, weder Verschiebungen noch Drehungen. An seinem Endpunkt $B(-2/3/2)$ m greift eine Kraft F an.

Gesucht: Die Lagerreaktionen

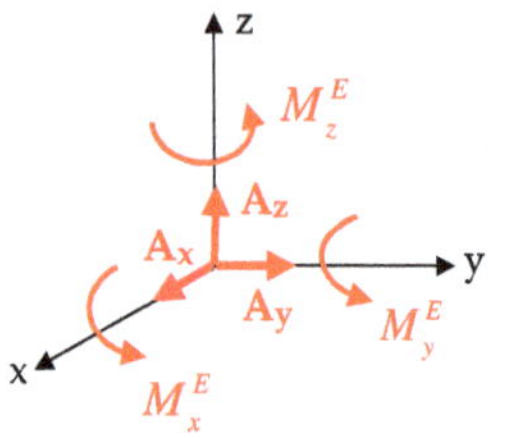

An der Einspannstelle gibt es eine Lagerkraft $\vec{A}$ und ein Einspannmoment $\vec{M}^E$.

$$\vec{A} = \begin{pmatrix} A_x \\ A_y \\ A_z \end{pmatrix} N, \qquad \vec{M}^E = \begin{pmatrix} M_x \\ M_y \\ M_z \end{pmatrix} \text{kN m}.$$

1. **Freischnitt** siehe Aufgabenstellung. Lagerreaktionen sind rot eingezeichnet.
2. **GGB**

$$\sum \vec{F}_j = \vec{0} = \vec{A} + \vec{F} = \begin{pmatrix} A_x \\ A_y \\ A_z \end{pmatrix} + \begin{pmatrix} 1 \\ 3 \\ -2 \end{pmatrix} \quad \Rightarrow \quad \underline{\vec{A} = \begin{pmatrix} -1 \\ -3 \\ 2 \end{pmatrix} \text{kN}},$$

$$\sum \vec{M}_A = \vec{0} = \vec{M}^E + \vec{r}_B \times \vec{F} \quad \Rightarrow \quad \vec{M}^E = -\begin{pmatrix} -2 \\ 3 \\ 2 \end{pmatrix} \times \begin{pmatrix} 1 \\ 3 \\ -2 \end{pmatrix} \text{kN} \cdot \text{m}$$

$$\Rightarrow \quad \underline{\vec{M}^E = \begin{pmatrix} 12 \\ 2 \\ 9 \end{pmatrix} \text{kN} \cdot \text{m}.}$$

3. **Gleichungssystem lösen:** Ist schon geschehen, da das Gleichungssystem so einfach zu durchschauen war.

Üblicherweise werden die sechs Komponentengleichungen nicht so hübsch entkoppelt sein wie hier. Im übelsten Fall hat man sechs gekoppelte Gleichungen!

Das hat aber nichts mehr mit der göttlichen Mechanik zu tun, sondern ist nur stupide Rechnerei – die Aufgabe für einen Fachidioten (z. B. einen Computer).

6B 2 Abgespannter Mast

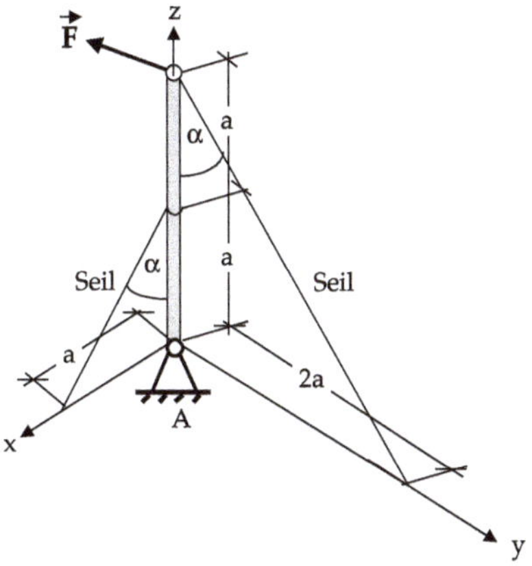

Für den abgespannten Mast bestimme man die Seilkräfte und die Lagerkräfte in *A*.

Gegeben: a, $\vec{F} = \begin{pmatrix} -2 \\ -8 \\ 4 \end{pmatrix}$ kN.

Freischnitt

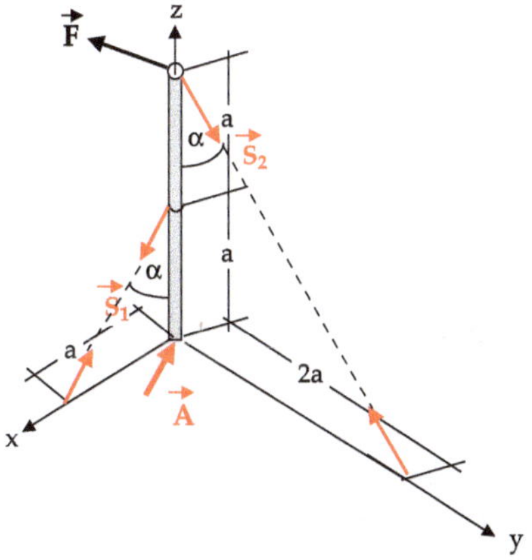

Seile können nur Zugkräfte aufnehmen. Die Kraftrichtung ist damit bekannt.
Aus der Geometrie folgt $\alpha = 45°$.
Unbekannte: A_x, A_y, A_z, S_1, S_2.
Nanu?! Das sind ja nur fünf Unbekannte anstatt sechs! Das bedeutet, dass das System unterbestimmt ist; es kann nicht für beliebige Lastfälle im Gleichgewicht sein.

Nur, wenn die Kraft F nach hinten zeigt, werden die Seile auf Zug beansprucht. Ansonsten würde der Mast nach vorn umklappen.

Mal sehen, was die Rechnung hierzu sagt.

Kraftgleichgewicht

$$\sum \vec{F}_j = \vec{0} = \vec{A} + \vec{S}_1 + \vec{S}_2 + \vec{F} = \begin{pmatrix} A_x \\ A_y \\ A_z \end{pmatrix} + \begin{pmatrix} S_1 \sin\alpha \\ 0 \\ -S_1 \cos\alpha \end{pmatrix} + \begin{pmatrix} 0 \\ S_2 \sin\alpha \\ -S_2 \cos\alpha \end{pmatrix} + \begin{pmatrix} -2 \\ -8 \\ 4 \end{pmatrix}$$

$$\Rightarrow \quad \vec{0} = \begin{pmatrix} A_x + S_1 \sin\alpha - 2 \\ A_y + S_2 \sin\alpha - 8 \\ A_z - S_1 \cos\alpha - S_2 \cos\alpha + 4 \end{pmatrix}.$$

Das sind drei Gleichungen mit fünf Unbekannten.

Momentengleichgewicht

$$\sum \vec{M}_A = \vec{0} = \vec{r_F} \times \vec{F} + \vec{r_{S_1}} \times \vec{S}_1 + \vec{r}_{S_2} \times \vec{S}_2,$$

$$\vec{0} = \begin{vmatrix} \vec{e}_x & \vec{e}_y & \vec{e}_z \\ 0 & 0 & 2a \\ -2 & -8 & 4 \end{vmatrix} + \begin{vmatrix} \vec{e}_x & \vec{e}_y & \vec{e}_z \\ 0 & 0 & a \\ S_1 \sin\alpha & 0 & -S_1 \cos\alpha \end{vmatrix} + \begin{vmatrix} \vec{e}_x & \vec{e}_y & \vec{e}_z \\ 0 & 0 & 2a \\ 0 & S_2 \sin\alpha & -S_2 \cos\alpha \end{vmatrix},$$

$$\vec{0} = \begin{pmatrix} 16a \\ -4a \\ 0 \end{pmatrix} + \begin{pmatrix} 0 \\ S_1 a \sin\alpha \\ 0 \end{pmatrix} + \begin{pmatrix} -S_2 2a \sin\alpha \\ 0 \\ 0 \end{pmatrix}$$

$$\Rightarrow \quad \vec{0} = \begin{pmatrix} 16a - S_2 2a \sin\alpha \\ -4a + S_1 a \sin\alpha \\ 0 \end{pmatrix} = \begin{pmatrix} 0 \\ 0 \\ 0 \end{pmatrix}$$

$$\Rightarrow \quad \underline{S_1 = \frac{4}{\sin\alpha} = 4\sqrt{2}\,\text{kN}} \quad \text{und} \quad \underline{S_2 = \frac{8}{\sin\alpha} = 8\sqrt{2}\,\text{kN}} \quad (\alpha = 45^\circ).$$

Hätte das Momentengleichgewicht noch eine z-Komponente, so ergäbe sich ein Widerspruch und Gleichgewicht wäre nicht möglich.

Bildet man das Momentengleichgewicht allgemein mit

$$\vec{F} = \begin{pmatrix} F_x \\ F_y \\ F_z \end{pmatrix},$$

so erhält man

$$S_1 = \frac{-2F_x}{\sin\alpha} \quad \text{und} \quad S_2 = \frac{-F_x}{\sin\alpha}.$$

Für positive Kraftkomponenten ergäbe sich **negative Seilkräft, was Druck** bedeutet. Für Seile unmöglich.

Mit S_1 und S_2 der Vorseite folgt aus dem Kraftgleichgewicht

$$A_x = 2 - 4 = -2\,\text{kN},$$
$$A_y = 8 - 8 = 0\,\text{kN},$$
$$A_z = 4 + 8 - 4 = 8\,\text{kN}.$$

Hier wurde beachtet, dass $\alpha = 45°$ ist. $\rightarrow \sin\alpha = \cos\alpha$.

6B 3

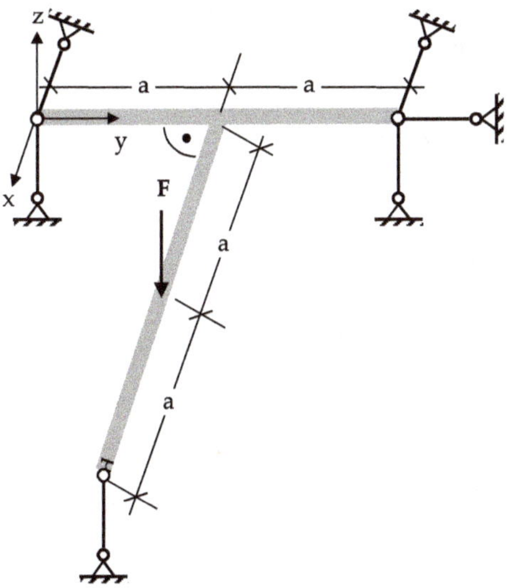

Für das skizzierte räumliche System berechne man die Lagerkräfte.

Gegeben: a, $\vec{F} = -F\vec{e}_z$

Die Lager sind hier als Pendelstäbe gezeichnet. Aus Aufgabe 5B 6 wissen wir, dass ein solcher Stab nur eine Kraft in Stabrichtung überträgt. Die Richtung der Lagerkräfte ist somit gegeben:

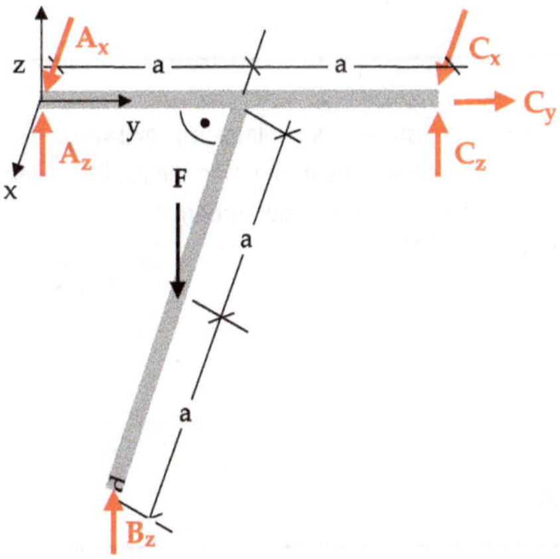

Die Orientierung der Lagerkräfte wählt man übersichtshalber in die der Koordinatenachsen.

6 unbekannte Lagerkräfte
6 GGB
→ Stat. bestimmt

Kraftgleichgewicht

$$\sum \vec{F}_j = \vec{0} = \vec{A} + \vec{B} + \vec{C} + \vec{F} = \begin{pmatrix} A_x \\ 0 \\ A_z \end{pmatrix} + \begin{pmatrix} 0 \\ 0 \\ B_z \end{pmatrix} + \begin{pmatrix} C_x \\ C_y \\ C_z \end{pmatrix} + \begin{pmatrix} 0 \\ 0 \\ -F \end{pmatrix}$$

$$\Rightarrow \begin{pmatrix} A_x + C_x \\ C_y \\ A_x + B_z + C_z - F \end{pmatrix} = \begin{pmatrix} 0 \\ 0 \\ 0 \end{pmatrix} \begin{matrix} \mathbf{I} \\ \mathbf{II} \\ \mathbf{III} \end{matrix}$$

Momentengleichgewicht

$$\sum \vec{M}_A = \vec{0} = \vec{r_B} \times \vec{B} + \vec{r_C} \times \vec{C} + \vec{r}_F \times \vec{F}$$

$$= \begin{vmatrix} \vec{e}_x & \vec{e}_y & \vec{e}_z \\ 2a & a & 0 \\ 0 & 0 & B_z \end{vmatrix} + \begin{vmatrix} \vec{e}_x & \vec{e}_y & \vec{e}_z \\ 0 & 2a & 0 \\ C_x & C_y & C_z \end{vmatrix} + \begin{vmatrix} \vec{e}_x & \vec{e}_y & \vec{e}_z \\ a & a & 0 \\ 0 & 0 & -F \end{vmatrix}$$

$$\Rightarrow \begin{pmatrix} aB_z + 2aC_z - aF \\ -2aB_z + aF \\ -2aC_x \end{pmatrix} = \begin{pmatrix} 0 \\ 0 \\ 0 \end{pmatrix} \begin{matrix} \mathrm{IV} \\ \mathrm{V} \\ \mathrm{VI} \end{matrix}$$

Gleichungssystem lösen

Aus VI: $\underline{C_x = 0} \xrightarrow{\text{aus I}} \underline{A_x = 0}$,

Aus V: $\underline{B_z = 0{,}5F} \xrightarrow{\text{aus IV}} \underline{C_z = 0{,}25F}$,

Aus II: $\underline{C_y = 0} \xrightarrow{\text{aus III}} \underline{A_z = 0{,}25F}$.

6B 4

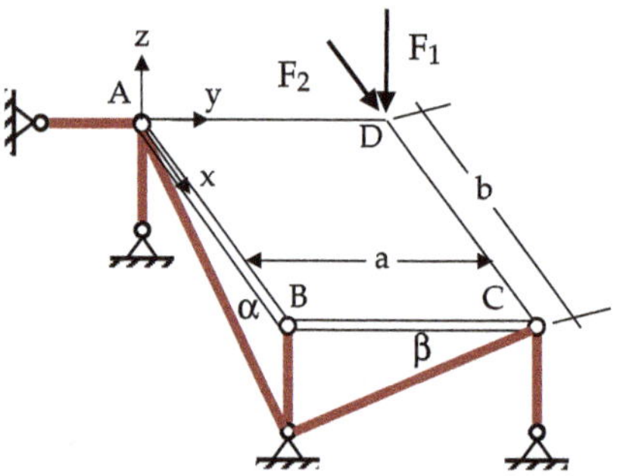

Für die skizzierte starre Tisch-platte mit extravaganter (modischer) Lagerung bestimme man die Kräfte in den gelenkig angeschlossenen Lagerstäben.

Gegeben: a, b, F_1, F_2

Freischnitt

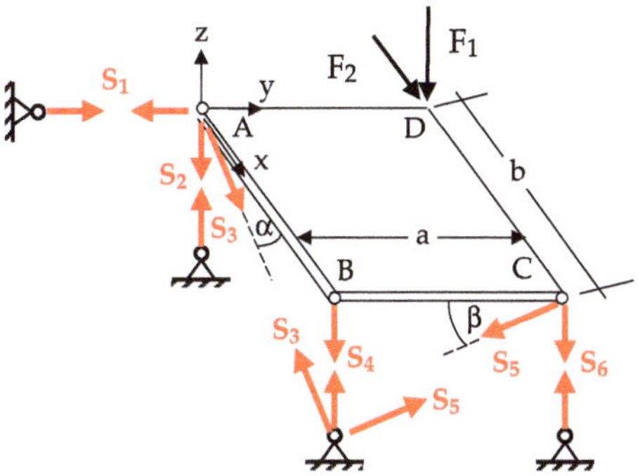

Die unbekannten Kräfte sind so eingezeichnet, als würden sie die Pendelstäbe auf Zug beanspruchen (vom Stab weg).

Kraftgleichgewicht

$$\sum \vec{F}_j = \vec{0} = \vec{S}_1 + \vec{S}_2 + \vec{S}_3 + \vec{S}_4 + \vec{S}_5 + \vec{S}_6 + \vec{F}_1 + \vec{F}_2$$

$$\begin{pmatrix} S_3 \cos\alpha + F_2 \\ -S_1 - S_5 \cos\beta \\ -S_2 - S_3 \sin\alpha - S_4 - S_5 \sin\beta - S_6 - F_1 \end{pmatrix} = \begin{pmatrix} 0 \\ 0 \\ 0 \end{pmatrix} \begin{matrix} \text{I} \\ \text{II} \\ \text{III} \end{matrix} .$$

Das sieht sehr unfreundlich aus!

Momentengleichgewicht

$$\sum \vec{M}_A = \vec{0} = \vec{r}_B \times \vec{F}_B + \vec{r}_C \times \vec{F}_C + \vec{r}_D \times \vec{F}_D$$

$$\vec{0} = \begin{vmatrix} \vec{e}_x & \vec{e}_y & \vec{e}_z \\ b & 0 & 0 \\ 0 & 0 & -S_4 \end{vmatrix} + \begin{vmatrix} \vec{e}_x & \vec{e}_y & \vec{e}_z \\ b & a & 0 \\ 0 & -S_5 \cos\beta & -S_6 - S_5 \sin\beta \end{vmatrix} + \begin{vmatrix} \vec{e}_x & \vec{e}_y & \vec{e}_z \\ 0 & a & 0 \\ F_2 & 0 & -F_1 \end{vmatrix}$$

$$\Rightarrow \begin{pmatrix} -aS_6 - aS_5 \sin\beta - aF_1 \\ bS_4 + bS_6 + bS_5 \sin\beta \\ -bS_5 \cos\beta - aF_2 \end{pmatrix} = \begin{pmatrix} 0 \\ 0 \\ 0 \end{pmatrix} \left| \begin{matrix} \text{IV} \\ \text{V} \\ \text{VI} \end{matrix} \right.$$

Gleichungssystem lösen Das macht man am besten in Matrixform

S_1	S_2	S_3	S_4	S_5	S_6	=	
		$\cos\alpha$				$-F_2$	**I**
-1				$-\cos\beta$			**II**
	−1	$-\sin\alpha$	−1	$-\sin\beta$	−1	F_1	**III**
				$-\sin\beta$	−1	F_1	**IV**
			1	$\sin\beta$	1		**V**
				$-b\cos\beta$		aF_2	**VI**

Das schaffen wir gerade noch „zu Fuß“, machen es aber trotzdem nicht, weil ich es für unsinnig halte, die kostbare Zeit, die wir für die Mechanik brauchen, mit dem stupiden Lösen von Gleichungssystemen zu vergeuden.

Diese vier Aufgaben zum Thema räumliche Balkensysteme sollen zunächst genügen. Nicht betrachtet haben wir

- räumliche Systeme mit Streckenlasten,
- räumliche Systeme mit *n* Gelenken.

Das Prinzip der Vorgehensweise ist hoffentlich klar geworden.

7B Schnittlasten ebener Balkensysteme

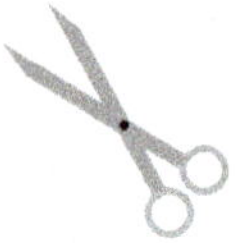

Wir bleiben beim Balken. Bisher haben wir die Lagerreaktionen berechnet. Nun machen wir uns Gedanken, welche Kräfte und Momente an einer beliebigen Stelle *x* im Balken wirken. Durch einen Schnitt legen wir diese inneren Kräfte bzw. Momente frei und machen sie damit zu äußeren – den sog. **Schnittlasten**.

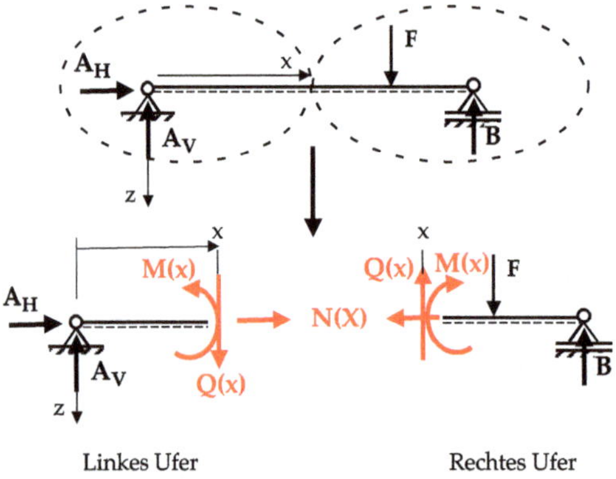

$N(x)$ = Längskraft,

$Q(x)$ = Querkraft,

$M(x)$ = Schnittmoment.

Nach dem Reaktionsprinzip wirken am rechten Schnittufer dieselben Lasten wie am linken, nur entgegengesetzt.

Vorzeichenfestlegung: Auf der Seite, an der sich das Koordinatensystem befindet, zeigen **positive Schnittlasten** in Richtung der Koordinatenachsen, am anderen Schnittufer entgegengesetzt.

Da das Koordinatensystem ein Rechtssystem ist, kommt in obiger Zeichnung die y-Achse aus der Zeichenebene heraus. Damit dreht das Moment am linken Ufer um die positive y-Achse.

Statt eines Koordinatensystems benutzen die Bauingenieure die eingezeichnete gestrichelte Linie, die sie **Zugfaser** nennen. Diese ersetzt das Koordinatensystem wie folgt:

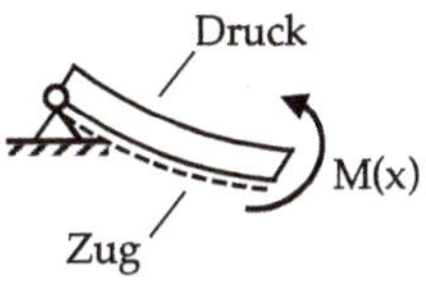

Ein Moment ist positiv, wenn es auf der Zugfaserseite Zug erzeugt.

Damit ist die positive y-Richtung festgelegt. Diese kommt aus der Ebene heraus. Da die x-Achse in Richtung der Balkenachse zeigt, muss die z-Achse nach unten zeigen.

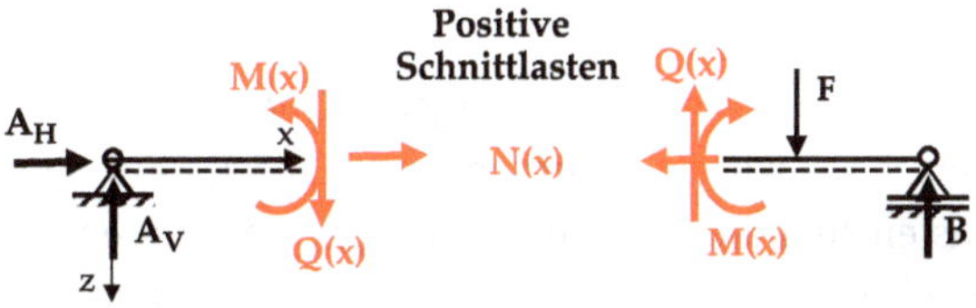

Wäre die Zugfaser oben gewählt worden, so zeigte die z-Achse nach oben, die y-Achse zeigte in die Ebene hinein und die positiven Schnittlasten hätten entgegengesetzte Richtungen.

Da jedes freigeschnittene Teil im Gleichgewicht sein muss, können wir die GGB formulieren und daraus die Schnittlasten berechnen. Der einzige Unterschied zur Berechnung der Lagerreaktionen besteht darin, dass wir hier keine feste Schnittstelle haben, sondern eine mit x variable.

Da ich Bauwesen studiert habe, werde ich meistens die Zufaser benutzen. Ich empfehle, sich obiges Bild gut einzuprägen und es im Geiste in die gewünschte Lage zu drehen. Dann weiß man immer die Richtung der possitiven Schnittlasten.

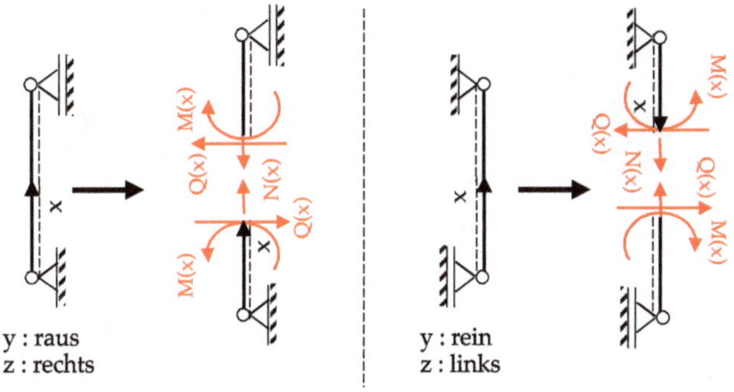

Im allgemeinen räumlichen Fall gibt es sechs Schnittlastkomponenten:

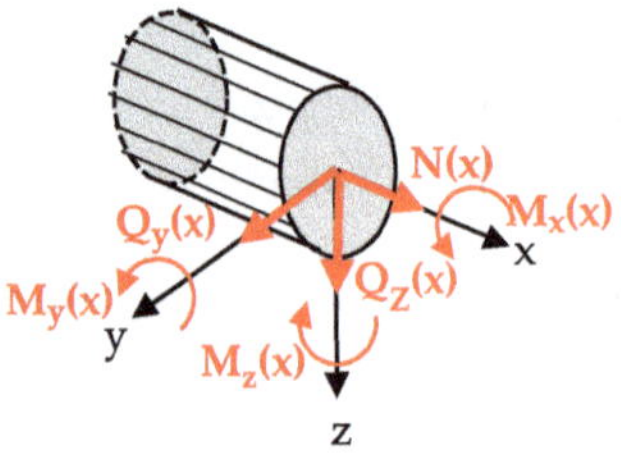

Eine Längskraft,
zwei Querkräfte,
drei Schnittmomente.

Diese lassen sich aus

$$\sum \vec{F}_j = \vec{0} \quad \text{und} \quad \sum \vec{M}_k = \vec{0}$$

berechnen.

Wir bleiben erfreulicherweise bei ebenen Balkensystemen. Wenn wir das mühelos beherrschen, macht der räumliche Fall außer Schreibarbeit keine weiteren Probleme.

Bemerkung 1: Die Schnittlasten greifen im Schwerpunkt eines jeden Querschnittes an.

Bemerkung 2: In einem Balkenquerschnitt wirken natürlich keine Einzelkräfte, sondern Spannungen. Die Schnittlasten sind die aus den Spannungen resultierenden Kräfte. Über Spannungen reden wir später.

Bemerkung 3: Der Ingenieur interessiert sich zur Bemessung eines Balkens für die Spannungen, und das ist unser Ziel. Der erste Schritt zur Spannungsberechnung ist die Ermittlung der Schnittlasten.

Üben wir die Berechnung der Schnittlasten erst eimal gründlich. Später lernen wir dann Spannungen und Biegungen am Balken zu berechnen. Der Balken wird uns also noch lange beschäftigen. Wer hätte das gedacht, was man an so einem Balken alles ausrechnen kann (muss)?!

Schnittlasten haben bestimmte Eigenschaften, die in der folgenden Tabelle zusammengestellt sind. In den Übungsaufgaben werden wir die einzelnen Fälle besprechen.

GOLDENE REGELN FÜR SCHNITTLASTEN

Last-fall	P	P	M		
N(x)	Sprung der Größe P				
Q(x)		Sprung um P			
M(x)		Knick	Sprung um M		max. M

$$\frac{dQ}{dx} = -\,q(x) \longrightarrow Q(x) = \int -\,q(x)\,dx \;\Big\}$$
$$\frac{dM}{dx} = Q(x) \longrightarrow M(x) = \int Q(x)\,dx \;\Big\} \qquad \frac{d^2M}{dx^2} = -\,q(x)$$

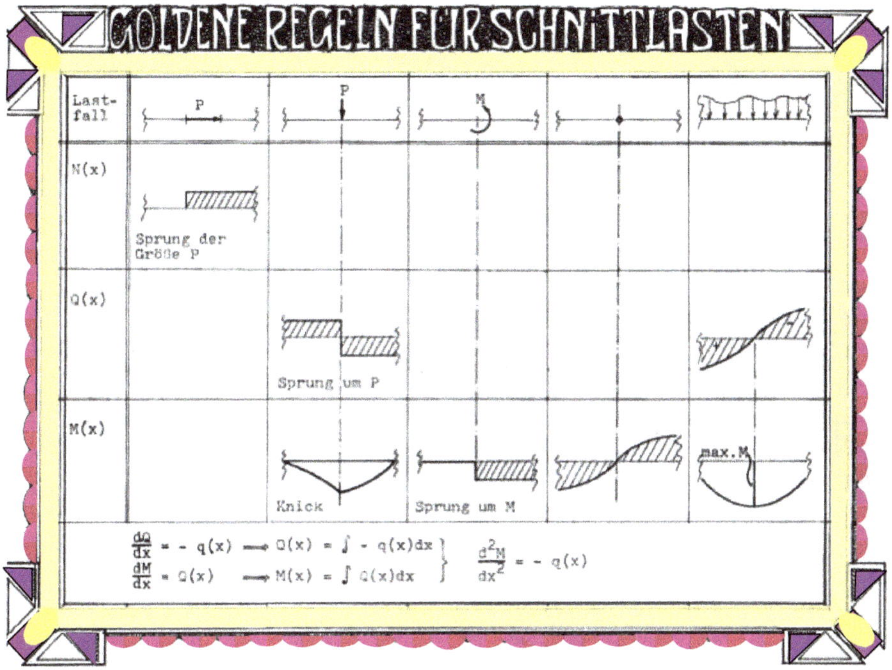

7B 1

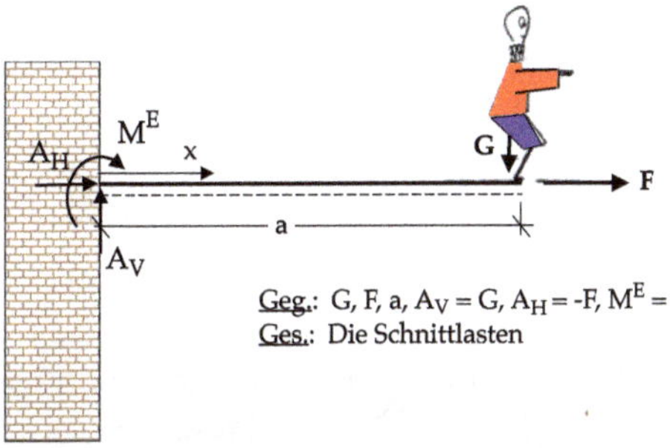

Geg.: G, F, a, $A_V = G$, $A_H = -F$, $M^E = -\,Ga$

Ges.: Die Schnittlasten

Das ist das einfachste Beispiel für Schnittlasten. Wir schneiden an einer beliebigen Stelle x den Balken durch und betrachten das linke **oder** rechte Schnittufer. Wir werden hier (aus didaktischen Gründen) beides machen:

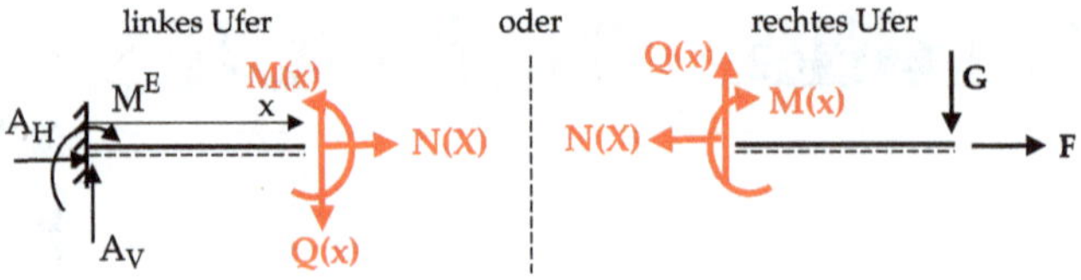

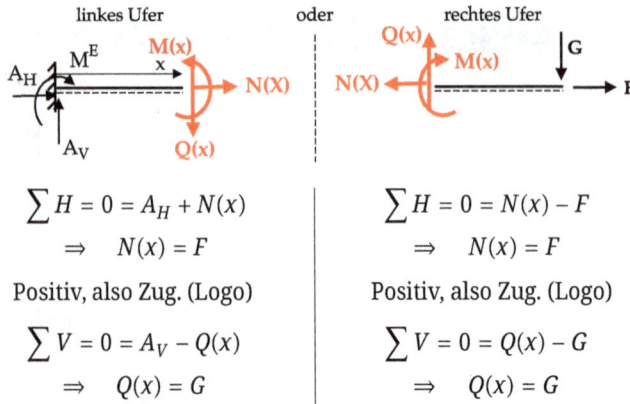

$\sum H = 0 = A_H + N(x)$ $\Rightarrow \quad N(x) = F$ Positiv, also Zug. (Logo) $\sum V = 0 = A_V - Q(x)$ $\Rightarrow \quad Q(x) = G$	$\sum H = 0 = N(x) - F$ $\Rightarrow \quad N(x) = F$ Positiv, also Zug. (Logo) $\sum V = 0 = Q(x) - G$ $\Rightarrow \quad Q(x) = G$

Das Momentengleichgewicht macht man praktischerweise um den Schnittpunkt S, da dann $Q(x)$ und $N(x)$ nicht eingehen. Diese werden oft nicht gebraucht.

$$\sum M_S = 0 = M(x) - M^E - A_V x \qquad \sum M_S = 0 = M(x) + G(a - x)$$
$$\Rightarrow M(x) = -Ga + Gx, \qquad \Rightarrow M(x) = -Ga + Gx.$$

Erkenntnis

1.) An welchem Schnittufer man Gleichgewicht bildet, ist egal. Das linke Ufer weiß schon, was am rechten geschieht und umgekehrt.

2.) Bei dieser Aufgabe ist die Kenntnis der Lagerreaktionen zur Berechnung der Schnittlasten nicht notwendig, wenn man am rechten Ufer rechnet.

3.) Wenn man das Schnittmoment differenziert, erhält man die Querkraft! Ist das Zufall bei dieser Aufgabe? Nein! Es wird immer so sein. Der Beweis folgt später.

Tipp Man bilde an dem Schnittufer Gleichgewicht, an dem man am einfachsten zum Ziel kommt (das ist jenes, an dem am wenigsten Lasten auftreten).

Üblicherweise stellt man die ermittelten Schnittlasten noch graphisch dar, man spricht von **Zustandslinien.**

Man zeichnet das System mit seinen markanten Punkten noch dreimal und trägt die Schnittlasten als Funktion von x auf. Üblicherweise zeichnet man das so, wie ich es hier zeige:

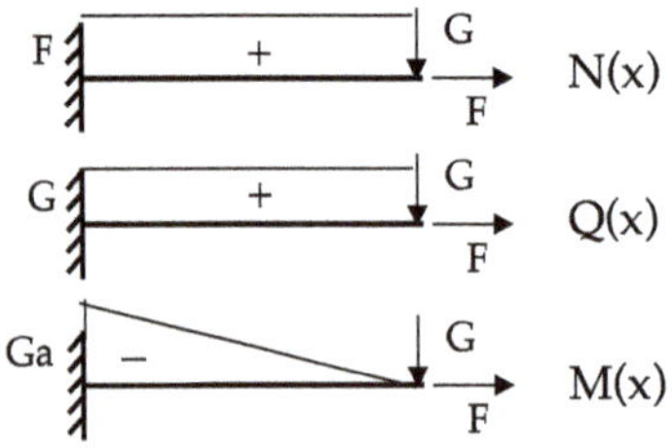

Man zeichnet das Vorzeichen mit ein und macht sich keine Gedanken, auf welcher Balkenseite sie eingezeichnet werden.

7B 2

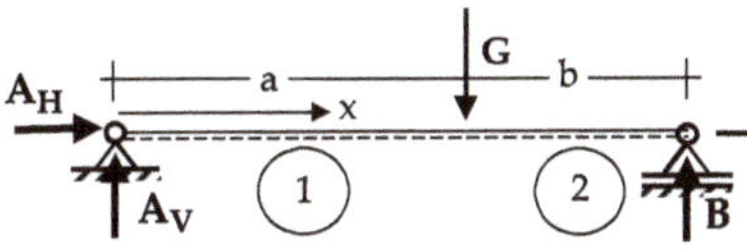

Geg.: G, F, a, b

Die Lagerkräfte haben wir schon in Aufgabe 3B1 berechnet. Die Schnittlasten müssen in beiden Bereichen berechnet werden.

$$A_H = -F, \quad A_V = \frac{b}{a+b}G$$

$$B = \frac{a}{a+b}G$$

Merke: Ein Bereich endet da, wo sich die Belastung oder die Geometrie ändert.

z.B.

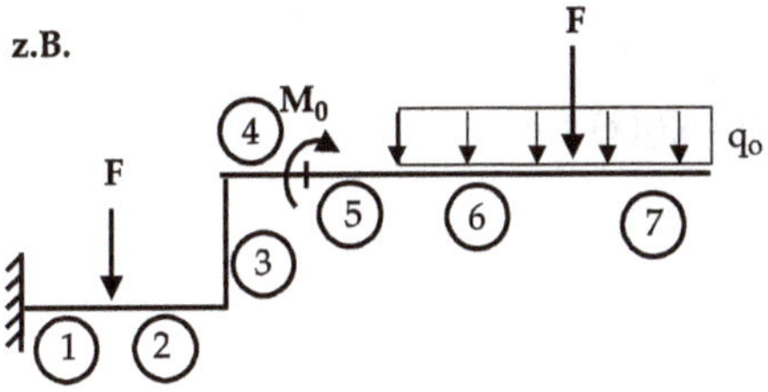

In allen sieben Bereichen müssen die Schnittlasten berechnet werden, d. h. wir dürfen $3 \times 7 = 21$ GGB aufstellen.

Viel Spaß dabei!

Nun zu unserer Aufgabe:

Bereich 1: $0 < x < a$

Irgendwo im Bereich I schneiden und am linken **oder** rechten Teil Gleichgewicht bilden. Ich führe noch einmal beides vor:

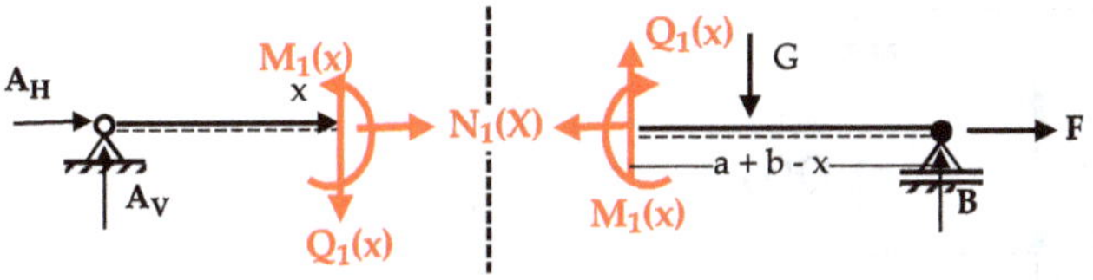

$\sum H = 0 = A_H + N_1(x)$	$\sum H = 0 = N_1(x) - F$
$\Rightarrow \quad N_1(x) = F$	$\Rightarrow \quad N_1(x) = F$
$\sum V = 0 = A_V - Q_1(x)$	$\sum V = 0 = Q_1(x) + B - G$
$\Rightarrow Q_1(x) = \dfrac{b}{a+b}G$	$\Rightarrow \quad Q_1(x) = \dfrac{b}{a+b}G$
$\sum M_S = 0 = M_1(x) - A_V x$	$\sum M_S = 0 = M_1(x) - B(a+b-x) + G(a-x)$
$\Rightarrow \quad M_1(x) = \dfrac{b}{a+b}Gx$	$\Rightarrow \quad M_1(x) = \dfrac{b}{a+b}Gx$
Geht offenbar schneller als am rechten Ufer!	

Bereich 2: $a < x < a + b$

Irgendwo im Bereich I schneiden und am linken **oder** rechten Teil Gleichgewicht bilden. Ich führe noch einmal beides vor:

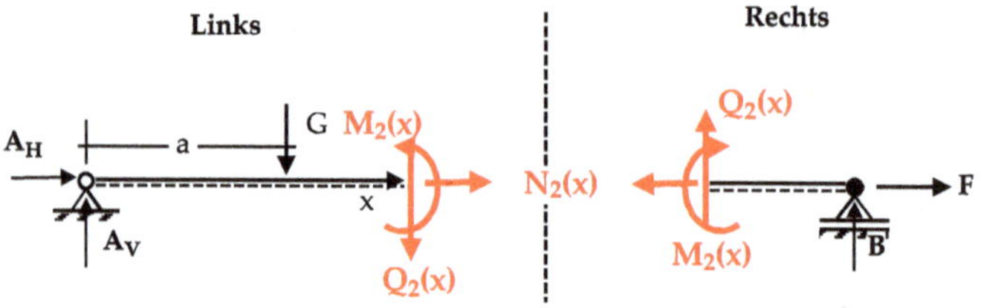

Links

$$\sum H = 0 = A_H + N_2(x)$$

$$\Rightarrow \quad N_2(x) = F$$

$$V = 0 = A_V - G - Q_2(x)$$

$$\Rightarrow \quad Q_2(x) = \frac{-a}{a+b}G$$

$$\sum M_S = 0 = M_2(x) + G(x-a) - A_V x$$

$$\Rightarrow \quad M_2(x) = Ga - \frac{a}{a+b}Gx$$

Rechts

$$\sum H = 0 = N_2(x) - F$$

$$\Rightarrow \quad N_2(x) = F$$

$$V = 0 = Q_2(x) + B$$

$$\Rightarrow \quad Q_2(x) = \frac{-a}{a+b}G$$

$$\sum M_S = 0 = M_2(x) - B(a+b-x)$$

$$\Rightarrow \quad M_2(x) = Ga - \frac{a}{a+b}Gx$$

Geht schneller als am linken Ufer

Zustandslinien

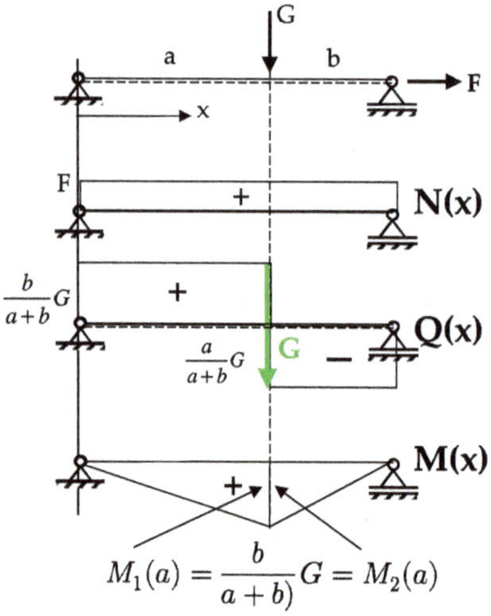

Feststellungen

Dort, wo eine äußere Querkraft (G) angreift,
bleibt $N(x)$ unverändert,
springt $Q(x)$ um G,
hat das Moment einen Knick.
Im Gelenk ist das Moment Null.

Das sind die ersten vier goldenen Regeln der Schnittlasten. Die Kenntnis dieser Regeln ist von größter Wichtigkeit. Mit etwas Übung ist man bald in der Lage, die Schnittlasten ohne viel Rechnung anzugeben.

Auf alle Fälle können damit Rechenfehler schnell entdeckt werden.

7B 3

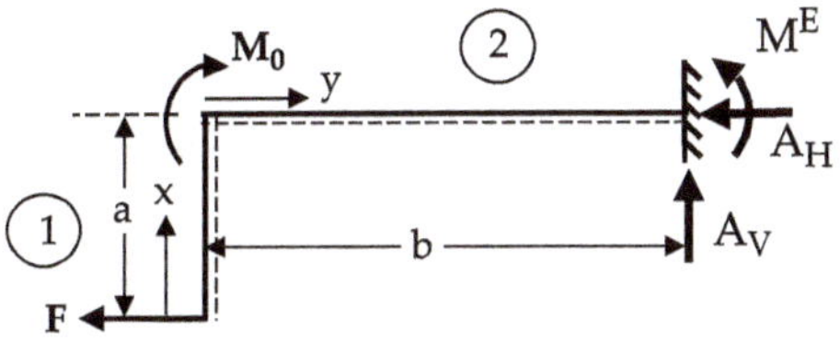

Die Lagerreaktionen wurden schon in 3B 3 berechnet.

Gegeben: $a, b, F, M_o, A_V = 0, A_H = -F, M^E = M_o + Fa$

Gesucht: Die Schnittlasten

Bereich 1: $0 < x < a$

Schneiden. Entscheiden, ob oben oder unten gerechnet werden soll. Unten scheint schneller zu gehen.

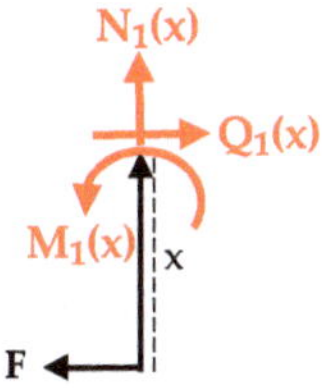

$$\sum V = 0 = \underline{N_1(x)},$$
$$\sum H = 0 = Q_1(x) - F \quad \Rightarrow \quad \underline{Q_1(x) = F},$$
$$\sum M = 0 = M_1(x) - Fx \quad \Rightarrow \quad \underline{M_1(x) = Fx}.$$

Bereich 2: $0 < y < b$

An der Stelle y schneiden. Rechnung am linken Schnittufer scheint schneller zu gehen:

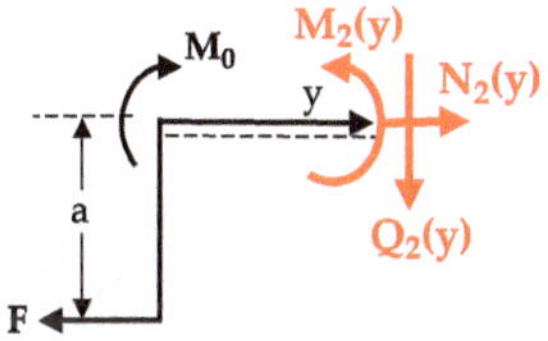

$$\sum V = 0 = \underline{Q_2(y)},$$
$$\sum H = 0 = N_2(y) - F \quad \Rightarrow \quad \underline{N_2(y) = F},$$
$$\sum M = 0 = M_2(y) - M_o - Fa \quad \Rightarrow \quad \underline{M_2(y) = M_o + Fa}.$$

Zur **Probe** schneiden wir die Einspannstelle frei und bilden Gleichgewicht:

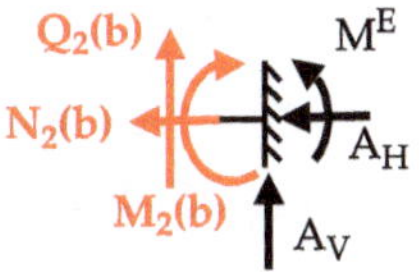

$$\sum H \stackrel{?}{=} 0 = N_2(b) + A_H = F + (-F) = 0 \quad \boxed{\text{w}},$$
$$\sum V \stackrel{?}{=} 0 = Q_2(b) + A_V = 0 + 0 = 0 \quad \boxed{\text{w}},$$
$$\sum M \stackrel{?}{=} 0 = M_2(b) - M^E = M_o + Fa - M_o - Fa = 0 \quad \boxed{\text{w}}.$$

Probe bestanden.

Zustandslinien

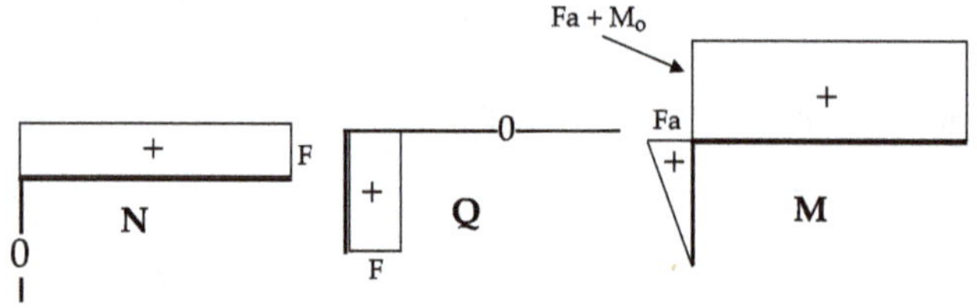

Feststellung: Greift ein äußeres Moment an, so springt das Schnittmoment um genau diesen Betrag.

Wieder eine der „goldenen Regeln" bestätigt.

7B 4

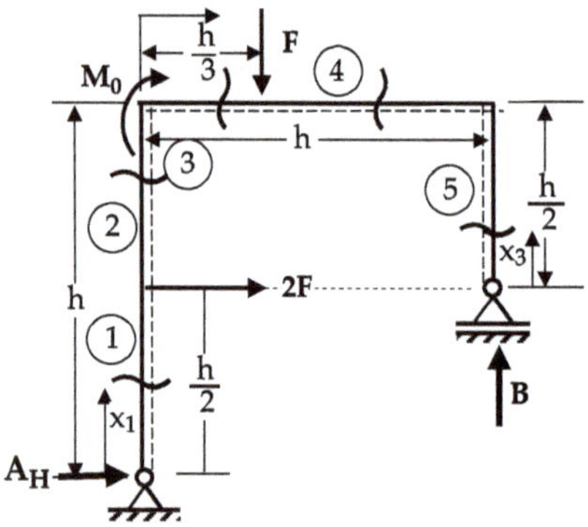

In Aufgabe 3B 5 wurden die Lagerkräfte berechnet. Es ergab sich

$$A_H = -2F,$$
$$A_V = -\frac{1}{3}F - \frac{M_o}{h},$$
$$B = \frac{M_o}{h} + \frac{4}{3}F.$$

Nun berechnen wir die Schnittlasten in allen fünf Bereichen.

Bereich 1: $0 < x_1 < \frac{h}{2}$

Warum schreibe ich eigentlich bei der Bereichsdefinition immer „<" und nicht „≤"? Weil an den Übergangsstellen die Schnittlasten unstetig sein können!

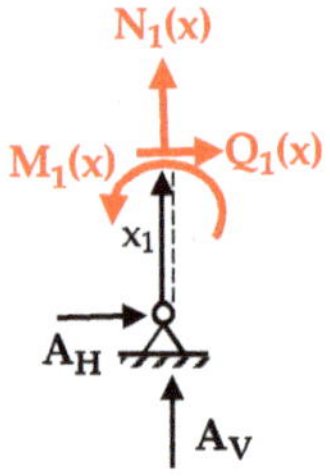

$$\sum H = 0 = Q_1(x_1) + A_H \quad \Rightarrow \quad \underline{Q_1(x_1) = 2F},$$
$$\sum V = 0 = N_1(x_1) + A_V \quad \Rightarrow \quad \underline{N_1(x_1) = \frac{1}{3}F + \frac{M_o}{h}},$$
$$\sum M = 0 = M_1(x_1) + A_H x_1 \quad \Rightarrow \quad \underline{M_1(x_1) = 2Fx_1}.$$

In Gedanken sofort prüfen: $\frac{dM_1}{dx_1} \stackrel{?}{=} Q_1(x_1)$.

Bereich 2: $\frac{h}{2} < x_1 < h$

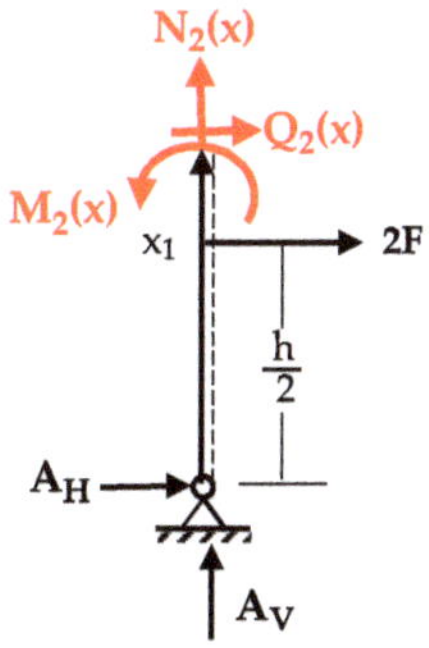

$$\sum V = 0 = N_2(x_1) + A_V \quad \Rightarrow \quad \underline{N_2(x_1) = \frac{1}{3}F + \frac{M_0}{h}},$$

$$\sum H = 0 = Q_2(x_1) + 2F + A_H \quad \Rightarrow \quad \underline{Q_2(x_1) = 0},$$

$$\sum M = 0 = M_2(x_1) + 2F\left(x_1 - \frac{h}{2}\right) + A_H x_1$$

$$\Rightarrow \quad \underline{M_2(x_1) = Fh},$$

$$\frac{dM_{II}}{dx_1} \stackrel{?}{=} Q_{II}(x_1).$$

Bereich 3: $0 < x_2 < \frac{h}{3}$

Rechtes Ufer scheint einfacher zu sein.

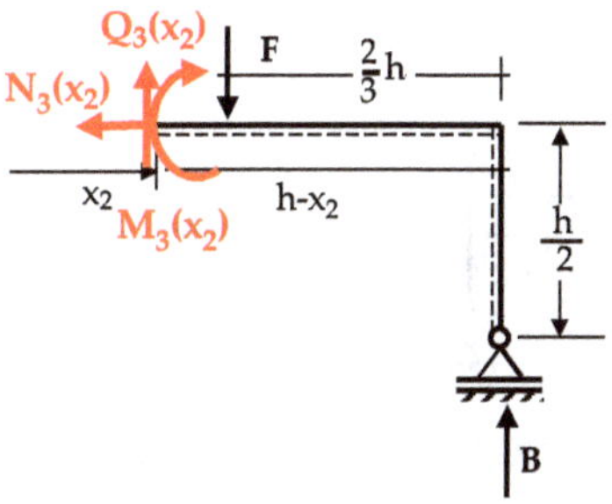

$$\sum H = \underline{0 = N_3(x_2)},$$

$$\sum V = 0 = Q_3(x_2) - F + B$$

$$\Rightarrow \quad \underline{Q_3(x_2) = -\frac{M_0}{h} - \frac{1}{3}F},$$

$$\sum M = 0 = M_3(x_2) + F\left(\frac{h}{3} - x_2\right) - B(h - x_2)$$

$$\Rightarrow \quad \underline{M_3(x_2) = Fh + M_0 - \left(\frac{1}{3}F + \frac{M_0}{h}\right)x_2},$$

$$\frac{dM_{III}}{dx_2} \stackrel{?}{=} Q_{III}(x_2).$$

Bereich 4: $\frac{h}{3} < x_2 < h$ Rechtes Ufer

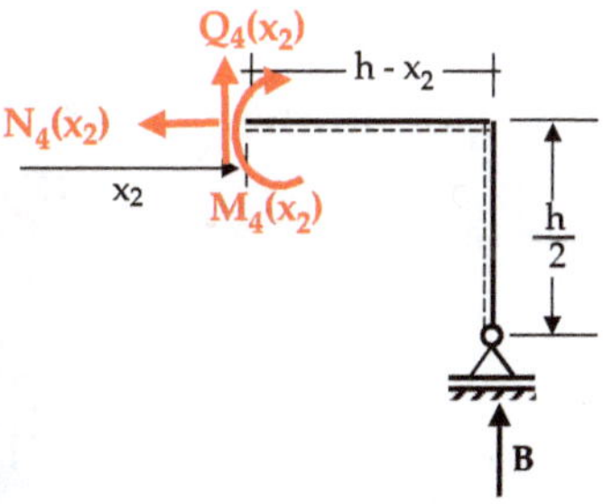

$$\sum H = \underline{0 = N_4(x_2)},$$

$$\sum V = 0 = Q_4(x_2) + B$$

$$\Rightarrow \quad \underline{Q_4(x_2) = -\frac{M_0}{h} - \frac{4}{3}F},$$

$$\sum M = 0 = M_4(x_2) - B(h - x_2),$$

$$\underline{M_4(x_2) = \left(\frac{M_0}{h} + \frac{4}{3}F\right)(h - x_2)}.$$

Bereich 5: $0 < x_3 < \frac{h}{2}$

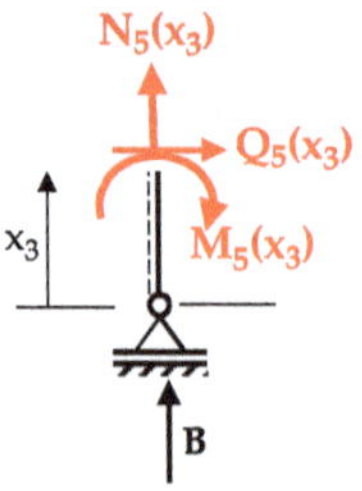

$$\sum V = 0 = N_5(x_3) + B \quad \Rightarrow \quad \underline{N_5(x_3) = -\frac{M_o}{h} - \frac{4}{3}F,}$$

$$\sum H = 0 = \underline{Q_5(x_3)},$$

$$\sum M = 0 = \underline{M_5(x_3)}.$$

Zustandslinien

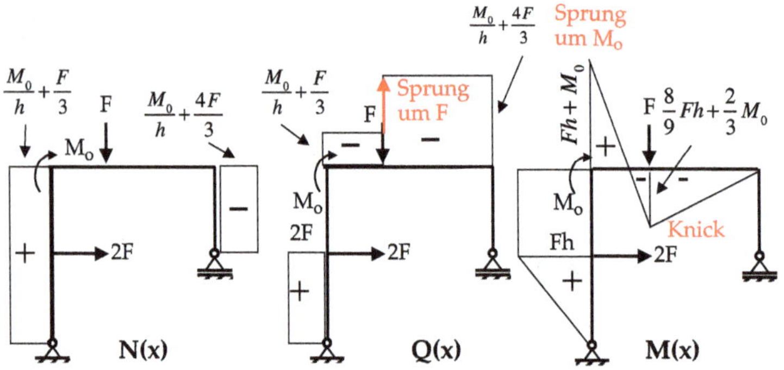

Die Berechnung der Schnittlasten in allen Bereichen ist zwar etwas mühsam, aber man wird mir recht geben, dass es prinzipiell nicht schwierig ist.

Hinweis: Einige Studenten machen sich nicht die Mühe, für jeden Bereich das herausgeschnittene Schnittufer noch einmal zu zeichnen. Das ist am Anfang gefährlich! Die meisten Fehler geschehen dadurch, dass nicht korrekt freigeschnitten wurde. Also: Den Freischnitt jedesmal sauber hinzeichnen.

Der falsche Freischnitt ist die falsche Lösung.
(Zweiter Satz von Lehnert)

Immer dran denken!

8B Schnittlasten an ebenen Balkensystemen mit Gelenken und (oder) Streckenlasten

8B 1

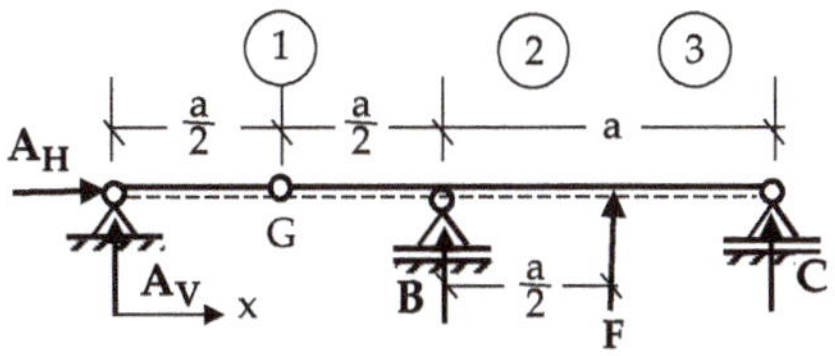

In Aufgabe 4B 2 wurden die Lagerkräfte berechnet. Es ergab sich

$$A_H = 0, \quad A_V = 0,$$

$$B = -\frac{1}{2}F = C.$$

Nun berechnen wir die Schnittlasten.

Bereich 1: $0 < x < a$

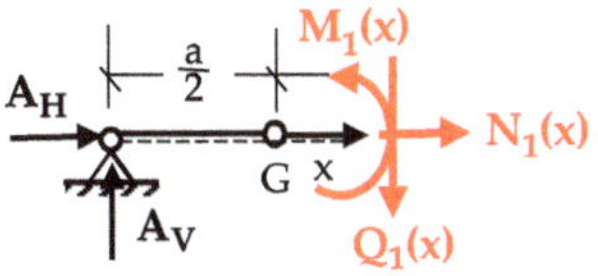

Beachte: Ein Gelenk unterbricht einen Bereich nicht.

Es ist sofort einleuchtend, dass es egal ist, ob vor oder nach dem Gelenk geschnitten wird.

$$\sum H = 0 = N_1(x) = +A_H \quad \Rightarrow \quad \underline{N_1(x) = 0},$$

$$\sum V = 0 = Q_1(x) - A_V = 0 \quad \Rightarrow \quad \underline{Q_1(x) = 0},$$

$$\sum M = 0 = M_1(x) - A_V x \quad \Rightarrow \quad \underline{M_1(x) = 0}.$$

Bereich 2: $a < x < \frac{3}{2}a$

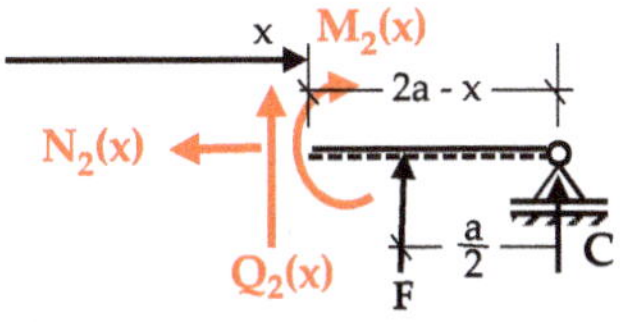

$$\sum H = \underline{0 = N_2(x)},$$

$$\sum V = 0 = Q_2(x) + F + C \quad \Rightarrow \quad \underline{Q_2(x) = -\frac{1}{2}F},$$

$$\sum M = 0 = M_2(x) - F\left(\frac{3}{2}a - x\right) - C(2a - x)$$

$$\Rightarrow \quad \underline{M_2(x) = \frac{1}{2}F(a - x)}.$$

Bereich 3: $\frac{3}{2}a < x < 2a$

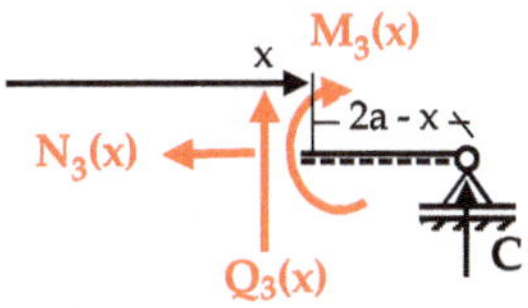

$$\sum H = \underline{0 = N_3(x)},$$

$$\sum V = 0 = Q_3(x) + C \quad \Rightarrow \quad \underline{Q_3(x) = \frac{1}{2}F},$$

$$\sum M = 0 = M_3(x) - C(2a - x)$$

$$\Rightarrow \quad \underline{M_3(x) = -\frac{1}{2}F(2a - x)}.$$

Das Zeichnen der Zustandslinien ist hier so einfach, dass wir darauf verzichten.

8B 2

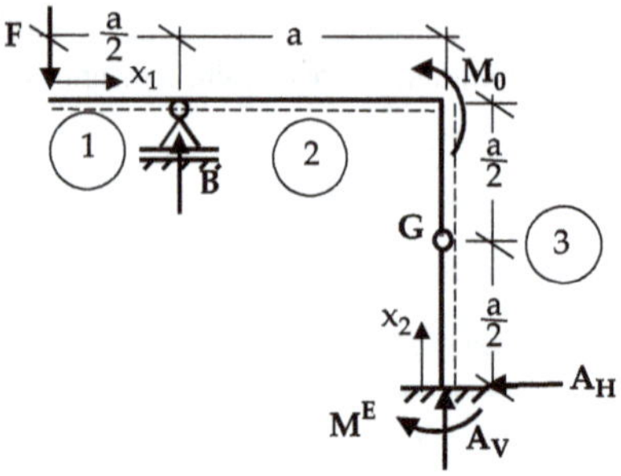

In Aufgabe 4B 4 wurden die Lagerreaktionen berechnet. Es ergaben sich

$$A_H = 0, A_V = -\frac{1}{2}F - \frac{M_0}{a},$$
$$M^E = 0, B = \frac{3}{2}F + \frac{M_0}{a}.$$

Bereich 1: $0 < x_1 < \frac{a}{2}$

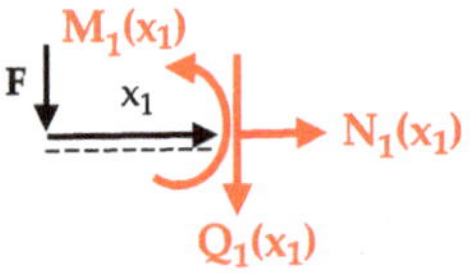

$$\sum H = 0 = N_1(x_1),$$
$$\sum V = 0 = Q_1(x_1) + F \quad \Rightarrow \quad Q_1(x_1) = -F,$$
$$\sum M = 0 = M_1(x_1) + Fx_1 \quad \Rightarrow \quad M_1(x_1) = -Fx_1.$$

Bereich 2: $\frac{a}{2} < x_1 < \frac{3}{2}a$

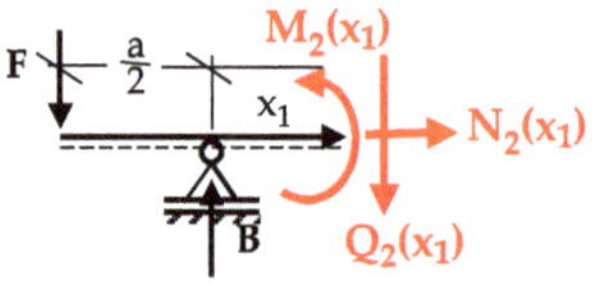

$$\sum H = 0 = N_2(x_1),$$
$$\sum V = 0 = Q_2(x_1) - B + F$$
$$\Rightarrow \quad Q_2(x_1) = \frac{1}{2}F + \frac{M_0}{a},$$
$$\sum M = 0 = M_2(x_1) - B\left(x_1 - \frac{a}{2}\right) + Fx_1$$
$$\Rightarrow \quad M_2(x_1) = -\frac{3}{4}Fa - \frac{M_0}{2} + \left(\frac{1}{2}F + \frac{M_0}{a}\right)x_1.$$

Bereich 3: $0 < x_2 < a$

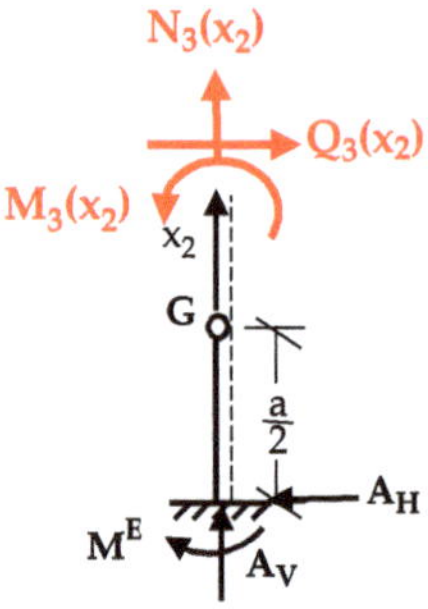

Ein Gelenk unterbricht einen Bereich nicht!

$$\sum V = 0 = N_3(x_2) + A_V \quad \Rightarrow \quad N_3(x_2) = \frac{1}{2}F + \frac{M_0}{a},$$
$$\sum H = 0 = Q_3(x_2) - A_H \quad \Rightarrow \quad Q_3(x_2) = 0,$$
$$\sum M = 0 = M_3(x_2) - A_H x_2 \quad \Rightarrow \quad M_3(x_2) = 0.$$

Zustandslinien

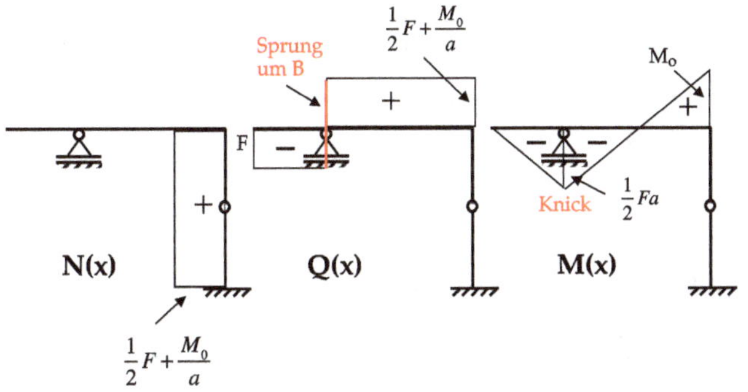

8B 3

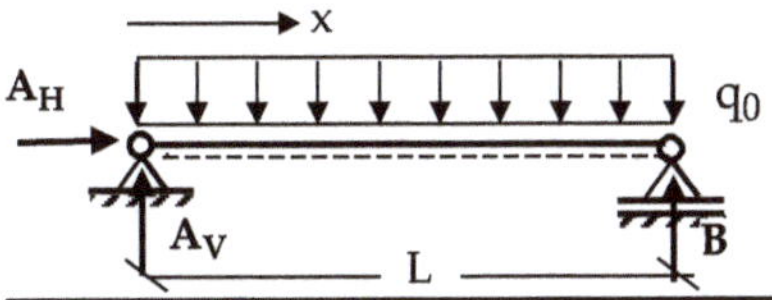

In Aufgabe 5B 1 wurden die Lagerkräfte berechnet. Es ergab sich

$$A_H = 0, \quad A_V = \frac{1}{2}q_0L = B.$$

Ohne Rechnung sehen wir, dass $N(x) = 0$ ist.

Schnitt an der Stelle x:

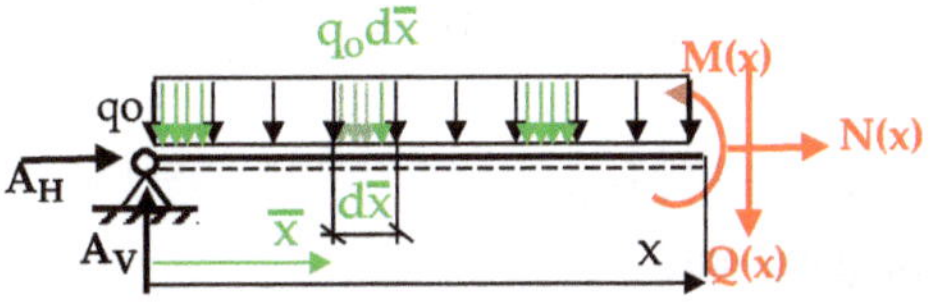

Beachte: $\boldsymbol{x}$ ist die Schnittstelle und $\bar{\mathbf{x}}$ eine Zwischenstelle.

$$\sum V = 0 = Q(x) - A_V + \cdots^? \quad \text{und wie weiter?}$$

An der Stelle $\bar{\mathbf{x}}(0 < \bar{x} < x)$ sehen wir das Intervall $q_0 d\bar{x}$. Die resultierende Belastung auf $d\bar{x}$ ist. Diese müssen wir aufaddieren von 0 bis x, also integrieren.

$$\sum V = 0 = Q(x) - A_V + \int_{\bar{x}=0}^{x} q_0 d\bar{x} \quad \Rightarrow \quad Q(x) = \frac{1}{2}q_0L - q_0x,$$

$$\sum M = 0 = M(x) - A_Vx + \int_{\bar{x}=0}^{x} (x-\bar{x})q_0 d\bar{x}.$$

Aufpassen: x **ist für die Integration eine Konstante! Integriert wird über** $\bar{\mathbf{x}}$**.**

$$\Rightarrow \quad M(x) = \frac{1}{2}q_0L - \int_{\bar{x}=0}^{x} xq_0 d\bar{x} + \int_{\bar{x}=0}^{x} \bar{x}q_0 d\bar{x} = \frac{1}{2}q_0Lx - \frac{1}{2}q_0x^2.$$

Prüfen:

$$M(0) \stackrel{?}{=} 0 \quad \text{und} \quad M(L) \stackrel{?}{=} 0 \quad \text{(Gelenke!)}$$

$$\frac{dM}{dx} \stackrel{?}{=} Q(x) \quad \text{Stimmt!}$$

Zustandslinien

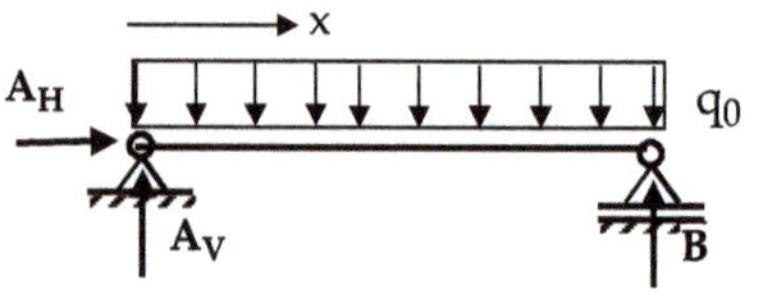

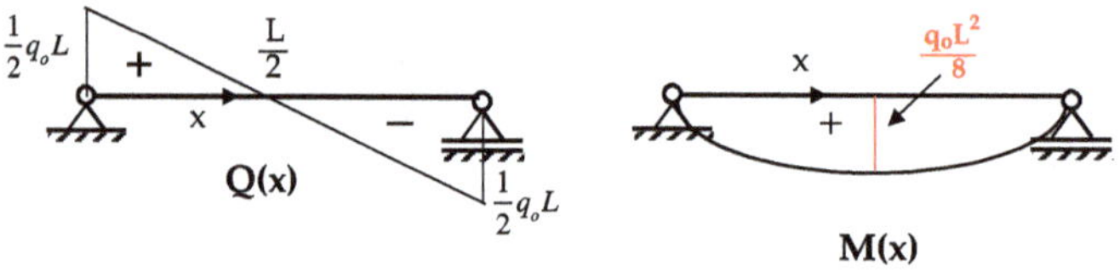

Bei einer konstanten Streckenlast hat der Momentenverlauf also die Form einer quadratischen Parabel. Bestimmen wir einmal das maximale Moment:

$$\frac{dM}{dx} = 0 = \frac{1}{2}q_0 L - q_0 x_E \quad \Rightarrow \quad x_E = \frac{L}{2} \quad \Rightarrow \quad \max M = M\left(\frac{L}{2}\right) = \frac{q_0 L^2}{8}.$$

Die Bauingenieure sprechen von der „berühmten $\frac{q_0 L^2}{8}$-Parabel.

Schauen wir einmal, wo Q den Nulldurchgang hat:

$$Q(x_N) = 0 = \frac{1}{2}q_0 L - q_0 x_N \quad \Rightarrow \quad x_N = \frac{L}{2}.$$

Das ist kein Zufall! Wir haben ja schon festgestellt, dass die Ableitung des Momentes die Querkraft ist! Den Beweis bringe ich gleich.

Merke: Da, wo $Q = 0$ und Wechsel, hat M ein Mäxel!
(Merkregel der Bauingenieure)

„Wechsel" soll Vorzeichenwechsel bedeuten.

Wir hätten diese Aufgabe auch ohne Integration mit der „Resultierenden" lösen können:

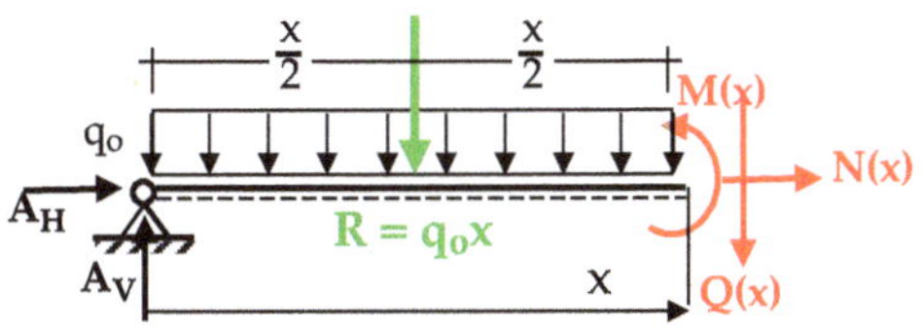

$$\sum V = 0 = Q(x) - A_V + q_0 x \quad \Rightarrow \quad Q(x) = \frac{1}{2} q_0 L - q_0 x,$$

$$\sum M = 0 = M(x) - A_V x + q_0 x \frac{x}{2} \quad \Rightarrow \quad M(x) = \frac{1}{2} q_0 L x - q_0 \frac{x^2}{2}.$$

Das geht natürlich bedeutend schneller, ist aber nur dann möglich, wenn die Fläche der Belastung und ihr Schwerpunkt sofort ersichtlich sind.

Die Differentialgleichungen der Schnittlasten

Behauptung:

$$\left.\begin{aligned} \frac{dM}{dx} &= Q(x) \quad \Rightarrow \quad M(x) = \int Q(x)dx \\ \frac{dQ}{dx} &= -q(x) \quad \Rightarrow \quad Q(x) = -\int q(x)dx \end{aligned}\right\} \quad \Rightarrow \quad \frac{d^2M}{dx^2} = -q(x).$$

Beweis: Wir schneiden an der Stelle x das kleine Intervall dx heraus. Da dx unendlich klein ist, ist die darauf befindliche Streckenlast ein Rechteck.

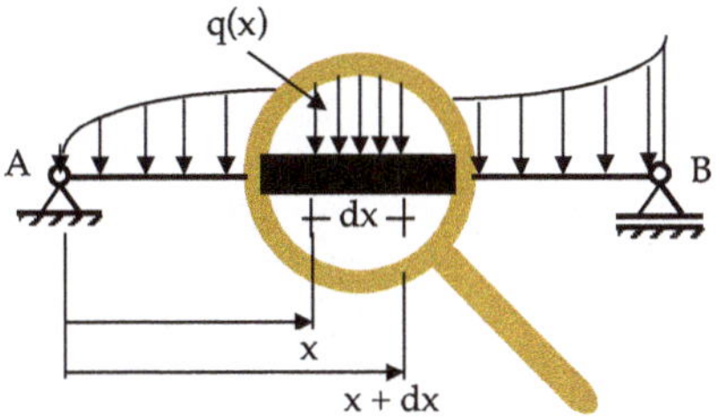

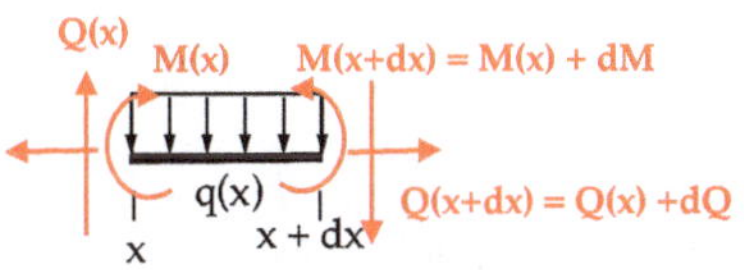

Da auf dx die unendlich kleine Belastung $q(x)dx$ wirkt, nehmen die Schnittlasten auf der rechten Seite um die unendlich kleinen Beträge dQ bzw. dM zu.

Bilden wir einmal Gleichgewicht:

$$\sum V = 0 = Q(x) - q(x)dx - Q(x) - dQ \quad \Rightarrow \quad dQ = -q(x)dx,$$

$$\sum M_{\text{rechts}} = 0 = M(x) + dM + q(x)dx\frac{dx}{2} - M(x) - Q(x)dx.$$

Da dx unendlich klein ist, ist $(dx)^2$ unendlich klein im Quadrat und kann gegenüber dx vernachlässigt werden. Damit bekommt man

$$dM = Q\,(x)\,dx.$$

Damit ist die obige Behauptung bewiesen. Man spricht von den Differentialgleichungen der Schnittlasten.

Lösen wir doch einmal die vorige Aufgabe mit den Differentialgleichungen:

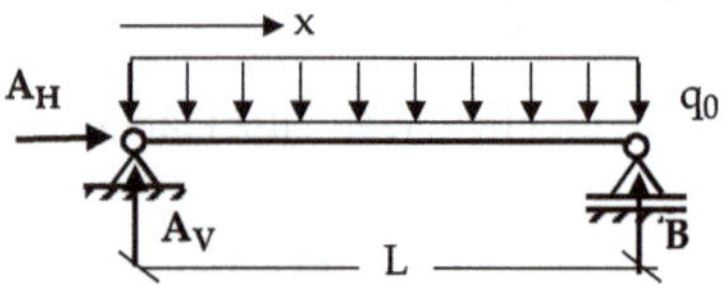

In Aufgabe 5B 1 wurden die Lagerkräfte berechnet. Es ergab sich

$$A_H = 0, \quad A_V = \frac{1}{2} q_0 L = B,$$
$$Q(x) = -\int q_0 dx = -q_0 x + C_1,$$
$$M(x) = \int Q(x) dx = -\frac{1}{2} q_0 x^2 + C_1 x + C_2.$$

Es wird in unbestimmten Grenzen integriert, deshalb die Konstanten.

Die Konstanten werden aus Randbedingungen (**RB**) bestimmt. Dazu schneiden wir die Ränder frei und bilden Gleichgewicht:

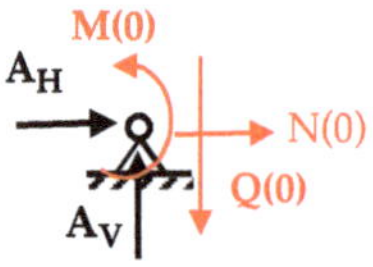

RB

1. $\sum V = 0 = Q(0) - A_V = C_1 - \frac{1}{2} q_0 L \Rightarrow \underline{C_1 = \frac{1}{2} q_0 L}.$
2. $\sum M = 0 = M(0) = C_2 \Rightarrow Q(x) = -q_0 x + \frac{1}{2} q_0 L$ und $\underline{M(x) = -\frac{1}{2} q_0 x^2 + \frac{1}{2} q_0 L x}.$

Wir hätten die RB auch am rechten Lager formulieren können:

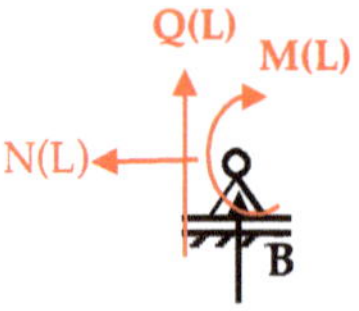

RB

1. $\sum V = 0 = Q(L) + B = -q_0 L + C_1 + \frac{1}{2} q_0 L \Rightarrow \underline{C_1 = \frac{1}{2} q_0 L}.$
2. $\sum M = 0 = M(L) = -\frac{1}{2} q_0 L^2 + C_1 L + C_2 \Rightarrow \underline{C_2 = 0}.$

Auf drei verschiedenen Wegen haben wir nun schon diese Aufgabe gelöst und immer das gleiche Ergebnis erhalten! Ist die Mechanik nicht eine tolle Wissenschaft?

8B 4

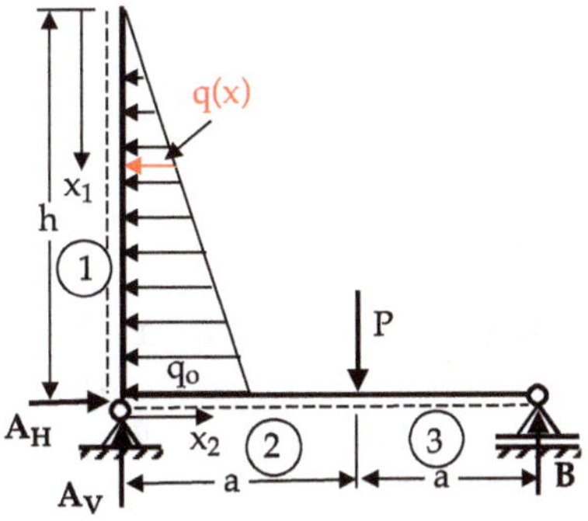

In Aufgabe 5B 3 wurden die Lagerkräfte berechnet. Es ergab sich

$$A_H = \frac{1}{2} q_0 h,$$

$$A_V = \frac{1}{2} P + \frac{1}{12} q_0 \frac{h^2}{a},$$

$$B = \frac{1}{2} P - \frac{1}{12} q_0 \frac{h^2}{a}.$$

Strahlensatz:

$$\frac{q(x_1)}{q_0} = \frac{x_1}{h} \quad \Rightarrow \quad q(x_1) = \frac{q_0}{h} x_1.$$

Bereich 1: $0 < x_1 < h$

Am schnellsten geht die Lösung mit der Resultierenden

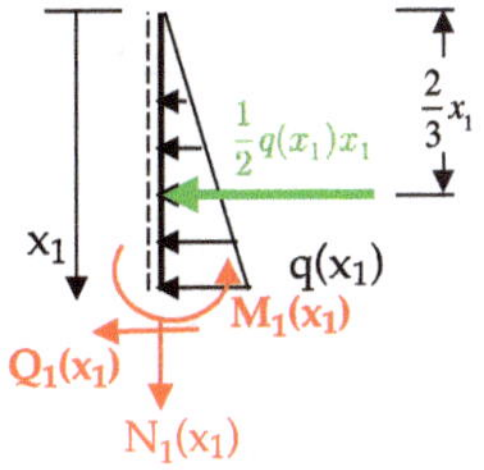

$$\sum V = 0 = N_1(x_1),$$

$$\sum H = 0 = Q(x_1) + \frac{1}{2} \cdot \frac{q_0}{h} x_1 \cdot x_1 \quad \Rightarrow \quad \underline{Q(x_1) = -\frac{q_0}{2h} x_1^2},$$

$$\sum M = 0 = M(x_1) + \frac{q_0}{2h} x_1^2 \cdot \frac{x_1}{3} \quad \Rightarrow \quad \underline{M(x_1) = -\frac{q_0}{6h} x_1^3},$$

Probe: $\frac{dM_1}{dx} = Q_1(x_1)$ O.K.

Mit den Differentialgleichungen ginge das so:

$$Q_1(x_1) = -\int \frac{q_0}{h} x_1 dx_1 = -\frac{q_0}{2h} x_1^2 + C_1 \quad M_1(x_1) = -\int Q(x_1)\, dx_1 = -\frac{q_0}{6h} x_1^3 + C_1 x_1 + C_2.$$

RB

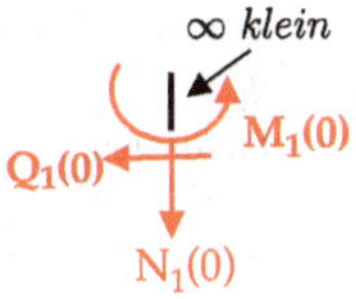

$$\sum H = 0 = Q_1(0) = C_1,$$

$$\sum M = 0 = M_1(0) = C_2.$$

Damit natürlich das gleiche Ergebnis wie oben.

Bereich 2: $0 < x_2 < a$

Rechtes Ufer scheint schneller zu gehen.

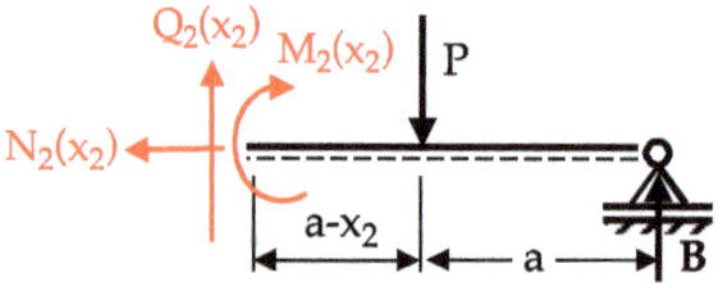

$$\sum H = 0 = \underline{N_2(x_2)},$$

$$\sum V = 0 = Q_2(x_2) - P + B$$

$$\Rightarrow \quad \underline{Q_2(x_2) = \frac{1}{2}P + \frac{1}{12}q_0\frac{h^2}{a}},$$

$$\sum M = 0 = M_2(x_2) + P(a - x_2) - B(2a - x_2)$$

$$\Rightarrow \quad \underline{M_2(x_2) = -\frac{1}{6}q_0 h^2 + \left(\frac{1}{2}P + \frac{1}{12}q_0\frac{h^2}{a}\right)x_2.}$$

Bereich 3: $a < x_2 < 2a$

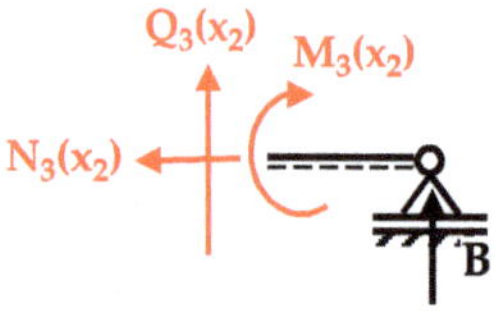

$$\sum H = \underline{0 = N_3(x_2)},$$

$$\sum V = 0 = Q_2(x_2) + B \quad \Rightarrow \quad \underline{Q_3(x_2) = -\frac{1}{2}P + \frac{1}{12}q_0\frac{h^2}{a}},$$

$$\sum M = 0 = M_3(x_2) - B(2a - x_2)$$

$$\Rightarrow \quad \underline{M_3(x_2) = Pa - \frac{1}{6}q_0 h_2 - \left(\frac{1}{2}P - \frac{1}{12}q_0\frac{h^2}{a}\right)x_2.}$$

Zustandslinien

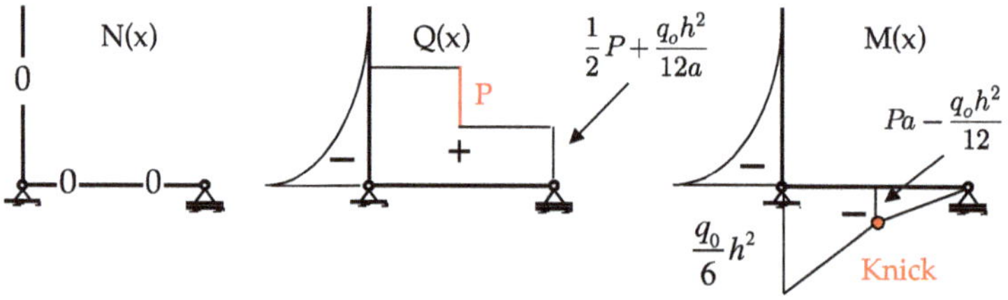

8B 5 Der Mehrfeldträger

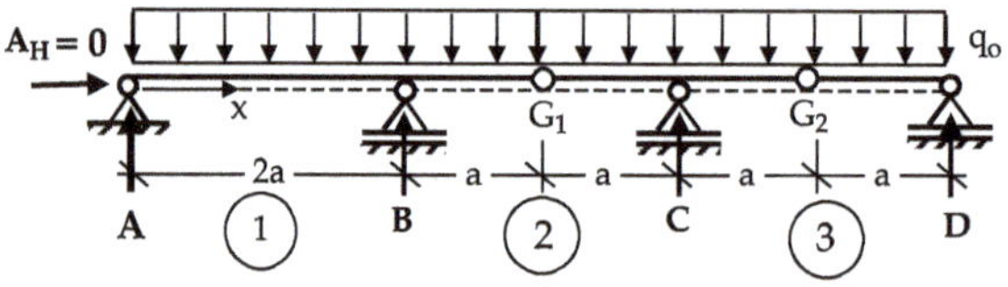

Gegeben: q_0, a, $A = q_0 a$, $B = \frac{3}{2}q_0 a$, $C = 3q_0 a$, $D = \frac{1}{2}q_0 a$.

Gesucht: Die Schnittlasten.

Versuchen wir einmal die Zustandslinien **ohne Rechnung**, allein mit den „goldenen Regeln", **qualitativ** zu zeichnen:

Was wissen wir von der Querkraft?

1.) Bei einer konstanten Streckenlast ist der Verlauf linear.
2.) Wo eine äußere Querkraft angreift, springt $Q(x)$ um genau diesen Betrag.

Also:

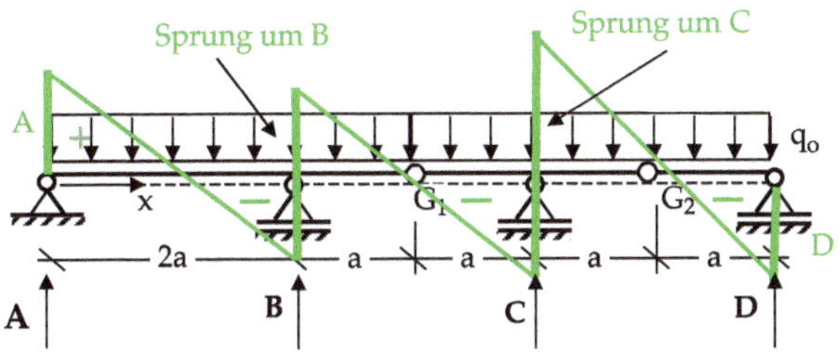

Ob die Sprünge positiv oder negativ sind überlegt man sich schnell, indem man im Geiste die Lager freischneidet und Gleichgewicht bildet.

z. B.

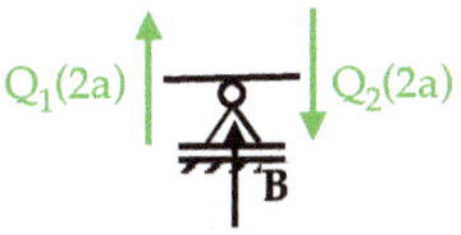

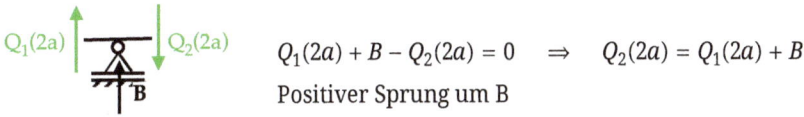

$Q_1(2a) + B - Q_2(2a) = 0 \quad \Rightarrow \quad Q_2(2a) = Q_1(2a) + B$

Positiver Sprung um B

Was wissen wir vom Schnittmoment?
1.) Im Gelenk ist $M(x)$ Null. Damit haben wir schon vier Punkte.
2.) Bei einer konstanten Streckenlast hat der Verlauf die Form einer quadratischen Parabel.
3.) Wo eine äußere Querkraft angreift, hat $M(x)$ einen Knick.

Also:

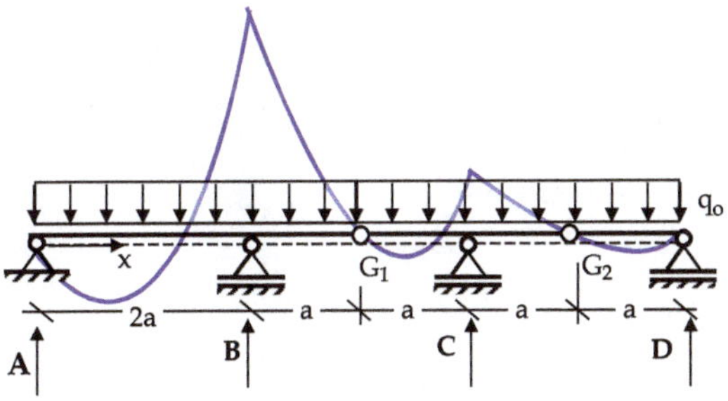

Mal sehen, ob die Rechnung die Verläufe bestätigt:

Ich löse diese Aufgabe mit der Schnittmethode ohne Integration. Die jeweiligen Resultierenden der Streckenlasten zeichne ich nicht ein.

Bereich 1: 0 < x < 2a

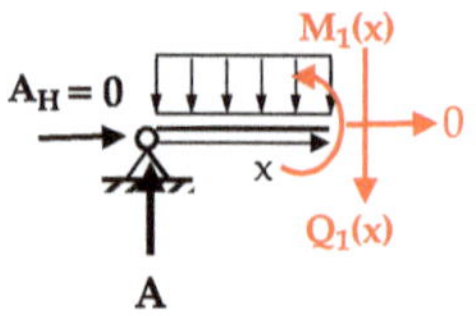

$$\sum V = 0 = Q_1(x) - A + q_0 x$$

$$\Rightarrow \quad \underline{Q_1(x) = q_0 a - q_0 x,}$$

$$\sum M = 0 = M_1(x) - Ax + q_0 x \frac{x}{2}$$

$$\Rightarrow \quad \underline{M_1(x) = q_0 a x - \frac{1}{2} q_0 x^2.}$$

Bereich 2: 2a < x < 4a

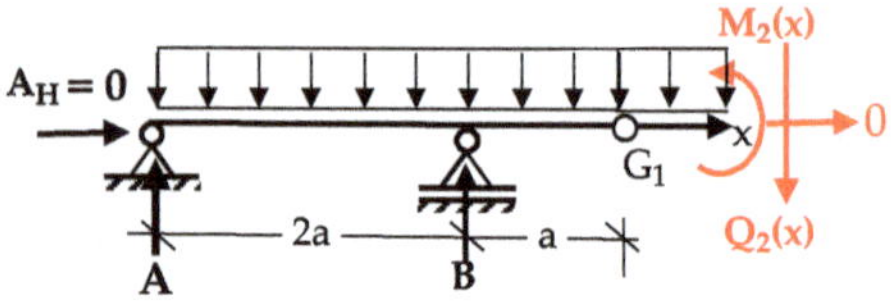

$$\sum V = 0 = Q_2(x) - A - B + q_0 x$$

$$\Rightarrow \quad \underline{Q_2(x) = \frac{5}{2} q_0 a - q_0 x,}$$

$$\sum M = 0 = M_2(x) - Ax - B(x - 2a) + q_0 x \frac{x}{2}$$

$$\Rightarrow \quad \underline{M_2(x) = \frac{5}{2} q_0 a x - 3 q_0 a^2 - \frac{1}{2} q_0 x^2.}$$

Bereich 3: 4a < x < 6a

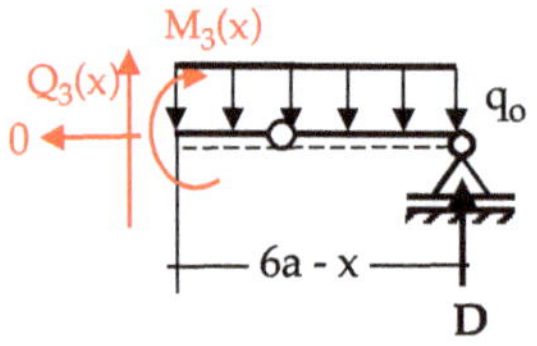

$$\sum V = 0 = Q_3(x) + D - q_0(6a - x)$$

$$\Rightarrow \quad \underline{Q_3(x) = \frac{11}{2} q_0 a - q_0 x,}$$

$$\sum M = 0 = M_3(x) + q_0 \frac{(6a - x)^2}{2} - D(6a - x)$$

$$\Rightarrow \quad \underline{M_3(x) = -\frac{1}{2} q_0 x^2 + \frac{11}{2} q_0 a x - 15 q_0 a^2.}$$

Zustandslinien

Die Spannung steigt! Haben wir die Linien mit den goldenen Regeln qualitativ richtig gezeichnet?

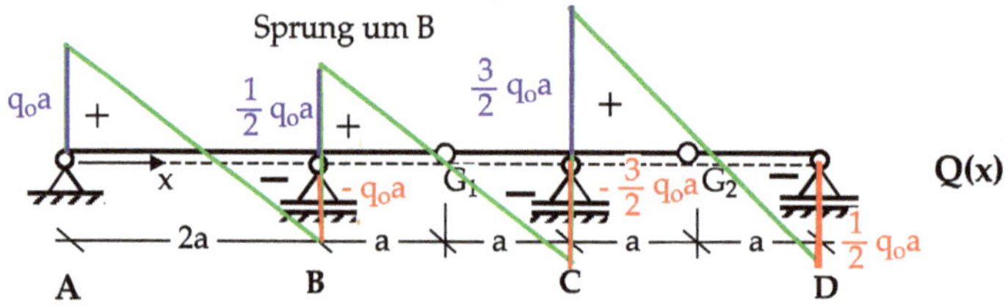

Fantastisch! Stimmt mit unser obigen Überlegung überein.
Nun der Momentenverlauf:
Gelenkpunkte:

$$M_1(0) = M_2(3a) = M_3(5a) = M_3(6a) = 0 \quad \text{Stimmt!}$$

Bereichsgrenzen:

$$M_1(2a) = M_2(2a) = 0 \text{ Knick}, \quad M_2(4a) = M_3(4a) = q_0 a^2 \text{ Knick}$$

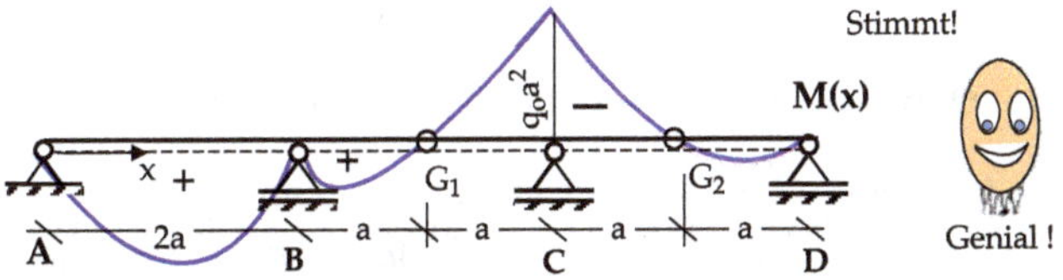

Bis auf die Beträge hatten wir auch das richtig überlegt! Man sieht, wie nützlich die goldenen Regeln sind.

8B 6

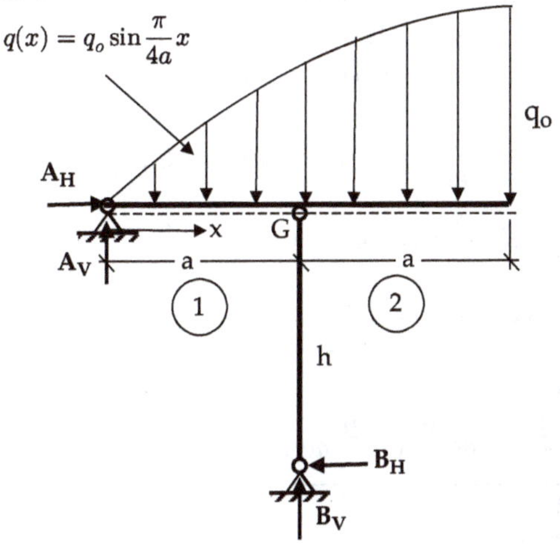

In Aufgabe 5B 6 wurden die Lagerkräfte berechnet. Es ergab sich

$$A_H = 0, \quad A_V = \frac{-16}{\pi^2} q_0 a + \frac{4}{\pi} q_0 a,$$

$$B_H = 0, \quad B_V = -\frac{16}{\pi^2} q_0 a.$$

Hier müssen wir integrieren oder die Differentialgleichungen anwenden.

Bereich 1: $0 < x < a$

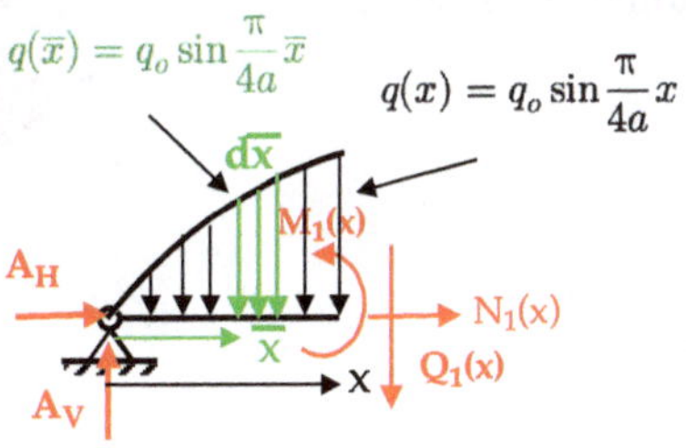

$$\sum H = 0 = N_1(x) + A_H \quad \Rightarrow \quad \underline{N_1(x) = 0},$$

$$\sum V = 0 = Q_1(x) - A_V + \int_{\bar{x}=0}^{x} q_0 \sin \frac{\pi}{4a} \bar{x} \cdot d\bar{x},$$

$$\underline{Q_1(x) = -\frac{16}{\pi^2} q_0 a + \frac{4 q_0 a}{\pi} \cos \frac{\pi}{4a} x},$$

$$\sum M = 0 = M_1(x) - A_V \cdot x + \int_{\bar{x}=0}^{x} (x - \bar{x}) \cdot q_0 \sin \frac{\pi}{4a} \bar{x} \cdot d\bar{x}.$$

Beachte, dass x für die Integration die **konstante** Schnittstelle ist!

$$\Rightarrow \quad M_1(x) = A_V x - x q_0 \int\limits_{\bar{x}=0}^{x} \sin \frac{\pi}{4a}\bar{x}\,d\bar{x} + q_0 \int\limits_{\bar{x}=0}^{x} \bar{x} \sin \frac{\pi}{4a}\bar{x}\,d\bar{x}.$$

Die Integrale entnehmen wir einer Formelsammlung und erhalten

$$M_1(x) = A_V x + x \cdot q_0 \frac{4a}{\pi} \left[\cos \frac{\pi}{4a}\bar{x}\right]_0^x + q_0 \left[\frac{16a}{\pi^2} \sin \frac{\pi}{4a}\bar{x} - \frac{4a}{\pi}\bar{x} \cos \frac{\pi}{4a}\bar{x}\right]_0^x.$$

Mit dem Endergebnis

$$\underline{M_1(x) = -\frac{16}{\pi^2} q_0 a x + \frac{16}{\pi^2} q_0 a^2 \sin \frac{\pi}{4a} x.}$$

Das war richtig mühsam! Dafür haben wir im Bereich II leichtes Spiel. Die Schnittlasten müssen die gleichen sein plus den aus B_V folgenden Anteilen.

Jetzt lösen wir die Aufgabe noch eimal mit den Differentialgleichungen:

$$Q_1(x) = -\int q(x)dx = -q_0 \int \sin \frac{\pi}{4a} x dx = q_0 \frac{4a}{\pi} \cos \frac{\pi}{4a} x + C_1,$$

$$M_1(x) = \int Q(x)dx = q_0 \frac{16a^2}{\pi^2} \sin \frac{\pi}{4a} x dx + C_1 x + C_2,$$

$$\textbf{RB} \quad Q(0) = A_V = \frac{4}{\pi} q_0 a + C_1 \quad \Rightarrow \quad \underline{C_1 = -\frac{16}{\pi^2} q_0 a,}$$

$$M(0) = 0 = C_2,$$

$$\text{Also:} \quad \underline{Q(x) = \frac{4aq_0}{\pi} \cos \frac{\pi}{4a} x - \frac{16}{\pi^2} a q_0,}$$

$$\underline{M(x) = \frac{16 q_0 a^2}{\pi^2} \sin \frac{\pi}{4a} x - \frac{16 q_0 a}{\pi^2} x.}$$

Freude über Freude! Das gleiche Ergebnis und viel schneller!

9B Ebene Gelenkfachwerke

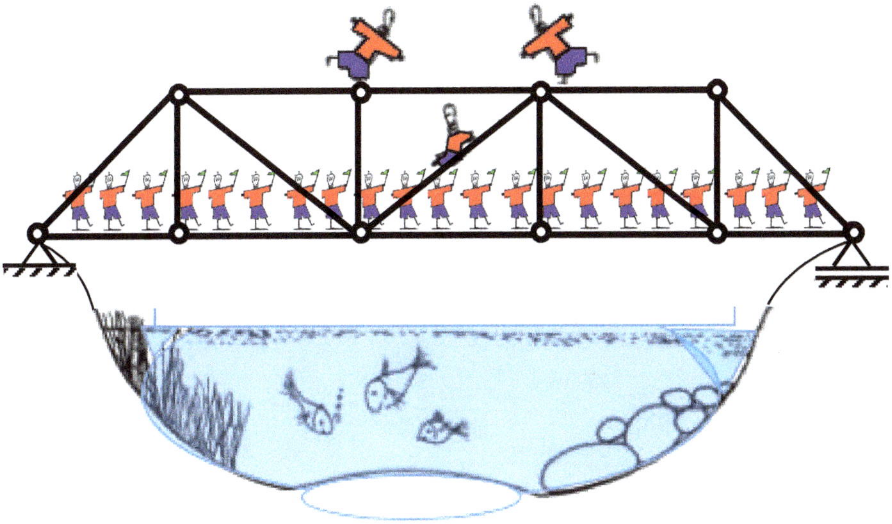

Grömaz weiht mit seinen Brüdern eine Fachwerkbrücke ein.

Unter einem Gelenkfachwerk wollen wir für unsere Rechnung folgendes verstehen:

a	Die s Stäbe sind dreieckförmig angeordnet.
b	Sie sind in den n Knotenpunkten gelenkig verbunden.
c	Die Belastung besteht nur aus Einzelkräften, die in den Knoten angreifen.

zu a.) Ein Dreieck verhält sich wie eine starre Scheibe, also unverformbar.

Aus b.) und c.) folgt, dass alle Stäbe Pendelstäbe sind und somit nur eine Längskraft haben können. Damit ist jeder Knotenschnitt ein zentrales Kraftsystem, wofür in der Ebene nur die beiden Kraft-GGB erfüllt werden müssen.

In der Realität sind die Stäbe in den Knoten verschweißt. Das bedeutet, dass die Stäbe beiderseits eingespannt sind und das Fachwerk damit hochgradig statisch unbestimmt wird. Die Ingenieure berechnen die Stabkräfte für ein Gelenkfachwerk – was besonders einfach ist. Werden die Stäbe nach den so berechneten Stabkräften dimensioniert, dann reicht das für ein reales Fachwerk bestimmt aus, denn dies ist ja noch stabiler.

Lösungsschema.

1.) Nummeriere die Knoten
2.) Suche Knoten mit 2 unbekannten; evtl. erst Lagerkräfte rechnen
3.) Bilde $\sum H = 0 \; und \sum V = 0$ ←
→ 4.) Suche neuen Knoten mit 2 unbekannten

Bezeichnungen

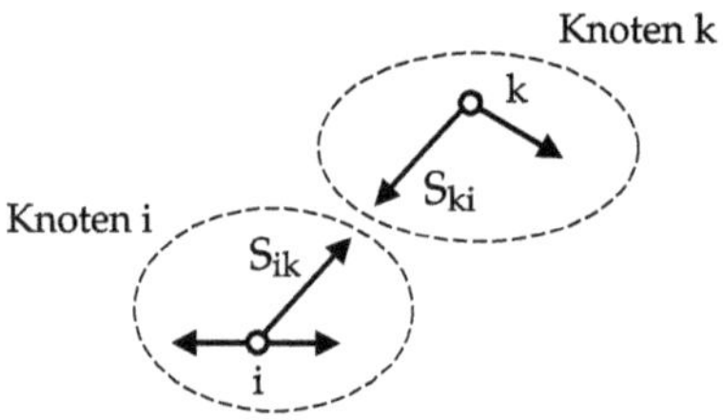

S_{ki}: Stabkraft vom Knoten k zum Knoten i zeigend,
S_{ik}: Stabkraft vom Knoten i zum Knoten k zeigend.
$S_{ki} = S_{ik}$ Diese sind natürlich gleich (einschließlich Vorzeichen).

⊕ = Zug (vom Knoten weg), ⊖ = Druck (zum Knoten hin).

An einem Fachwerk sind unbekannt: s Stabkräfte und drei Lagerkräfte. An jedem der n Knoten stehen zwei GGB zur Verfügung (ebenes zentrales Kraftsystem). Sind Anzahl der Gleichungen und Anzahl der Unbekannten gleich, dann ist das Fachwerk statisch bestimmt und für uns lösbar.

Abzählkriterium: $s \overset{?}{=} 2n - 3.$

Beispiele a)

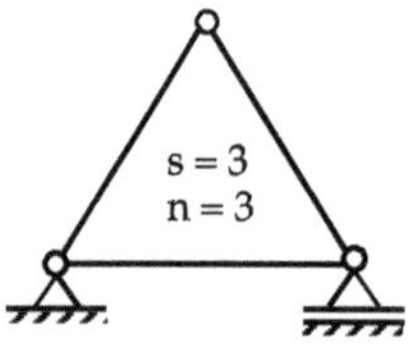

$s \overset{?}{=} 2n - 3$

$3 = 3$ w

Statisch bestimmt

b)

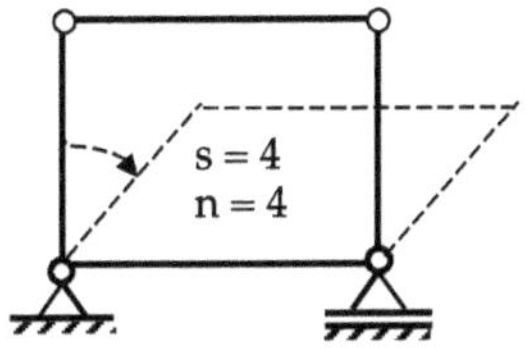

$s \stackrel{?}{=} 2n - 3$

$4 < 5$

Ein Stab zu wenig. Das System ist labil.

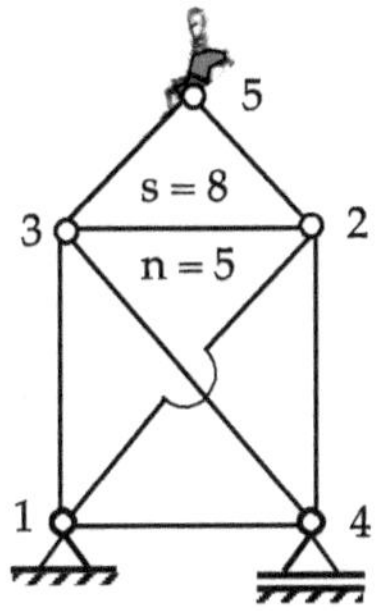

1. Zeichne das Stabwerk, ohne den Bleistift abzusetzen und ohne eine Linie zweimal zu durchfahren.
2. Prüfe mit dem Abzählkriterium die statische Bestimmtheit des Fachwerks.

Lösung zu 1: Die meisten kennen dieses Gebilde aus der Kinderzeit, man nannte es „Das Haus vom Nikolaus"!

Das Haus zeichnet man in der Reihenfolge 1-2-3-4-2-5-3-1-4.

Sprich dabei (jeder Stab eine Silbe):

„Das ist der Platz von Grömumaz".[1]

Lösung zu 2: $s \stackrel{?}{=} 2n-3$ Das Stabwerk hat einen Stab zu viel und ist damit einfach statisch unbestimmt.

$8 > 7$ Für uns ist es noch nicht lösbar (man warte auf das Ende dieses Büchleins).

Damit ist theoretisch genug zum ebenen Gelenkfachwerk gesagt und wir üben das einmal.

1 Grömumaz: Größter Mechaniker und Mathematiker aller Zeiten.

9B 1

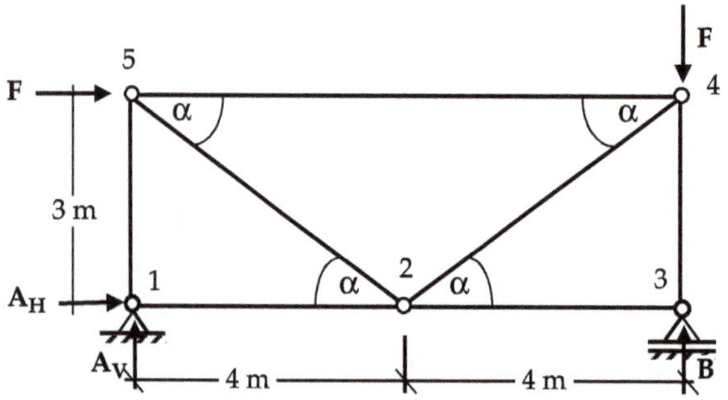

Zuerst fragen wir das Abzählkriterium, ob wir diese Aufgabe überhaupt lösen können.

$$s = 2n - 3 \Rightarrow 7 = 10 - 3.$$

Das ist erfüllt, sonst hätten wir gar nicht erst anfangen müssen.

Zur Geometrie: Länge der Diagonalstäbe beträgt $d = 5\,\mathrm{m}$ (Pythagoras).

$$\Rightarrow \quad \sin\alpha = \frac{3}{5}, \quad \cos\alpha = \frac{4}{5}.$$

1. **Nummeriere die Knoten**
   schon geschehen.
2. **Suche Koten mit zwei Unbekannten**
   Ich finde keinen. Dann erst Lagerkräfte berechnen:

$$\sum M_A = 0 = 8B - 8F - 3F \quad \Rightarrow \quad \underline{B = \frac{11}{8}F.}$$

Am Knoten 3 gibt es nun nur noch zwei Unbekannte und wir könnten mit der Berechnung der Stabkräfte beginnen. Aber da wir gerade dabei sind, bestimmen wir gleich die Lagerkräfte bei A.

$$\sum H = 0 = A_H + F \quad \Rightarrow \quad \underline{A_H = -F,}$$

$$\sum V = 0 = A_V + B - F \quad \Rightarrow \quad \underline{A_V = -\frac{3}{8}F.}$$

3. **Knoten 3**

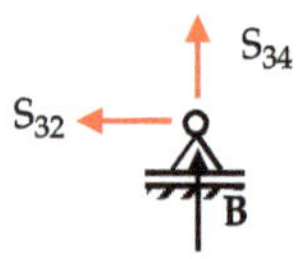

$$\sum H = 0 = S_{32} \quad \text{Nullstab},$$

$$\sum V = 0 = S_{34} + B \quad \Rightarrow \quad \underbrace{S_{34} = -\frac{11}{8}F = S_{34}}_{<0\ \text{Druck}}.$$

4. **Suche neuen Knoten mit zwei Unbekannten**

Knoten 4:

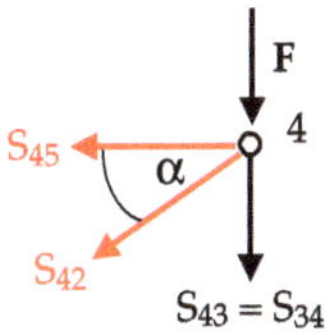

$$\sum V = 0 = S_{42} \sin\alpha + S_{34} + F \quad \Rightarrow \quad \underbrace{S_{42} = -\frac{5}{8}F = S_{24},}_{>0\ \text{Zug}}$$

$$\sum H = 0 = S_{42} \cos\alpha + S_{45} \quad \Rightarrow \quad \underbrace{S_{45} = -\frac{1}{2}F = S_{54}\,.}_{<0\ \text{Druck}}$$

5. **Suche neuen Knoten**

Knoten 5:

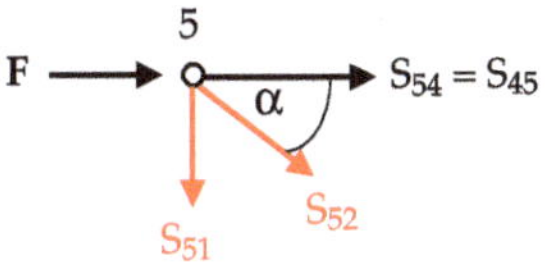

$$\sum H = 0 = S_{52} \cos\alpha + S_{54} + F \quad \Rightarrow \quad \underbrace{S_{52} = -\frac{5}{8}F = S_{2},}_{<0\ \text{Druck}}$$

$$\sum V = 0 = S_{52} \sin\alpha + S_{51} \quad \Rightarrow \quad \underbrace{S_{51} = \frac{3}{8}F = S_{15}\,.}_{>0\ \text{Zug}}$$

6. **Suche neuen Knoten**

Knoten 1:

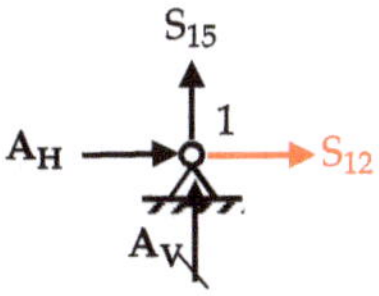

$$\sum H = 0 = S_{12} + A_H \quad \Rightarrow \quad \underbrace{S_{12} = F = S_{21}\,.}_{>0\ \text{Zug}}$$

Damit sind alle Stabkräfte berechnet. Ist doch prinzipiell ganz einfach. Machen wir noch eine **Probe** und bilden am Knoten ein vertikales GG:

$$\sum V = 0 \stackrel{?}{=} S_{15} + A_H = \frac{3}{8}F + \left(-\frac{3}{8}F\right) = 0.$$

Vorschlag: Probe am Knoten 2 machen.

O. K.

9B 2

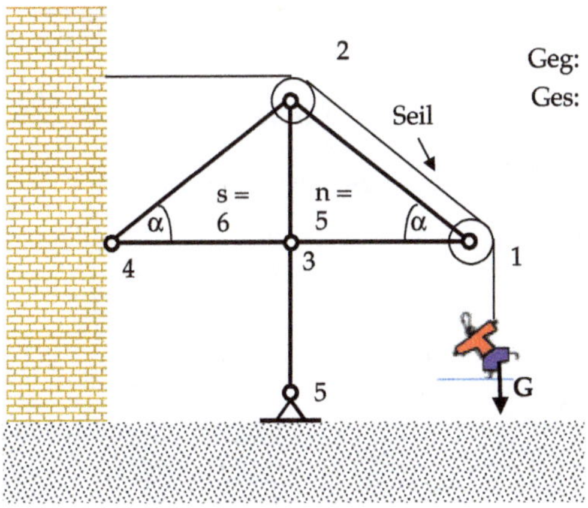

Geg: } ist klar
Ges: }

Grömaz hängt mit seinem Gewicht G am Seilende. Damit ist die Seilkraft im ganzen System: $S = G$.

Abzählkriterium:

$$s \stackrel{?}{=} 2n - 3,$$

$$6 < 2 \cdot 5 - 3 = 7.$$

Nanu? Ein Stab zu wenig, das System wäre labil!

Gedankenfehler:

Der Stab 3–5 gehört nicht zum Fachwerk! Er ist ein Pendelstab und lagert das Fachwerk wie ein loses Lager (siehe 5B 6)!

Damit ist $s = 5$ und $n = 4$. Das Abzählkriterium ist nun erfüllt.

Zur Berechnung der Stabkräfte ist die Kenntnis der Lagerkräfte am Knoten 4 nicht erforderlich und wir können an Knoten 1 beginnen.

Knoten 1:

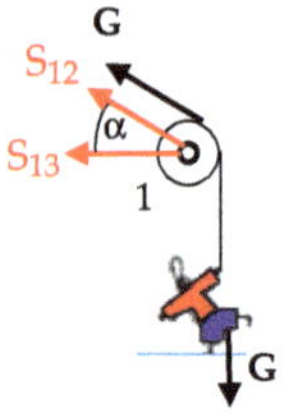

$$\sum V = 0 = S_{12} \sin\alpha + G \sin\alpha - G \quad \Rightarrow \quad \underline{S_{12} = \frac{G}{\sin\alpha} - G = S_{21}},$$

$$\sum H = 0 = S_{12} \cos\alpha + G \cos\alpha + S_{13} \quad \Rightarrow \quad \underline{S_{13} = -G cot\alpha = S_{31}}.$$

Knoten 2:

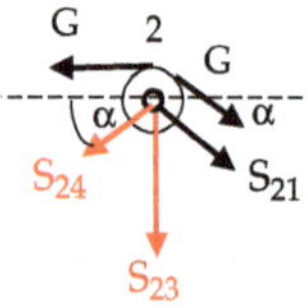

$$\sum H = 0 = S_{21} \cos\alpha + G \cos\alpha - G - S_{24} \cos\alpha$$

$$\Rightarrow \quad \underline{S_{24}} = S_{12} + G - \frac{G}{\cos\alpha} = \underline{\frac{\cos\alpha - \sin\alpha}{\sin\alpha \cos\alpha} G},$$

Druck oder Zug?

$\alpha < 45^\circ$ Zug,

$\alpha > 45^\circ$ Druck,

$$\sum V = 0 = S_{23} + S_{24} \sin\alpha + S_{21} \sin\alpha + G \sin\alpha$$

$$\Rightarrow \quad S_{23} = G\frac{\sin\alpha - \cos\alpha}{\cos\alpha} - G + G\sin\alpha - G\sin\alpha$$

$$\Rightarrow \quad \underline{S_{23} = -2G + G\tan\alpha}.$$

Knoten 3:

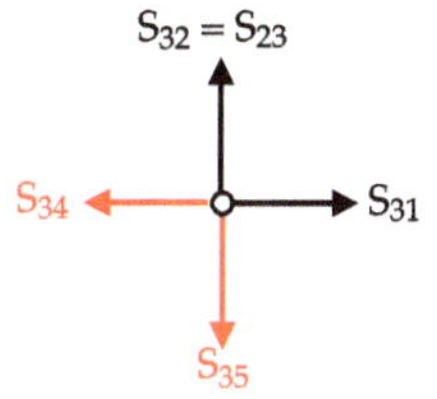

Das ist einfach:

$$\sum H = 0 = S_{34} - S_{31}$$

$$\Rightarrow \quad \underline{S_{34} = S_{31} = -G\cot\alpha = S_{43}},$$

$$\sum V = 0 = S_{35} - S_{32}$$

$$\Rightarrow \quad \underline{S_{35} = S_{32} = -2G + G\tan\alpha}.$$

Damit sind alle Stabkräfte bestimmt. Gleichgewicht am Knoten 4 würde uns jetzt die Lagerkräfte A_H und A_V liefern. Die Lagerkraft in 5 ist gleich S_{35}.

9B 3

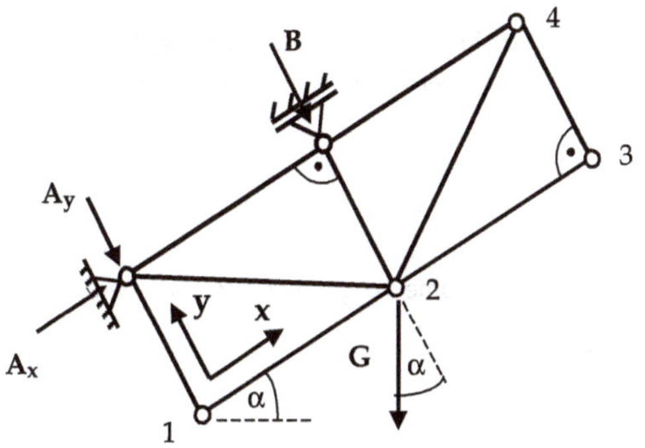

Gegeben: Die Zeichnung.
Gesucht: Alle Stabkräfte.

Die Stabkräfte können wir auch ohne Kenntnis der Lagerkräfte berechnen. Passt mal auf, wie einfach das geht:

Betrachte Knoten 1. Aus dem GG in x- und y-Richtung folgt sofort:

$$S_{12} = 0 \quad \text{und} \quad S_{1A} = 0.$$

Mit gleicher Begründung folgt am Knoten 3

$$S_{32} = 0 \quad \text{und} \quad S_{34} = 0.$$

Wenn aber $S_{34} = S_{43}$ Null ist, dann folgt am Knoten 4 aus dem GG in y-Richtung:

$$S_{42} = 0 \quad \text{und damit} \quad S_{4B} = 0.$$

Knoten 2:

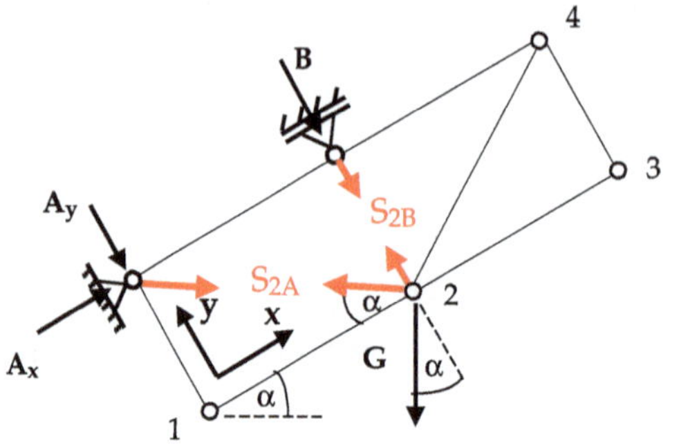

Es bleiben nur die beiden Kräfte S_{2B} und S_{2A} zu berechnen.

$$\sum F_x = 0 = S_{2A}\cos\alpha + G\sin\alpha$$

$$\Rightarrow \quad \underline{S_{2A} = -G\tan\alpha,}$$

$$\sum F_y = 0 = S_{2B} + S_{2A}\sin\alpha - G\cos\alpha$$

$$\Rightarrow \quad \underline{S_{2B} = \frac{G}{\cos\alpha}.}$$

9B 4

Dieser Schnitt hat mit einem mittelalterlichen Ritter nichts zu tun. Der Mann, der auf diese Idee kam, hieß Herr Ritter!

Manchmal möchte man nur eine bestimmte Stabkraft berechnen und hat dann natürlich keine Lust, das ganze Fachwerk zu berechnen. Man zerlegt dazu das Fachwerk so in zwei Teile, dass drei Stäbe geschnitten werden, die sich nicht alle in einem Punkt schneiden, und bildet Momentengleichgewicht. Schauen wir uns das an der Aufgabe 9B 1 an:

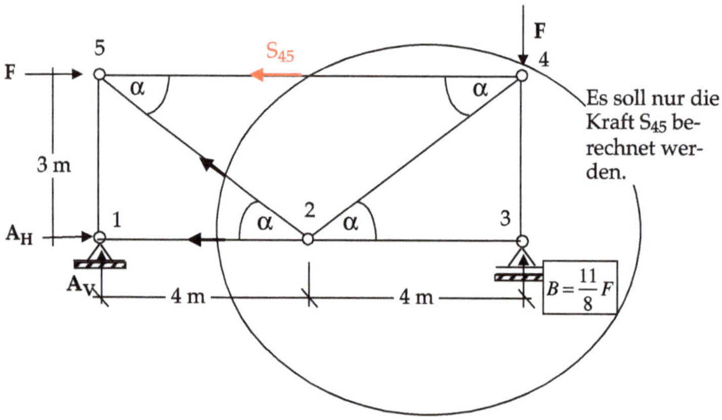

Wir bilden Momentengleichgewicht um den Punkt 2 am eingezeichneten rechten Schnitt:

$$\sum M_2 = 0 = 3S_{45} - 4F + 4B \quad \Rightarrow \quad S_{45} = -\frac{1}{2}F.$$

10B Der Schwerpunkt

Auf die Frage, was denn der Schwerpunkt einer Fläche sei, antwortete mir mal ein Student: „Das ist der Punkt, in dem man sich die Fläche vereinigt vorstellen kann“. Hä?! Ich gestand ihm, dass es außerhalb meiner Vorstellungskraft liegt, mir eine Fläche als Punkt vorzustellen und ob er seine Aussage präzisieren könne. Er sagte darauf, es sei der Punkt, in dem man die Fläche halten muss, damit sie im Gleichgewicht ist. Damit kommen wir der Sache schon näher. Der Schwerpunkt hat – wie es der Name schon sagt – etwas mit der Schwere, also dem Gewicht zu tun, und nur am Gewicht kann man ihn erklären:

Der Schwerpunkt ist der Punkt, in dem die resultierende Gewichtskraft angreifen muss, damit die Wirkung der Resultierenden gleich der Wirkung der tatsächlich verteilten Gewichtskraft ist.

Gewichtsschwerpunkt

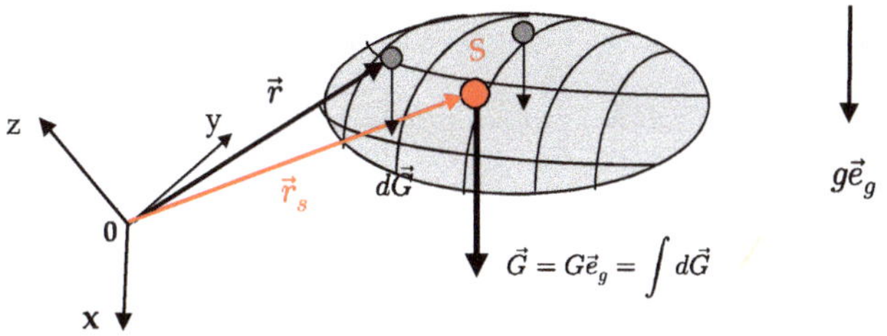

Betrachten wir in einem **beliebigen Koordinatensystem** eine „mechanische Kartoffel“ im Gravitationsfeld.

Die Resultierende Gewichtskraft ist die Summe aller unendlich kleinen Einzelkräfte *dG*.

$$\vec{G} = G\vec{e}_g = \int d\vec{G}.$$

Das Moment der Resultierenden muss gleich der Summe der Momente aller Einzelkräfte sein:

$$\vec{M}_0 = \vec{r}_S \times \vec{G} = \underline{\vec{r}_S \times G\vec{e}_g} = \int \vec{r} \times d\vec{G} = \underline{\int \vec{r} \times dG\vec{e}_g}.$$

Aus den unterstrichenen Termen ergibt sich

$$\left(\vec{r}_S G - \int \vec{r} dG\right) \times \vec{e}_g.$$

Da das für jedes beliebige Koordinatensystem erfüllt sein muss, muss die Klammer Null werden.

$$\vec{r}_S = \frac{\int \vec{r} dG}{G = \int dG} \quad \Rightarrow \quad x_S = \frac{\int x dG}{G} \quad y_S = \frac{y dG}{G} \quad z_S \frac{\int z dG}{G}.$$

Aus dem Gewichtsschwerpunkt lassen sich durch leichtes Umformen alle anderen Schwerpunktsarten ermitteln.

Massenschwerpunkt

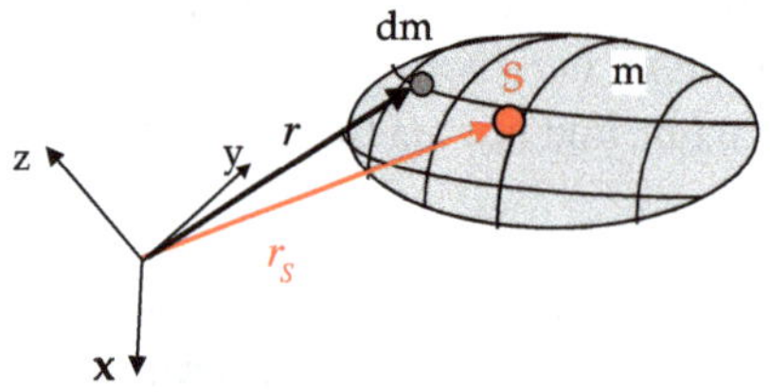

Da $G = mg$ ist, folgt aus dem Gewichtsschwerpunkt

$$\vec{r}_S = \frac{\int \vec{r} g dm}{\int g dm} \xrightarrow{\text{für } g = \text{const}} \vec{r}_S = \frac{\int \vec{r} dm}{\int dm}.$$

Volumenschwerpunkt

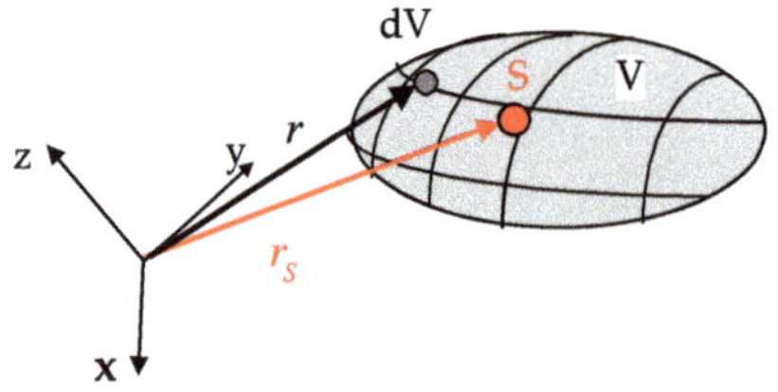

Da $G = \gamma V$ ist, folgt aus dem Gewichtsschwerpunkt

$$\vec{r}_S = \frac{\int \vec{r} \gamma dV}{\int \gamma dV} \xrightarrow{\text{für } \gamma = \text{const}} \vec{r}_S = \frac{\int \vec{r} dV}{\int dV}.$$

Flächenschwerpunkt

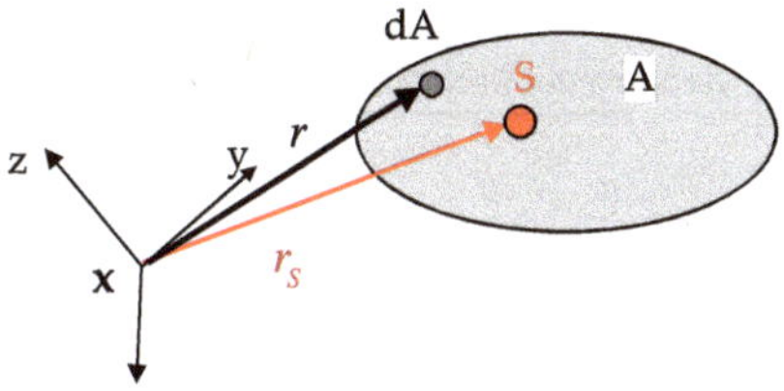

Da $V = d \cdot A$ ist, folgt aus dem Volumenschwerpunkt

$$\vec{r}_S = \frac{\int \vec{r} d \cdot dA}{\int d \cdot dA} \xrightarrow{\text{für } d = \text{const}} \vec{r}_S = \frac{\int \vec{r} dA}{\int dA}.$$

Ist denn Gewichtsschwerpunkt und Massenschwerpunkt (Massenmittelpunkt) nicht dasselbe? Die praktischen Ingenieure sagen: „Ja". Ein Physiker bekommt dann fast einen Nervezusammenbruch und sagt: „Um Gotteswillen, nein". Warum? Nun, die sind nur dann gleich, wenn die Gravitation g homogen über den Körper verteilt wirkt. Das ist aber genau genommen nicht der Fall!

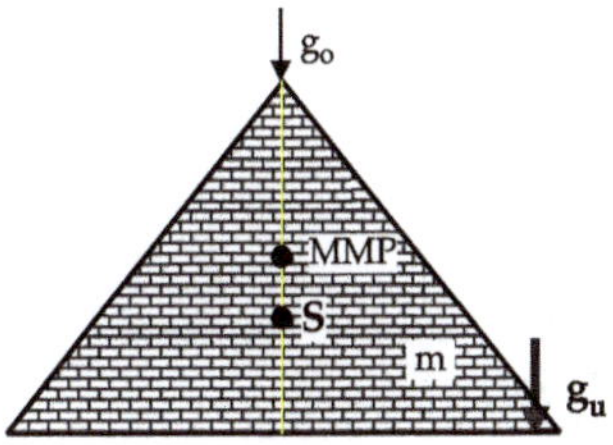

Stellen wir uns eine Pyramide mit homogen verteilter Masse vor. Da die Gravitation oben kleiner ist, als unten, wiegt ein gleiches Volumen unten mehr als oben. Das bedeutet, dass der Gewichtsschwerpunkt S unter dem Massenmittelpunkt liegt.

Für unsere Bauten auf der Erde ist der Unterschied so gering, dass man einen Autobauer für verrückt erklären würde, wenn er am Dach des Autos mit einer geringeren Gravitation als an den Rädern rechnen würde. Der prinzipielle Unterschied bleibt aber. „Kraft = Masse mal Beschleunigung"! Gemeint ist hier die Beschleunigung des Massenmittelpunktes und nicht die des Gewichtsschwerpunktes.

Beginnen wir die Übung mit ganz einfachen Beispielen:

10B 1

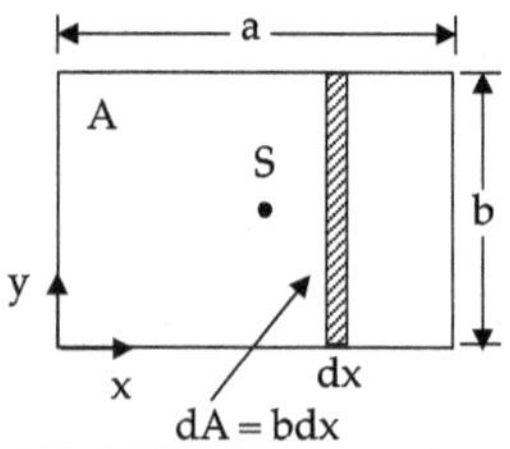

Gesucht ist der Flächenschwerpunkt des Rechtecks. Wir wissen es schon:

$$x_S = \frac{a}{2}; \quad y_S \frac{b}{2}.$$

Rechnen wir einmal:

$$x_S = \frac{\int x dA}{\int dA}.$$

Was steht im Zähler? „Nimm dir ein unendlich kleines Element dA, multipliziere es mit seinem x-Wert und integriere über A".

Das Problem ist, das dA so geschickt zu wählen, dass die Integration möglich wird. Zum Glück ist die Form von dA nicht vorgeschrieben. Wir wählen uns als dA einen Streifen der Länge b und der Dicke dx (siehe Skizze).

$$\underline{x_S} = \frac{\int x dA}{\int dA} = \frac{\int_0^a x b dx}{\int_0^a b dx} = \frac{b \frac{1}{2} x^2 \big|_0^a}{b x \big|_0^a} = \underline{\frac{a}{2}}.$$

Ebenso

$$\underline{y_S} = \frac{\int y dA}{dA} = \frac{\int_0^b y a dy}{\int_0^b a dy} = \frac{a \frac{1}{2} y^2 \big|_0^b}{a y \big|_0^b} = \underline{\frac{b}{2}}.$$

b) Der Dreiecksschwerpunkt

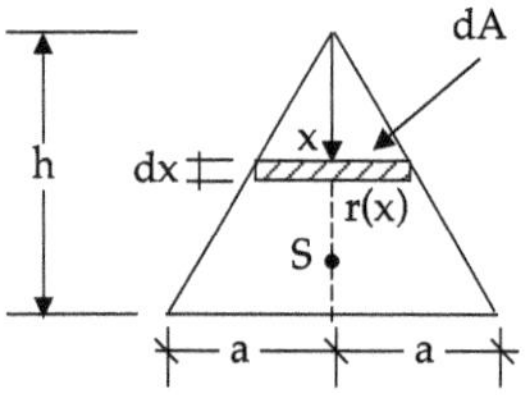

Das Ergebnis kennen wir schon aus Schule:

$$x_S = \frac{2}{3} h.$$

Der Strahlensatz liefert

$$r(x) = \frac{a}{h} x \quad \Rightarrow \quad dA = 2 r(x) dx = 2 \frac{a}{h} x dx.$$

Damit wird die Integration möglich:

$$x_S = \frac{\int x dA}{\int dA} = \frac{\int_0^h x 2r(x)dx}{\int_0^h 2r(x)dx} = \frac{\int_0^h 2\frac{a}{h}x^2 dx}{\int_0^a 2\frac{a}{h}x dx} = \frac{\frac{1}{3}h^3}{\frac{1}{2}h^2} = \frac{2}{3}h.$$

c) Schwerpunkt einer sinusförmigen Fläche

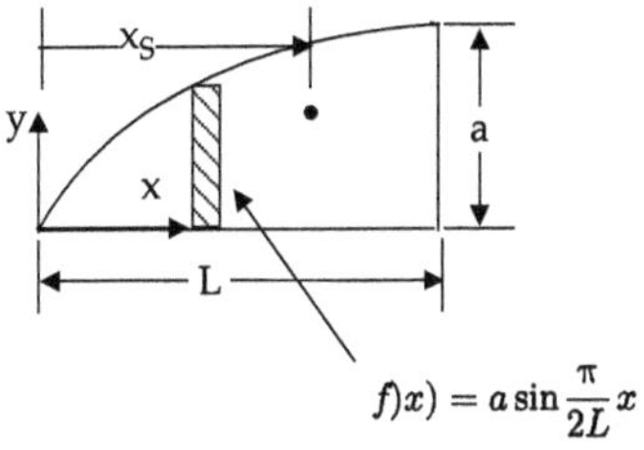

Wahl: $dA = f(x)dx = a \sin\frac{\pi}{2L}x dx$,

$$x_S = \frac{\int_0^L x a \sin\frac{\pi}{2L}x dx}{\int_0^L a \sin\frac{\pi}{2L}x dx} = \frac{a\left[\left(\frac{2L}{\pi}\right)^2 \sin\frac{\pi}{2L}x - \frac{2L}{\pi}x\cos x\right]_0^L}{-a\frac{2L}{\pi}\cos\frac{\pi}{2L}x\Big|_0^L} \quad \Rightarrow \quad x_S = \frac{2L}{\pi}.$$

d) Schwerpunkt eines Zylinders

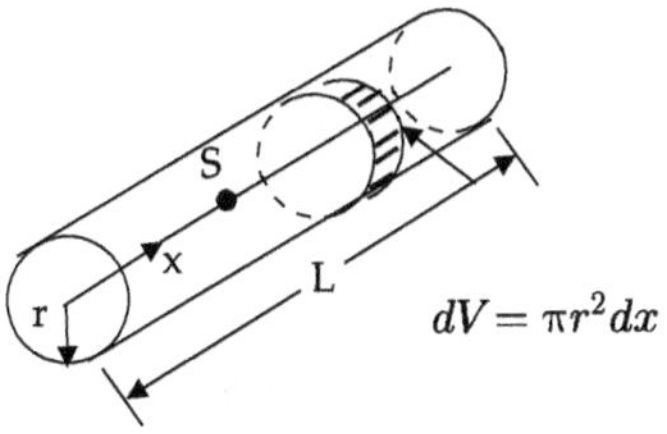

x_S ist sicherlich $\frac{L}{2}$.

$$x_S = \frac{\int x dV}{\int dV} = \frac{\int_0^L x\pi r^2 dx}{\int_0^L \pi r^2 dx} = \frac{\frac{1}{2}L^2}{L} = \frac{L}{2}.$$

An einfachen Aufgaben genügt das wohl, und wir können etwas niveauvoller werden.

10B 2 Schwerpunkt zusammengesetzter Flächen

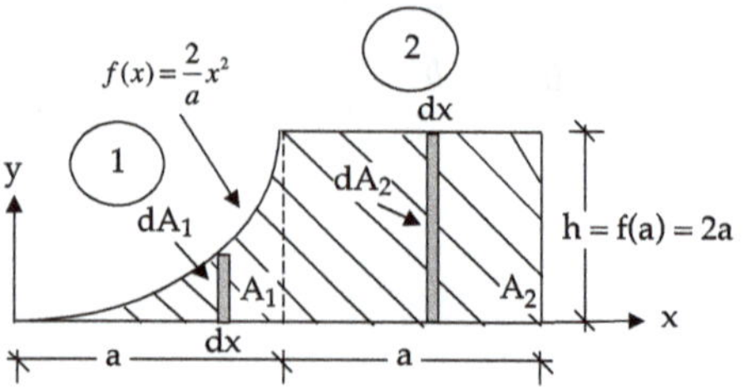

Gesucht ist der Schwerpunkt der schraffierten Fläche.

Wir müssen über die gesamte Fläche integrieren. Integrieren heißt addieren. Also integrieren wir bereichsweise und addieren beide Integrale.

$$x_S = \frac{\int_0^a x dA_1 + \int_a^{2a} x dA_2}{\int_0^a dA_1 + \int_a^{2a} dA_2} = \frac{\int_0^a x \frac{2}{a} x^2 dx + \int_{1a}^{2a} xhdx}{\int_0^a \frac{2}{x} x^2 dx + \int_a^{2a} hdx} = \frac{\frac{1}{2}a^3 + \frac{3}{2}ha^2}{\frac{2}{3}a^2 + ah} = \frac{21}{16}a.$$

Überlegen wir einmal, was da steht: Was hätten wir getan, um den Schwerpunkt von A_1 zu bestimmen?

$$x_{S1} = \frac{\int_0^a x dA_1}{\int_0^a dA_1 = A_1} \quad \Rightarrow \quad \underline{\int_0^a x dA_1 = A_1 x_{S1}} \quad \text{ebenso und} \quad \underline{\int_a^{2a} x dA_2 = A_2 x_{S2}}.$$

Damit haben wir die berühmte **Summenformel**

$$x_S = \frac{\sum x_{Sj} A_j}{\sum A_j}$$

für zusammengesetzte Körper.

Diese Summenformel wenden wir in Zukunft immer an, wenn die Größen der Flächen und die Lage ihrer Schwerpunkte sofort ersichtlich sind.

10B 3 Flächenschwerpunkt eines Winkelträgers

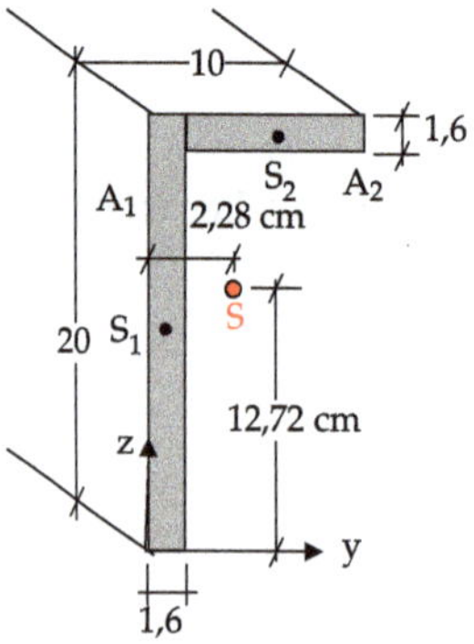

Bestimme den Schwerpunkt eines handelsüblichen Winkelprofils mit der Summenformel.

Abmessungen in cm

Die Flächen

$$A_1 = 1{,}6 \cdot 20 = 32\,\text{cm}^2, \quad A_2 = 1{,}6 \cdot 8{,}4 = 13{,}44\,\text{cm}^2.$$

Einzelschwerpunkte

$$y_{S1} = 0{,}8\,\text{cm}; \quad z_{S1} = 10\,\text{cm},$$
$$y_{S2} = 5{,}8\,\text{cm}; \quad z_{S2} = 19{,}2\,\text{cm}.$$

Tipp In der Summenformel erst die Nennerterme schreiben, da im Zähler die gleichen Terme multipliziert mit den Schwerpunktskoordinaten stehen.

$$y_S = \frac{\sum y_{Sj} A_j}{\sum A_j} = \frac{0{,}8 \cdot 32 + 5{,}8 \cdot 13{,}44}{32 + 13{,}44} = 2{,}28,$$
$$z_S = \frac{\sum z_{Sj} A_j}{\sum A_j} = \frac{10 \cdot 32 + 19{,}2 \cdot 13{,}44}{32 + 13{,}44} = 12{,}72\,\text{cm}.$$

Ingenieure machen das tabellarisch:

Nr.	A_j	y_{Sj}	z_{Sj}	$y_{Sj}A_j$	$z_{Sj}A_j$
1	32	0,8	10	25,6	320
2	13,44	5,8	19,2	77,95	258,05
$\sum$	45,44			103,55	578,05

$$\underline{y_S} = \frac{25{,}6}{45{,}44} = \underline{2{,}28\,\text{cm}},$$
$$\underline{z_S} = \frac{578{,}05}{45{,}44} = \underline{12{,}72\,\text{cm}}.$$

10B 4

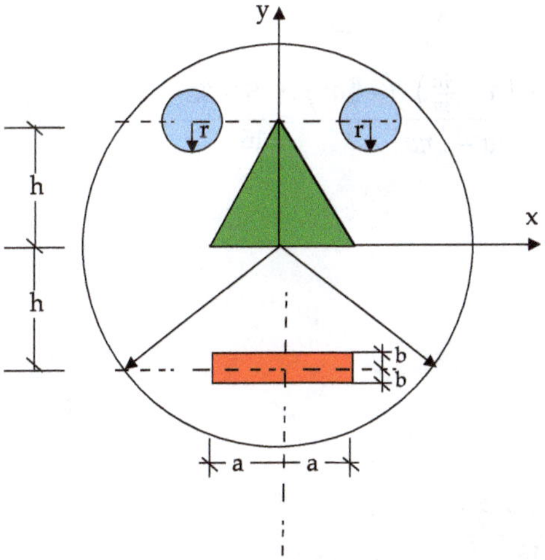

Aus der weißen Kreisfläche werden die farbigen Flächen ausgeschnitten.
Gesucht sind die Schwerpunktkoordinaten der übrig gebliebenen Fläche.

$$x_S = 0 \quad \text{wegen der Symmetrie.}$$

Schreibe erst die Nennerterme. Die negativen Vorzeichen erscheinen, weil die Flächen ausgeschnitten wurden.

Übernehme dann die Nennerterme exakt nach oben und multipliziere sie mit den dazugehörigen Schwerpunktskoordinaten. „Exakt" soll heißen: mit Vorzeichen.

$$y_S = \frac{\sum y_{Sj} A_j}{\sum A_j} = \frac{0\pi R^2 + (-4ab)(-h) + (-ah)\frac{h}{3} + \left(-2\pi r^2\right) h}{\pi R^2 + (-4ab) - ah - 2\pi r^2 = A_{\text{ges}}}.$$

Üblicherweise sind Zahlenwerte gegeben. Dann würde sich noch eine stupide Rechnung anschließen, auf die ich gerne verzichte.

10B 5 Eine Aufgabe speziell für Leute aus Lübeck!

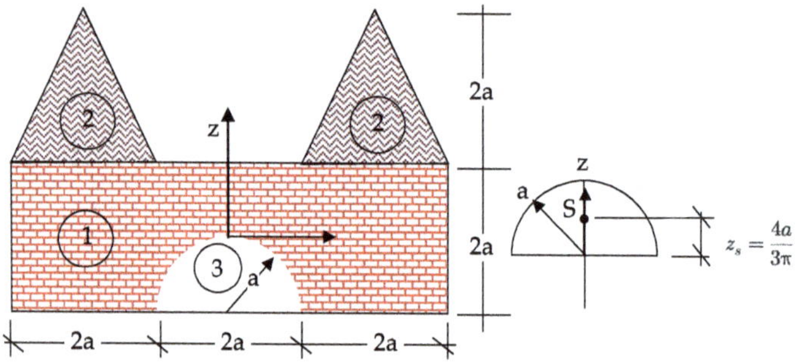

Gegeben: a, und die Schwerpunktslage eines Halbkreises.
Gesucht: Die Schwerpunktkoordinaten.

$$z_S = \frac{\sum z_{Sj} A_j}{\sum A_j} = \frac{0 \cdot \boxed{} + \left(a + \frac{2a}{3}\right) \cdot 2\,\triangle - \left(a - \frac{4a}{3\pi}\right)\frown}{(6a)(2a) + 2 \cdot \frac{1}{2} 2a \cdot 2a - \frac{1}{2}\pi a^2}$$

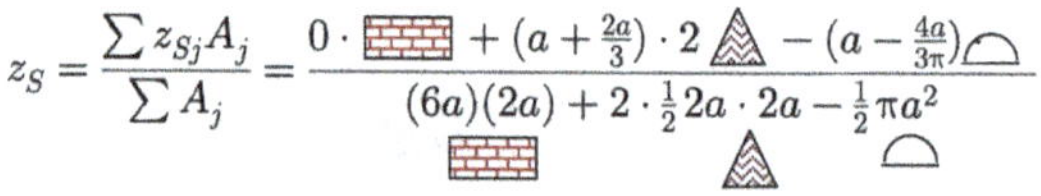

$$z_S = \frac{0 \cdot 12a^2 + \left(a + \frac{2a}{3}\right) \cdot 4a^2 - \left(a - \frac{4a}{3\pi}\right) \cdot \left(-\frac{\pi}{2}a^2\right)}{(6a)(2a) + 2 \cdot \frac{1}{2} 2a \cdot 2a - \frac{1}{2}\pi a^2} = \frac{6 + \frac{\pi}{3}}{16 - \frac{\pi}{2}}.$$

Oder mit Tabelle

Nr.	A_j	z_{Sj}	$z_{Sj} A_j$
1	$12a^2$	0	0
2	$4a^2$	$a + \frac{2}{3}a$	$\frac{20}{3}a^3$
3	$-\frac{\pi}{2}a^2$	$-\left(a - \frac{4a}{3\pi}\right)$	$\frac{\pi}{2}a^3 - \frac{2}{3}a^3$
$\sum$	$16a^2 - \frac{\pi}{2}a^2$		$6a^3 + \frac{\pi}{2}a^3$

$$z_S = \frac{6 + \frac{\pi}{2}}{16 - \frac{\pi}{2}}.$$

10B 6 Gewichtsschwerpunkt eines Hammers

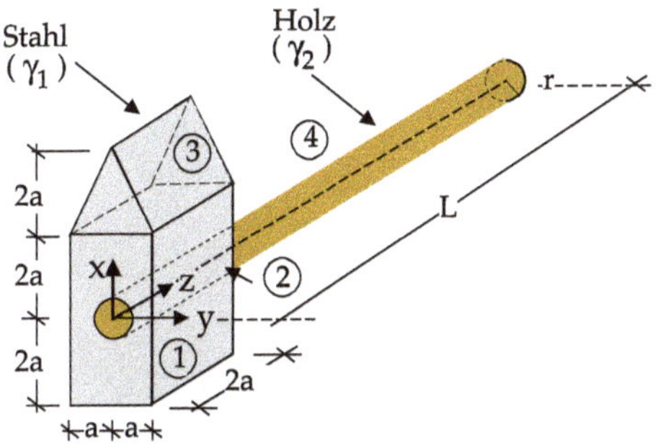

Der Kopf des Hammers besteht aus Stahl mit der Wichte γ_1 und der Stiel aus Holz mit der Wichte γ_2.
Bestimme die Schwerpunktkoordinaten.

Bezeichnung der Einzelkörper

① Quader ohne Loch für den Stiel,
② Loch für Stiel im Quader,
③ Hammerspitze,
④ Holzstiel.

Es gilt: $G = \gamma V$.

Ein Ingenieur löst die Aufgabe tabellarisch. Zum anfänglichen Lernen ist die „Bruchvariante" verständlicher. Also los:

$$y_S = 0 \quad \text{wegen Symmetrie,}$$

$$\qquad\qquad \text{Vollquader} \qquad \text{Loch raus} \qquad \text{Spitze} \qquad \text{Stiel}$$

$$x_S = \frac{\sum x_{Sj}\gamma_j V_j}{\sum \gamma_j V_j} = \frac{0 \cdot \gamma_1 16a^3 - 0 \cdot \gamma_1 r^2 2a + \left(2a + \frac{2a}{3}\right)\gamma_1 4a^3 + 0 \cdot \gamma_2 \pi r^2 L}{\gamma_1 16a^3 - \gamma_1 \pi r^2 2a + \gamma_1 4a^3 + \gamma_2 \pi r^2 L}.$$

Vergeuden wir nicht unsere Zeit mit stumpfsinnigem Zusammenfassen. Wichtig ist, bei obigem Bruch jeden Term und jedes Vorzeichen begriffen zu haben. Damit der Gedankengang wirklich klar wird, wurden auch die „Nullterme" mit angeschrieben (es ist ja wegen der Wahl des Koordinatensystems nur zufällig so).

z_S geht nun schneller, da der Nenner ja gleich bleibt:

$$z_S = \frac{\sum z_{Sj}\gamma_j V_j}{\sum \gamma_j V_j} = \frac{a\gamma_1 16a^3 - a \cdot \gamma_1 r^2 2a + a \cdot \gamma_1 4a^3 + \frac{L}{2} \cdot \gamma_2 \pi r^2 L}{\gamma_1 16a^3 - \gamma_1 \pi r^2 2a + \gamma_1 4a^3 + \gamma_2 \pi r^2 L}.$$

10B 7 Schwerpunkt eines Kreissegments

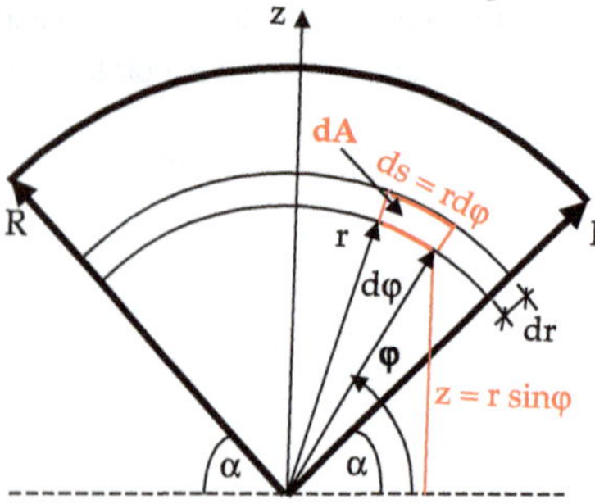

Gesucht ist die z-Koordinate des gezeichneten Kreissegments vom Radius R und den auf beiden Seiten gleichen Öffnungswinkeln α.

Das rote infinitesimal kleine Flächenelement dA unter dem Winkel φ gegen die Horizontale hat vom Ursprung den Abstand r.

Der Zeichnung entnimmt man $dA = dsdr = rd\varphi dr$.

$$\Rightarrow \quad x_S = \frac{\int x dA}{\int dA} = \frac{\iint r\sin(\varphi) r d\varphi dr}{\iint r d\varphi dr} = \frac{\int_0^R r^2 \left[\int_{\varphi=\alpha}^{\pi-\alpha} \sin(\varphi) d\varphi\right] dr}{\int_{r=0}^R r\left[\int_{\varphi=\alpha}^{\pi-\alpha} d\varphi\right] dr}.$$

Doppelintegrale sind zu lösen. Wir lösen erst die inneren Integrale und anschließend die äußeren.

$$\Rightarrow \quad x_S = \frac{\int_0^R r^2[-\cos\varphi]_\alpha^{\pi-\alpha} dr}{\int_{r=0}^R r[\varphi]_\alpha^{\pi-\alpha} dr} = \frac{\frac{1}{3}r^3[-\cos(\pi-\alpha)+\cos\alpha]_0^R}{\left[\frac{1}{2}r^2(\pi-2\alpha)\right]_0^R} = \frac{\frac{1}{3}R^3 2\cos\alpha}{\frac{1}{2}R^2(\pi-2\alpha)}$$

$$z_S = \frac{4\cos\alpha}{3(\pi-2\alpha)}R.$$

Bei einem Halbkreis ist $\alpha = 0$.

$$\boxed{z_S = \frac{4R}{3\pi}}$$

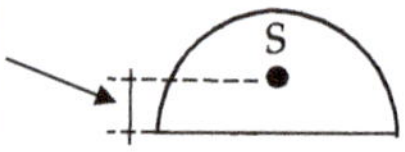

Das war in Aufgabe 10B 5 vorgegeben.

Zehn Übungsblöcke haben wir nun hinter uns gebracht und damit den ersten Teil von Mechanik I. Das Lösungsverfahren war prinzipiell immer das gleiche (außer beim Schwerpunkt):

Freischneiden — GGB aufstellen — Gleichungssystem lösen.

Ist es nicht merkwürdig, dass wir immer noch so große Schwierigkeiten haben?

Lösung dieser individuellen Probleme:

a. Ersten Satz von Lehnert beachten (siehe S. 14).
b. Selbstvertrauen zeigen und mutig losrechnen.
Freischneiden und GGB bilden kann nie falsch sein. Der Schnitt könnte höchstens ungeschickt sein und den Rechenaufwand vergrößern.

Alles in allem haben wir bisher ein ganz schönes Stück Arbeit geleistet. Jetzt muss uns das nur noch wie das 1×1 geläufig werden. Vergessen dürfen wir das nie wieder, denn es sind die fundamentalsten Grundlagen der Mechanik, und diese ist wiederum das Fundament unseres Ingenieurdaseins.

Wir sollten uns nun mal testen und die folgende Probeklausur lösen. Ich stelle mir das folgendermaßen vor:

- Jeder stellt sich einen Wecker und versucht in genau 90 Minuten die vier gestellten Aufgaben so gut wie möglich zu lösen.
- Danach korrigiert man den fabrizierten „Schrott“,[2] indem man sich die Lösungen anschaut und die dort angegebenen Punkte verteilt. Rechnet man mit einem falschen Wert weiter, so gibt es dafür selbstverständlich Punkte (Folgefehler).
- 6 von 16 Punkten sind zum Bestehen mindestens notwendig (Note 4.3).

Praktisches Vorgehen

1.) Erst alle Aufgaben in Ruhe ansehen.
2.) Entscheiden, in welcher Reihenfolge man die Aufgaben lösen will.
3.) Die Aufgaben nicht noch mal abzeichnen. Das kostet Zeit und bringt nichts.
4.) Sollte man sich beim Lösen „verstrampeln“,[3] am besten sofort die nächste Aufgabe nehmen.

---

2 Pardon.

3 = den Überblick verlieren.

11B Musterklausur ME I

n-tes Institut für ME
Prof. Prof. Prof. Dr. Dr. Dr. ing. nat. rer. **Grömaz**

Name | Matr Nr. | Größe (cm) | Haarfarbe

Aufgabe 1

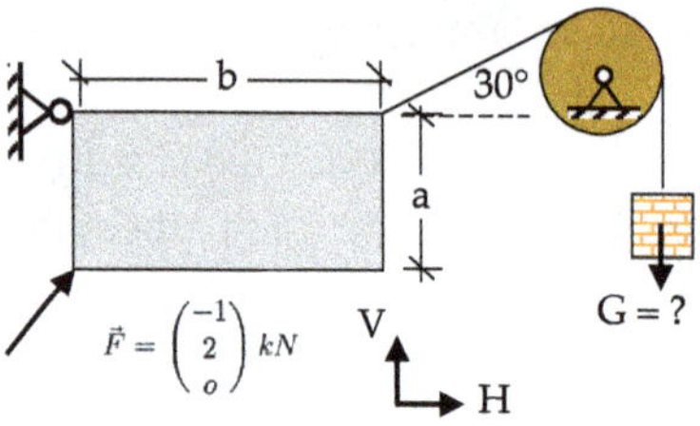

Eine gewichtslose Scheibe wird durch die Kraft $\vec{F}$ belastet. Wie groß muss G sein, damit in der gezeichneten Lage Gleichgewicht herrscht?
Berechne alle Lagerreaktionen.

Gegeben: $a = 1\,\text{m}, b = 3\,\text{m}, \vec{F}$. (3)

$\vec{F} = \begin{pmatrix} -1 \\ 2 \\ 0 \end{pmatrix} kN$

Aufgabe 2

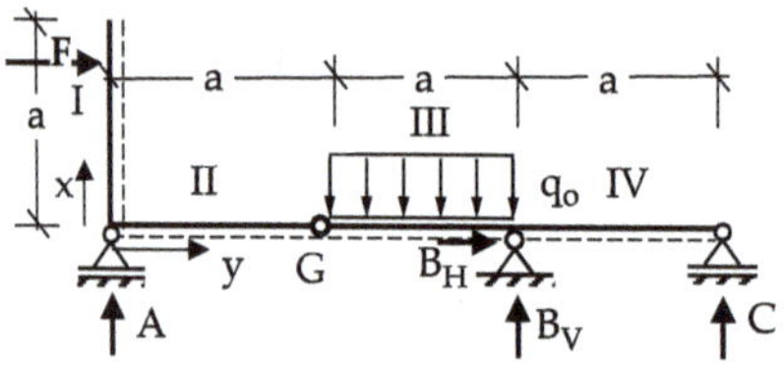

Bestimme die Schnittlasten in allen Bereichen und stelle sie graphisch dar.
Gegeben:

$a, q_0, F, A = -F, B_H = -F,$

$B_V = 2F + \frac{3}{2}q_0a, C = -F - \frac{1}{2}q_0a.$ (5)

Aufgabe 3

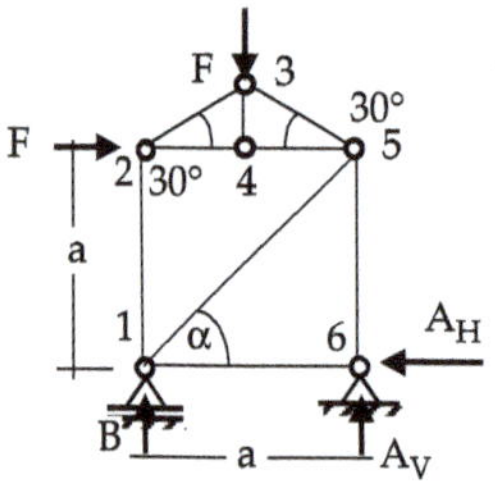

Für das dargestellte Fachwerk bestimme man die Lagerkräfte und alle Stabkräfte.
Gegeben:

$a, F, \alpha = 45^\circ,$

$\sin 45^\circ = \frac{1}{\sqrt{2}} = \cos 45^\circ.$ (4)

Aufgabe 4

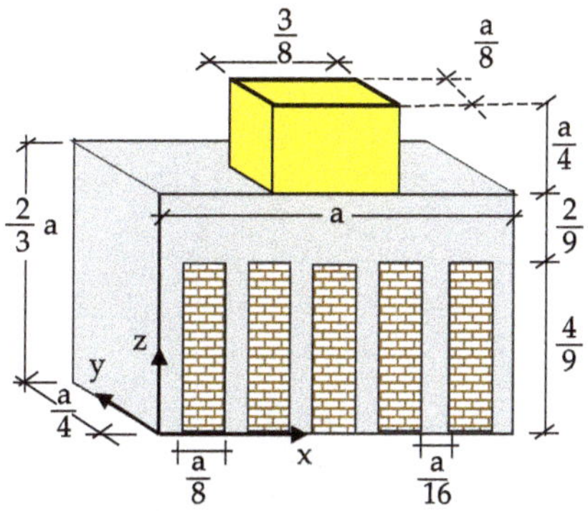

Ein Tor mit der Wichte γ_1 wurde zur Vermeidung des Systemzusammenbruchs mit dem Material γ_2 ausgemauert. Oben befindet sich ein Goldbarren mit der Wichte γ_3.

Gesucht: Die Schwerpunktkoordinaten.

Gegeben: $\gamma_1, \gamma_2, \gamma_3, a$.

Bemerkung: Das Zusammenfassen der Lösungsausdrücke ist nicht notwendig. (4)

Lösungen

Aufgabe 1

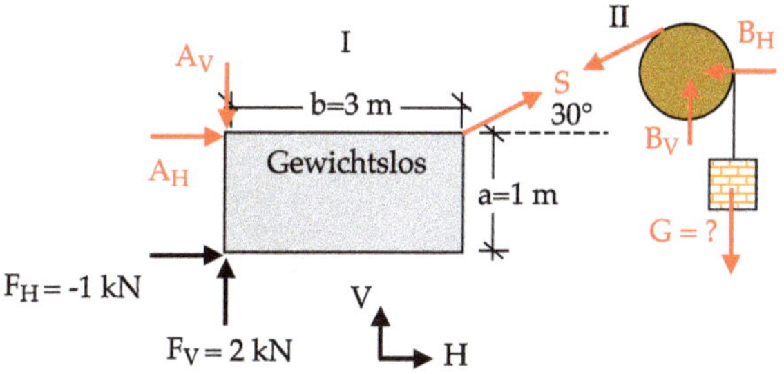

Schnitt I: $\sum M_A = 0 = S\sin(30^\circ)b - F_H a \quad \Rightarrow \quad \underline{S = \frac{-a}{b\sin 30^\circ}F_H = \frac{2}{3}\,\text{kN}},$ (0,5)

Schnitt II: $\sum M_B = 0 = Sr - Gr \quad \Rightarrow \quad \underline{G = S = \frac{2}{3}\,\text{kN}}$ r ist egal! (0,5)

$\sum H = 0 = B_H + S\cos 30^\circ \quad \Rightarrow \quad \underline{B_H = \frac{-1}{\sqrt{3}}\,\text{kN}},$ (0,5)

$\sum V = 0 = B_V - S\sin 30^\circ - G \quad \Rightarrow \quad \underline{B_V = 1\,\text{kN}},$ (0,5)

Schnitt I: $\sum H = 0 = A_H + S\cos 30^\circ + F_H \quad \Rightarrow \quad \underline{A_H = 1 - \frac{1}{\sqrt{3}}\,\text{kN}},$ (0,5)

$$\sum V = 0 = A_V - S\sin 30^\circ - F_V \quad \Rightarrow \quad \underline{A_V = \frac{7}{3}\,\text{kN}.} \qquad (0{,}5)$$

In einer Klausur hätte ich sicherlich den Freischnitt direkt in das Aufgabenblatt eingezeichnet (time sind Punkte)!

Aufgabe 2

Bereich I: $0 < x \leq a$.

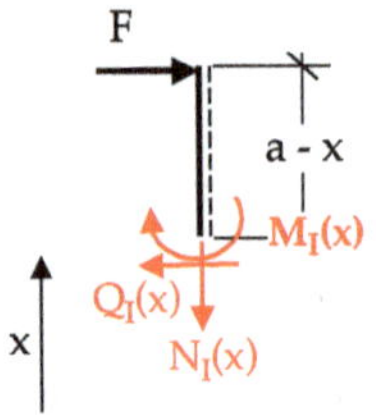

$$\sum V = 0 = \underline{N_I(x)},$$

$$\sum H = 0 = Q_I(x) - F \quad \Rightarrow \quad \underline{Q_I(x) = F},$$

$$\sum M = 0 = M_I(x) + F(a - x) \quad \Rightarrow \quad \underline{M_I(x) = -F(a - x).} \qquad (1)$$

Bereich II: $0 < y < a$.

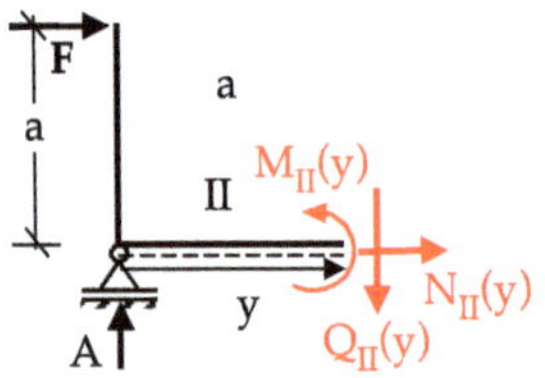

$$\sum H = 0 = N_{II}(y) + F \quad \Rightarrow \quad \underline{N_{II}(y) = -F},$$

$$\sum V = 0 = Q_{II}(y) - A \quad \Rightarrow \quad \underline{Q_{II}(y) = -F},$$

$$\sum M = 0 = M_{II}(y) - Ay - Fa$$

$$\Rightarrow \quad \underline{M_{II}(y) = -Fy + Fa.} \qquad (1)$$

Bereich III: $a \leq y < 2a$.

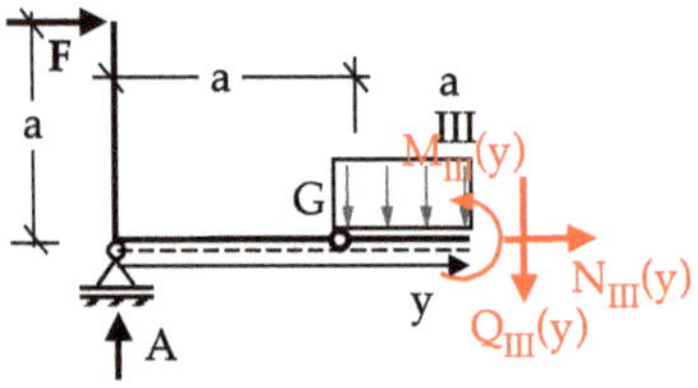

$$\sum H = 0 = N_{III}(y) + F \quad \Rightarrow \quad \underline{N_{II}(y) = -F},$$

$$\sum V = 0 = Q_{III}(y) - A + q_0(y - a)$$

$$\Rightarrow \quad Q_{III}(y) = \underline{-F - q_0(y - a)}, \qquad (1)$$

$$\sum M = 0 = M_{III}(y) - Ay - Fa + q_0\frac{1}{2}(y - a)^2$$

$$\Rightarrow \quad \underline{M_{III}(y) = -Fy + Fa - \frac{1}{2}q_0(y - a).}$$

Bereich IV: $2a \leq y \leq 3a$.

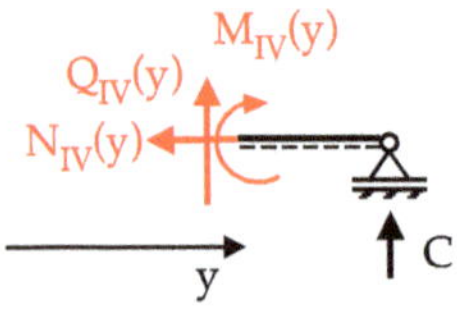

$$\sum H = 0 = \underline{N_{IV}(y)},$$

$$\sum V = 0 = Q_{IV}(y) + C \quad \Rightarrow \quad \underline{Q_{IV}(y) = F + \frac{1}{2}q_0 a},$$

$$\sum M = 0 = M_{IV}(y) - C(3a - y)$$

$$\Rightarrow \quad \underline{M_{IV}(y) = -\left(F + \frac{1}{2}q_0 a\right)(3a - y).} \qquad (1)$$

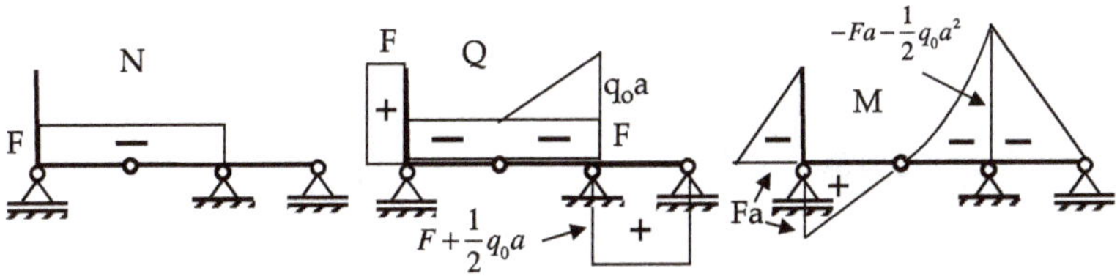

(1)

Aufgabe 3

Lagerkräfte

$$\sum H = 0 = A_H - F \quad \Rightarrow \quad \underline{A_H = F},$$

$$\sum M = 0 = A_V a - Fa - F\frac{a}{2} \quad \Rightarrow \quad \underline{\frac{A_V = \frac{3}{2}F}{2}},$$

$$\sum V = 0 = B + A_V - F \quad \Rightarrow \quad \underline{B = -\frac{1}{2}F.}$$

(1,5)

Knoten 6

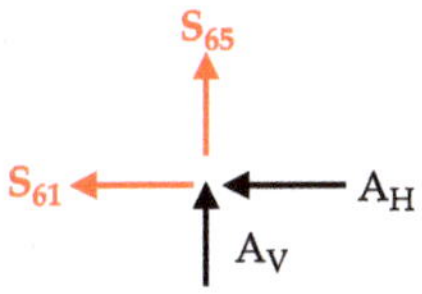

$$\sum H = 0 = A_H + S_{61} \quad \Rightarrow \quad \underline{S_{61} = -F},$$

$$\sum V = 0 = A_V + S_{65} \quad \Rightarrow \quad \underline{S_{65} = -\frac{3}{2}F.}$$

(0,5)

Knoten 1

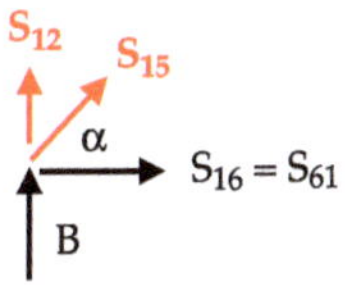

$$\sum H = 0 = A_V + S_{15}\cos\alpha + S_{16} \quad \Rightarrow \quad \underline{S_{15} = \sqrt{2}F},$$

$$\sum V = 0 = S_{12} + B + S_{15}\sin\alpha \quad \Rightarrow \quad \underline{S_{12} = -\frac{1}{2}F.}$$

(0,5)

Knoten 2

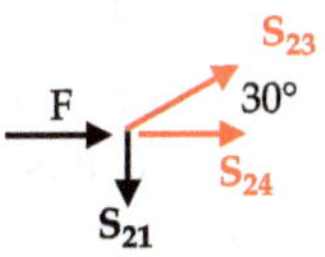

$$\sum V = 0 = S_{23}\sin 30^\circ - S_{21} \quad \Rightarrow \quad S_{23} = -F,$$

$$\sum H = 0 = S_{24} + F + S_{23}\cos\alpha \quad \Rightarrow \quad \underline{S_{24} = \left(\frac{\sqrt{3}}{2} - 1\right)F.}$$

(0,5)

Knoten 4:

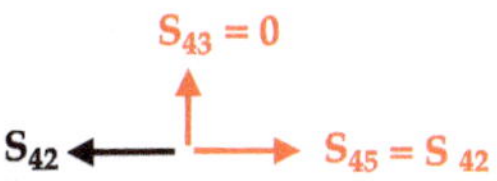

ohne Rechnung sofort ersichtlich! (0,5)

Knoten 3

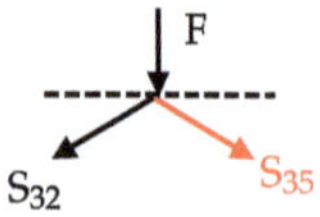

$$\sum H = 0 = S_{35}\cos 30^\circ - S_{32}\cos 30^\circ \quad \Rightarrow \quad \underline{S_{35} = -F}. \qquad (0{,}5)$$

Aufgabe 4

$$x_s = \frac{a}{2} \quad \text{wegen Symmetrie,}$$

$$y_s = \frac{\sum y_{Sj}\gamma_j V_j}{\sum \gamma_j V_j} = \frac{\overset{(0,5)}{\tfrac{a}{8}\gamma_1 a \tfrac{a}{4}\tfrac{2a}{3}} + \overset{(0,5)}{\tfrac{a}{8}(-\gamma_1 + \gamma_2)5\tfrac{a}{8}\tfrac{a}{4}\tfrac{4a}{9}} + \overset{(0,5)}{\tfrac{a}{16}\gamma_3\tfrac{3a}{8}\tfrac{a}{4}\tfrac{a}{8}}}{(1)\ \gamma_1 a \tfrac{a}{4}\tfrac{2a}{3} + (-\gamma_1 + \gamma_2)5\tfrac{a}{8}\tfrac{a}{4}\tfrac{4a}{9} + \gamma_3\tfrac{3a}{8}\tfrac{a}{4}\tfrac{a}{8}}$$

$$z_S \frac{\sum z_{Sj}\gamma_j V_j}{\sum \gamma_j V_j}$$

$$= \frac{\overset{(0,5)}{\tfrac{a}{3}\gamma_1 a \tfrac{a}{4}\tfrac{2a}{3}} + \overset{(0,5)}{\tfrac{2a}{9}(-\gamma_1 + \gamma_2)5\tfrac{a}{8}\tfrac{a}{4}\tfrac{4a}{9}} + \overset{(0,5)}{(\tfrac{2a}{3} + \tfrac{a}{8})\gamma_3\tfrac{3a}{8}\tfrac{a}{4}\tfrac{a}{8}}}{\gamma_1 a \tfrac{a}{4}\tfrac{2a}{3} + (-\gamma_1 + \gamma_2)5\tfrac{a}{8}\tfrac{a}{4}\tfrac{4a}{9} + \gamma_3\tfrac{3a}{8}\tfrac{a}{4}\tfrac{a}{8}}$$

Geschafft!

Das war´s. Stimmten die selbst gebastelten Lösungen mit den Musterlösungen überein? Ich vermute, mal ja und mal nein. Nicht verzagen, Übung macht den Meister. Man muss das Gehirn auch an Formeln gewöhnen. Was es nicht kennt, versteht es nicht.

Wir gehen nun in den zweiten Teil. Das ist die Elastostatik, und wir werden bald staunen, was wir in Kürze alles rechnen können. Es wird immer interessanter.

C Statik elastischer Körper

Es geht auch im Teil C weiter mit der Statik, allerdings mit der Statik deformierbarer Körper, genauer gesagt, mit der Statik von Körpern, die dem „Hookeschen Gesetz" gehorchen. Um zu diesem Gesetz zu kommen, ist noch eine Vorbetrachtung notwendig. Dies geschieht im folgenden Abschnitt.

1C Der Spannungszustand

Wir beginnen diese erste Übung im Teil C mit einer geballten Zusammenfassung der Vorlesung zu diesem Thema. Versuchen wir mal die nächsten Seiten in unser Gehirn einzuhämmern; ein paar Speicherplätze werden schon noch frei sein. Es wird etwas langweilig und trocken sein, aber es muss sein, da die Kenntnis des Spannungszustandes von grundlegender Bedeutung für die gesamte Mechanik ist.

Definition der Spannungen

Stellen wir uns eine „kleine" Fläche dA vor, auf die eine „kleine"

$$\Delta\vec{F} = \begin{pmatrix} \Delta N \\ \Delta Q_y \\ \Delta Q_z \end{pmatrix}$$ wirkt.

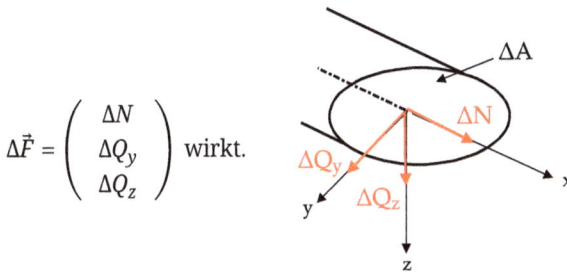

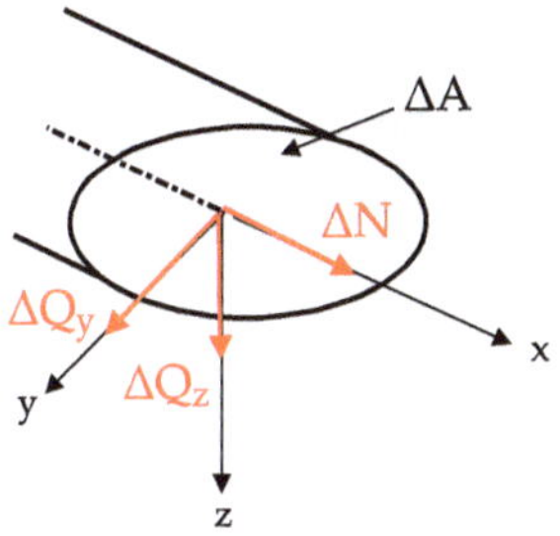

Die Spannungen sind folgendermaßen definiert:

$$\sigma_{xx} = \lim_{\Delta A \to 0} \frac{\Delta N}{\Delta A} = \frac{dN}{dA} \left[\mathrm{N/cm^2}\right] \quad \text{Normalspannung,}$$

$$\tau_{xy} = \lim_{\Delta A \to 0} \frac{\Delta Q_y}{\Delta A} = \frac{dQ_y}{dA} \left[\mathrm{N/cm^2}\right] \quad \text{Schubspannung,}$$

$$\tau_{xz} = \lim_{\Delta A \to 0} \frac{\Delta Q_z}{\Delta A} = \frac{dQ_z}{dA} \left[\mathrm{N/cm^2}\right] \quad \text{Schubspannung.}$$

Auf ein Flächenelment wirken also im Allgemeinen **drei Spannungskomponenten.**

https://doi.org/10.1515/9783111598222-003

Indizierung z. B. τ_{xy} : 1. Index : wirkt auf der Fläche x = const

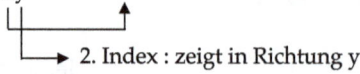

2. Index : zeigt in Richtung y

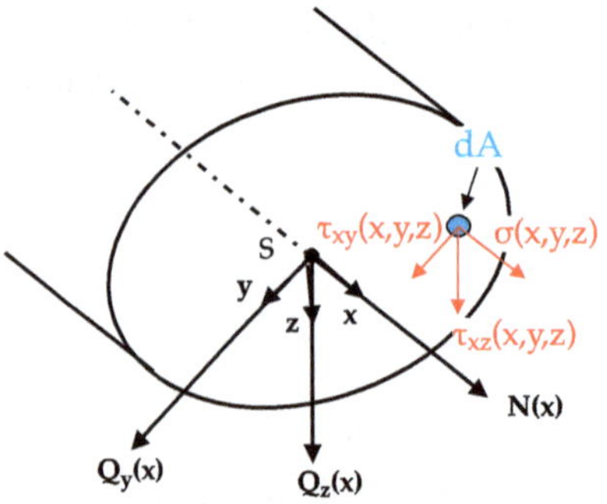

Die Schnittlasten ergeben sich damit durch Integration der Spannungen über A:

$$N(x) = \int \sigma_{xx}(x, y, z)dA,$$

$$Q_y(x) = \int \tau_{xy}(x, y, z)dA,$$

$$Q_z(x) = \int \tau_{xz}(x, y, z)dA.$$

Betrachten wir einen Körper und fragen nach dem Spannungszustand an einem Punkt in seinem Inneren. Dazu schneiden wir in Gedanken einen infinitesimalen Quader mit den Kantenlängen dx, dy, dz heraus:

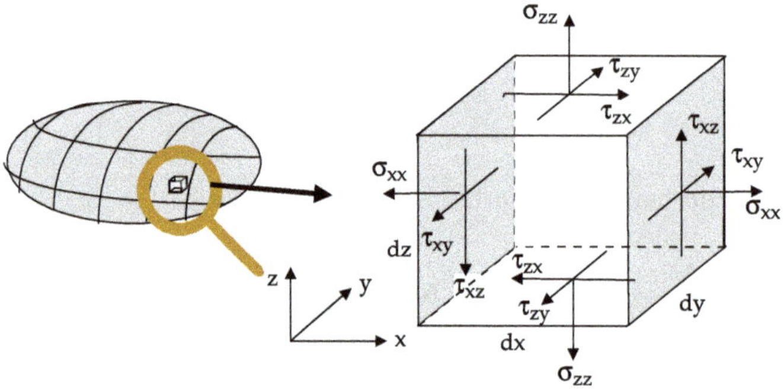

Auf jeder der sechs Würfelflächen wirken drei Spannungskomponenten (übersichtshalber sind sie auf der vorderen und hinteren Fläche nicht eingezeichnet). Auf gegenüberliegenden Flächen müssen sie wegen des Kraftgleichgewichts gleich groß, aber entgegengesetzt sein. Damit verbleiben zunächst noch neun Spannungskomponenten, die man zum **Spannungstensor** zusammenfasst.

$$\underline{S} = \begin{pmatrix} \sigma_{xx} & \tau_{xy} & \tau_{xz} \\ \tau_{yx} & \sigma_{yy} & \tau_{yz} \\ \tau_{zx} & \tau_{zy} & \sigma_{zz} \end{pmatrix}.$$

Der Strich unter dem „S“ soll andeuten, dass es sich um einen Tensor handelt.

Nun gilt der Satz der zugeordneten Schubspannungen = Boltzmann-Axiom

$$\tau_{ki} = \tau_{ik}.$$

Damit ist der Spannungstensor symmetrisch und es verbleiben am Volumenelement sechs verschiedene Spannungen:

3 Normalspannungen: $\sigma_{xx}, \sigma_{yy}, \sigma_{zz}$,

3 Schubspannungen: $\tau_{xy} = \tau_{yx}, \tau_{xz} = \tau_{zx}, \tau_{yz} = \tau_{zz}$.

Diese können aus den sechs GGB im dreidimensionalen Raum berechnet werden.

Eine Bemerkung zum **Boltzmann-Axiom:** Ein Axiom kann man nicht beweisen, aber man hat noch nie etwas anderes beobachtet. In der Statik ist die Gleichheit der Schubspannungen wegen des Momentengleichgewichts selbstverständlich. Aber die Gleichheit bleibt auch, wenn der Körper sich beschleunigt dreht und kein Momentengleichgewicht herrscht. Dies kann man theoretisch nicht beweisen, aber man kann es messen.

Hauptspannungen

Satz: Es gibt an jeder Stelle eines Körpers drei zueinander senkrechte Flächen, auf denen nur Normalspannungen wirken. Diese nennt man **Hauptspannungen** σ_{I}, σ_{II}, σ_{III} und ihre Richtungen **Hauptrichtungen**.

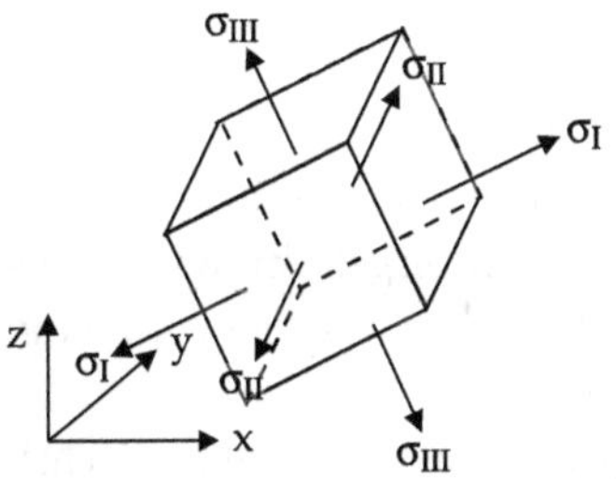

Auf den Beweis verzichten wir, da er etwas aufwendig wird.

Auf diesen Flächen gibt es also keine Schubspannungen.

Esgilt: $\sigma_{\text{I}} = \max \sigma$,

$\sigma_{\text{II}} = \min \sigma$,

σ_{III} dazwischen.

Die Berechnung der Hauptspannungen ist für einen Ingenieur von größter Wichtigkeit, denn er interessiert sich ja hauptsächlich für die Extremwerte.

Berechnung der Hauptspannungen

Gegeben sei ein Spannungszustand

$$\underline{S} = \begin{pmatrix} \sigma_{xx} & \tau_{xy} & \tau_{xz} \\ \tau_{yx} & \sigma_{yy} & \tau_{yz} \\ \tau_{zx} & \tau_{zy} & \sigma_{zz} \end{pmatrix}.$$

Gesucht sind die Hauptspannungen und deren Richtungen

$$\vec{X}_j = \begin{pmatrix} X_{jx} \\ X_{jy} \\ X_{jz} \end{pmatrix}, \quad \text{mit } j = \text{I}, \text{II}, \text{III}.$$

Die Hauptspannungen sind die Eigenwerte des sog. **Eigenwertproblems**

$$\det[\underline{S} - \lambda \underline{E}] \cdot \vec{X} = \vec{0} \quad \underline{E} = \text{Einheitstensor}.$$

Das ist ein homogenes Gleichungssystem für die Komponenten der Eigenvektoren. Die Existenz einer nichttrivialen Lösung erfordert das Verschwinden der Koeffizientendeterminante.

Wir suchen also die Lösung der Gleichung:

$$\det[\underline{S} - \lambda E] = \begin{vmatrix} \sigma_{xx} - \lambda & \tau_{xy} & \tau_{xz} \\ \tau_{xy} & \sigma_{yy} - \lambda & \tau_{yz} \\ \tau_{xz} & \tau_{yz} & \sigma_{zz} - \lambda \end{vmatrix} = 0.$$

Aus dieser kubischen Gleichung für λ folgen die drei Hauptspannungen. Die zugehörigen Eigenvektoren $\vec{X}_j$ geben deren Richtungen an. Keine Angst, wer hier mathematisch überfordert ist, da die Mathematik das noch nicht geliefert hat, dem sei gesagt, dass gleich „handliche" Formeln zur Berechnung der Hauptspannungen geliefert werden (jedenfalls für den zweiahcsigen Spannungszustand). Das Eigenwertproblem wird dann auch am einfachen Beispiel vorgeführt.

Nach diesen allgemeinen Ausführungen wollen wir noch den ein- und zweiachsigen Spannungzustand als wichtige Spezialfälle betrachten und dann endlich einfache praktische Übungsaufgaben lösen.

Der – einachsige Spannungszustand

Dieser ist dadurch gekennzeichnet, dass es nur eine von Null verschiedene Hauptspannung gibt.

Es ist $\sigma_{\mathrm{I}} = \sigma_{yy} = \frac{G}{A}$.

Der Spannungstensor im <xyz>-System ist dann

$$\underline{S} = \begin{pmatrix} 0 & 0 & 0 \\ 0 & \sigma_{\mathrm{I}} & 0 \\ 0 & 0 & 0 \end{pmatrix}.$$

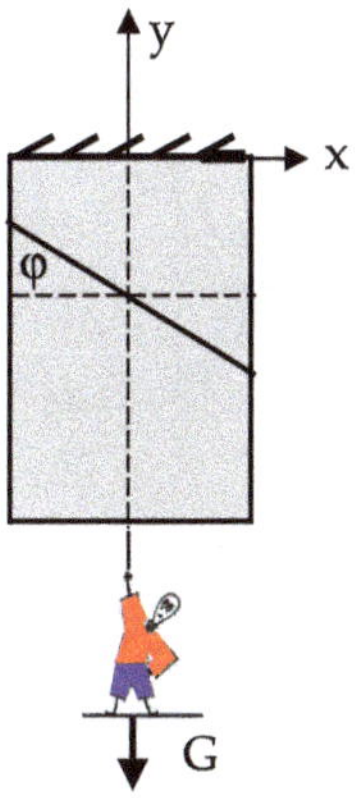

Welche Spannungen wirken auf der unter dem Winkel φ geneigten Fläche?

Bildet man hier $\sum H = 0$ und $\sum V = 0$ so erhält man nach kurzer Umformng:

$$\sigma(\varphi) = \frac{1}{2}\sigma_{\mathrm{I}}(1 + \cos 2\varphi),$$
$$\tau(\varphi) = \frac{1}{2}\sigma_{\mathrm{I}} \sin 2\varphi.$$

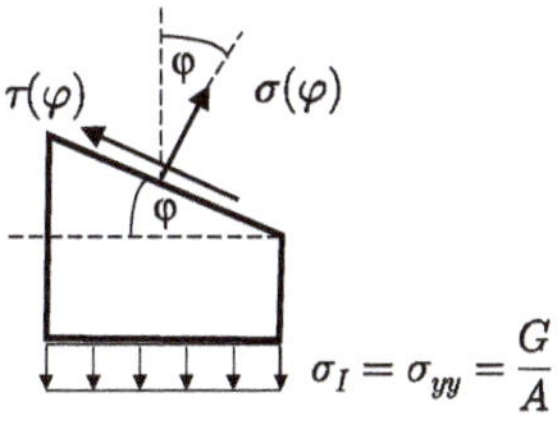

Der zweiachsige Spannungszustand

Es gibt Spannungen nur in der xy-Ebene. Alle Spannungen in z-Richtung sind Null.

Der Spannungstensor lautet

$$\underline{S} = \begin{pmatrix} \sigma_{xx} & \tau_{xy} & 0 \\ \tau_{yx} & \sigma_{yy} & 0 \\ 0 & 0 & 0 \end{pmatrix}.$$

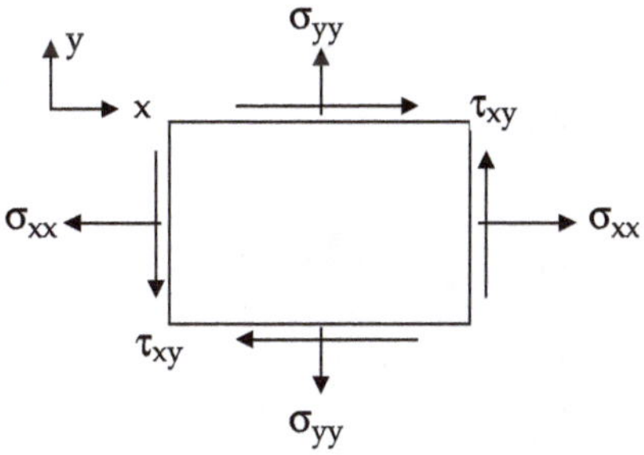

Das Eigenwertproblem liefert hier

$$\begin{vmatrix} \sigma_{xx} - \lambda & \tau_{xy} & 0 \\ \tau_{xy} & \sigma_{yy} - \lambda & 0 \\ 0 & 0 & -\lambda \end{vmatrix} = 0.$$

Aus dieser kubischen Gleichung für λ folgen die Hauptspannungen:

$$\sigma_{\mathrm{I,II}} = \frac{1}{2}(\sigma_{xx} + \sigma_{yy}) \pm \frac{1}{2}\sqrt{(\sigma_{xx} - \sigma_{yy})^2 + 4\tau_{xy}^2}.$$

Der Winkel φ_{I} unter dem die σ_{I} auftritt, errechnet sich aus:

$$\tan 2\varphi = \frac{2\tau_{xy}}{\sigma_{xx} - \sigma_{yy}}.$$

Wie das zustande kommt, führe ich in der ersten Übungsaufgabe vor.

Fragen wir wieder nach den Spannungen auf einer geneigten Fläche und schneiden den unteren Teil frei.

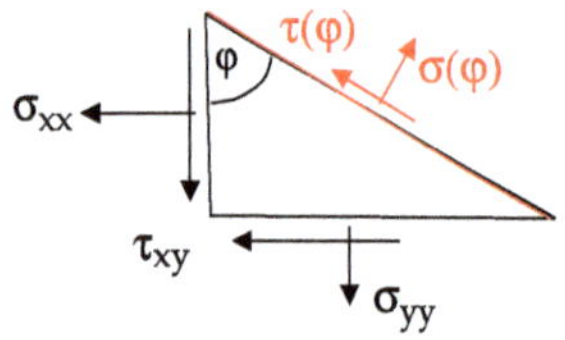

Bildet man hier $\sum H = 0$ und $\sum V = 0$ so erhält man nach kurzer Umformung

$$\sigma(\varphi) = \frac{1}{2}(\sigma_{xx} + \sigma_{yy}) + \frac{1}{2}(\sigma_{xx} - \sigma_{yy})\cos 2\varphi + \tau_{xy}\sin 2\varphi,$$

$$\tau(\varphi) = -\frac{1}{2}(\sigma_{xx} - \sigma_{yy})\sin 2\varphi + \tau_{xy}\cos 2\varphi.$$

Sind hier σ_{xx} und σ_{yy} bereits Hauptspannungen, so ist hier τ_{xy} Null zu setzen.

Endlich Ende der trockenen Formelzusammenstellung.

Eine Übungsaufgabe zum zweiachsigen Spannungszustand:

1C 1

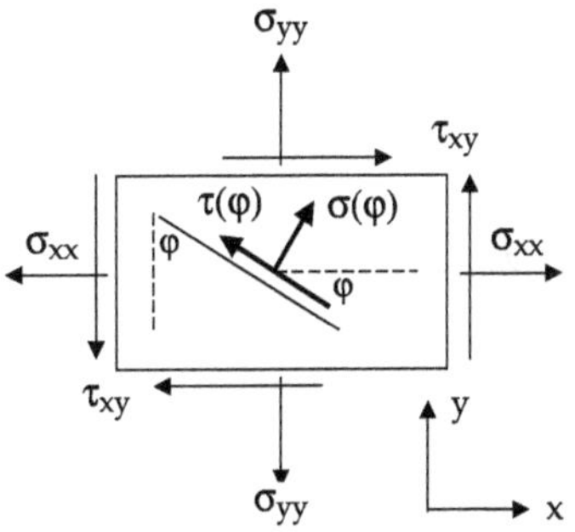

An einem Blech wurde der skizzierte Spannungszustand gemessen:

$$\sigma_{xx} = 4\,\mathrm{N/mm^2},$$
$$\sigma_{yy} = 2\,\mathrm{N/mm^2},$$
$$\tau_{xy} = \sqrt{3}\,\mathrm{N/mm^2}.$$

Gesucht:

1.) Die Hauptspannungen.
2.) Die Richtung der Hauptspannungen.
3.) $\sigma(\varphi)$, $\tau(\varphi)$.

Beantworten wir die Fragen 1.) und 2.) mit dem Eigenwertproblem:

Der Spannungstensor:

$$\underline{S} = \begin{pmatrix} 4 & \sqrt{3} & 0 \\ \sqrt{3} & 2 & 0 \\ 0 & 0 & 0 \end{pmatrix}.$$

Damit folgt aus dem Eigenwerproblem

$$\Rightarrow \quad \left(\lambda^2 - 6\lambda + 5\right)(-\lambda) = 0 \quad \text{kubische Gleichung für } \lambda$$
$$\Rightarrow \quad \lambda_1 = 0 \text{ und } \left(\lambda^2 - 6\lambda + 5\right) = 0 \quad \Rightarrow \quad \lambda_2 = 5; \lambda_3 = 1.$$

Der größte Wert $\lambda_3 = 5$ ist σ_{I} und $\lambda_3 = 1$ ist σ_{II}. In z-Richtung kann es keine Spannung geben, da ein ebenes System vorliegt.

Die Eigenvektoren geben die Richtung der Hauptspannungen:

Ich zeige einmal, wie der I. Eigenvektor

$$\vec{X}_I = \begin{pmatrix} x_{Ix} \\ x_{Iy} \\ x_{Iz} \end{pmatrix}.$$

bestimmt wird:

Setzt man in das Eigenwertproblem $\sigma_{\mathrm{I}} = 5$ ein, so erhält man das homogene Gleichungssystem

$$\begin{pmatrix} 4-5 & \sqrt{3} & 0 \\ \sqrt{3} & 2-5 & 0 \\ 0 & 0 & -5 \end{pmatrix} \cdot \begin{pmatrix} x_{Ix} \\ x_{Iy} \\ x_{Iz} \end{pmatrix} = \begin{pmatrix} 0 \\ 0 \\ 0 \end{pmatrix} \begin{matrix} \Rightarrow & -x_{Ix} + \sqrt{3}x_{Iy} = 0 \\ \Rightarrow & \sqrt{3}x_{Ix} - 3x_{Iy} = 0 \\ \Rightarrow & x_{Iz} = 0. \end{matrix}$$

Die ersten beiden Gleichungen sind identisch, was bedeutet, dass eine Komponente frei gewählt werden kann z. B. $x_{Iy} = 1$.

Damit folgt aber

$$x_{Ix} = \sqrt{3} \quad \text{und} \quad \underline{\vec{X} = \begin{pmatrix} \sqrt{3} \\ 1 \\ 0 \end{pmatrix}}.$$

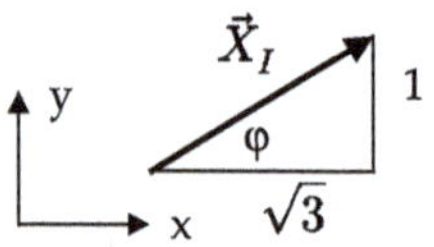

Für den Richtungswinkel φ ergibt sich damit

$$\tan\varphi = \frac{1}{\sqrt{3}} \quad \Rightarrow \quad \varphi = 30^\circ.$$

Der interessierte Student wird den zweiten Eigenvektor nun selbst finden. Benutzt man die Formel von S. 122, so ergibt sich dasselbe, sofern man richtig rechnet.

Für die Spannungen unter dem Winkel φ benutzen wir sofort die dort angegebenen Formeln:

$$\sigma(\varphi) = \frac{1}{2}(4+2) + \frac{1}{2}(4-2)\cos 2\varphi + \sqrt{3}\sin 2\varphi = 3 + \cos 2\varphi + \sqrt{3}\sin 2\varphi,$$

$$\tau(\varphi) = -\frac{1}{2}(4-2)\sin 2\varphi + \sqrt{3}\cos 2\varphi = -\sin 2\varphi + \sqrt{3}\cos 2\varphi.$$

Machen wir die Probe.

Unter dem Winkel $\varphi = 30^\circ$ muss ja $\sigma_I = 5$ auftreten und die Schubspannung muss Null werden:

$$\sigma(30^\circ) = 3 + \cos 60^\circ + \sqrt{3}\sin 60^\circ = 3 + \frac{1}{2} + \sqrt{3}\frac{\sqrt{3}}{2} = 5,$$

$$\tau(30^\circ) = -\sin 60^\circ + \sqrt{3}\cos 60^\circ = -\frac{\sqrt{3}}{2} + \sqrt{3}\frac{1}{2} = 0.$$

Fantastisch, die Mechanik ist genial.

2C Verschiebungen, Dehnungen, Hookesches Gesetz

Noch ein paar grundsätzliche Überlegungen, und dann sind wir gleich beim Hookeschen Gesetz.

Das Verschiebungsfeld

Ich möchte vorstellen: Das ist der Bruder von Grömaz. Sein Name ist GRÖPAZ. (Größter Physiker aller Zeiten).

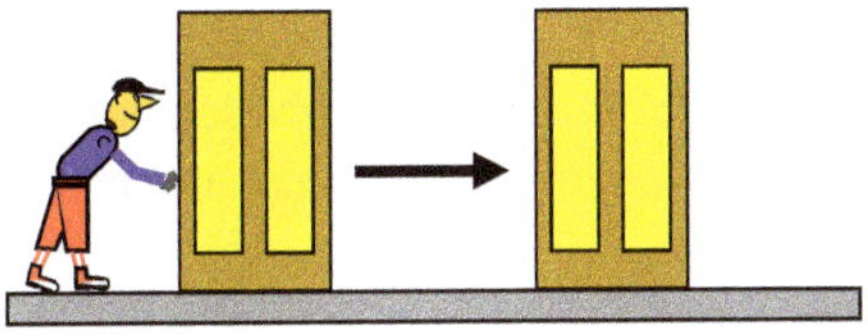

Betrachten wir einen deformierbaren Körper im unbelasteten Zustand und belasten ihn dann. Was geschieht?

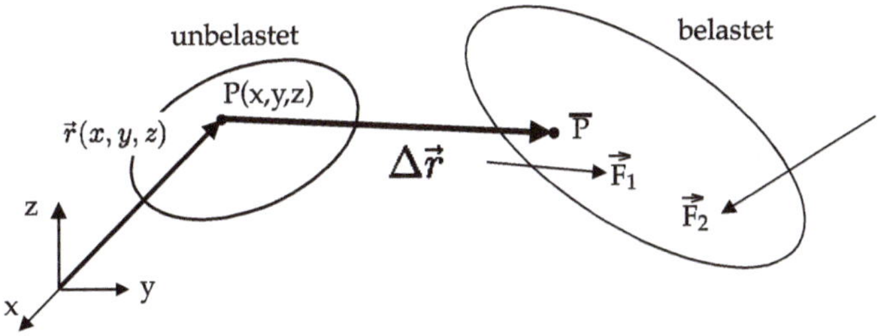

Wird der linke Körper belastet, so deformiert er sich, und ein beliebiger Punkt $P(x,y,z)$ wird um den **Verschiebungsvektor** $\Delta\vec{r}$ nach $\bar{P}$ verschoben. Da jeder Punkt verschoben wird und der Körper wie ein Getreidefeld aus unendlich vielen Punkten besteht, spricht man vom **Verschiebungsfeld**.

Die drei Komponenten des Verschiebungsvektors nennen wir

$u(x,y,z)$ Verschiebung in x-Richtung

$v(x,y,z)$ Verschiebung in y-Richtung

$w(x,y,z)$ Verschiebung in z-Richtung

$$\Delta\vec{r} = \begin{pmatrix} u(x,y,z) \\ v(x,y,z) \\ w(x,y,z) \end{pmatrix} \quad \textbf{Verschiebungsvektor}.$$

Die Dehnung

Betrachten wir folgenden elastischen Stab:

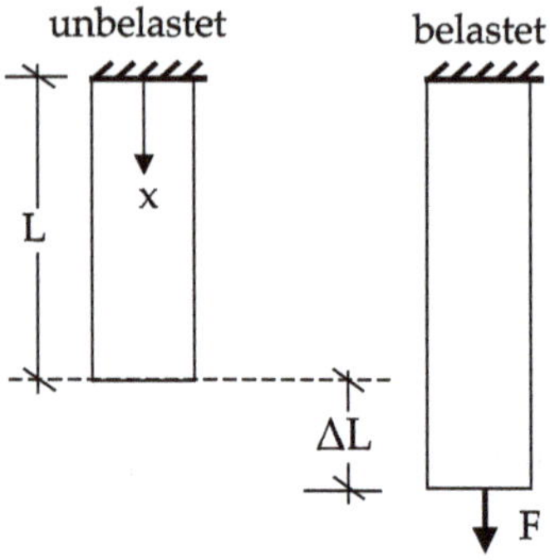

Bei Belastung durch die Kraft F wird der Stab um ΔL länger. Den Quotienten $\Delta L/L$ nennt man die Dehnung ε.

$$\text{Dehnung:} \quad \varepsilon = \frac{\Delta L}{L} \, \frac{\text{Längenänderung}}{\text{alte Länge}}.$$

Der Stab könnte aus verschiedenen Materialien zusammengesetzt sein, z. B.

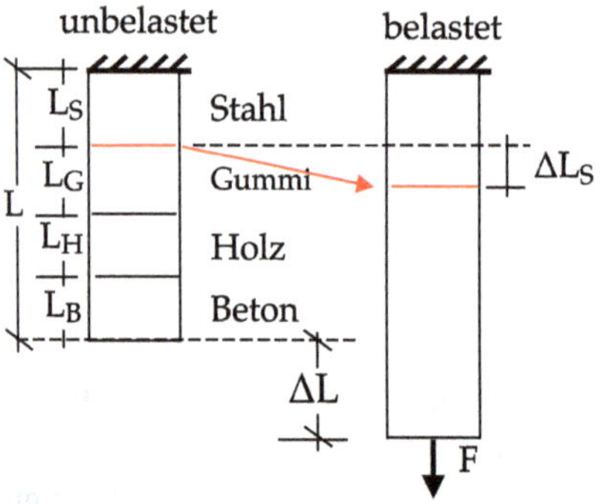

Zwar idiotisch, aber warum nicht! Wiederum könnten wir $\varepsilon = \frac{\Delta L}{L}$ bilden. Dies wäre aber nur eine durchschnittliche Dehnung, denn jedes Material dehnt sich ja anders.

Nun gibt es Menschen, die von jedem noch so kleinen Stückchen Stab die Dehnung angeben möchten (Verrückte oder Genies?). Um diesem Typ Mensch folgen zu können, werden wir etwas genauer und ersetzen die Abschnitte $L_S, L_G, \ldots$ durch unendlich kleine Strecken dx:

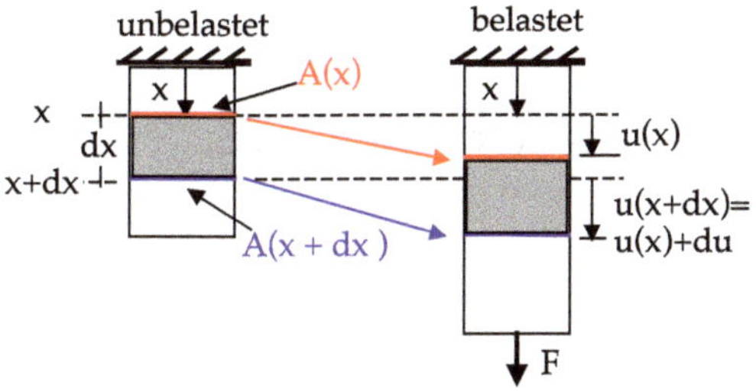

Betrachte die Verschiebung zweier Querschnitte an den Stellen x und $x+dx$. Diese geht nur in x-Richtung, und die haben wir u genannt.
Der Querschnitt $A(x+dx)$ verschiebt sich um $u(x+dx) = u(x) + du$.

Damit ist die gesamte Längenänderung der Strecke dx:

$$\Delta(dx) = u(x) + du - u(x).$$

Der Mathematiker verzeihe mir diese unmögliche Schreibweise!

Halte im Geiste fest: du ist die Längenänderung der unendlich kleinen Strecke dx.

Nach Definition ist somit die Dehnung in x-Richtung: $\varepsilon_{xx} = \frac{du}{dx}$.

Da im Allgemeinen $u = u(x, y, z)$ ist, schreibt man besser: $\varepsilon_{xx} = \frac{\partial u}{\partial x}$.

All diese Erklärungen gelten natürlich auch für die y- und z-Richtung.

$$\varepsilon_{xx} = \frac{\partial u}{\partial x}$$
$$\varepsilon_{yy} = \frac{\partial v}{\partial y}$$
$$\varepsilon_{zz} = \frac{\partial w}{\partial z}$$

→ Die **axialen Dehnungen** sind die Ableitungen der Verschiebungen u, v, w nach den Koordinaten

Die Querdehnung

Wird ein Stab in Längsrichtung gezogen, so wird er gleichzeitig in Querrichtung dünner. Man spricht von Querkontraktion.

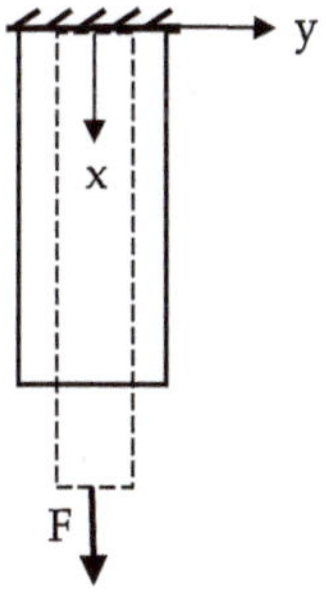

Zur Dehnung $\varepsilon_{xx} = \frac{\partial u}{\partial x}$ gehört also eine Querdehnung.
Es gilt hier das „Poissonsche Querdehnungsgesetz“

$$\varepsilon_Q = -\nu\varepsilon_{xx}.$$

Herr Poisson = Herr Fisch

ν: Querkontraktionszahl, mit $0 \leq \nu \leq \frac{1}{2}$ (Materialkonstante),

$\nu = 0$: keine Querdehnung,

$\nu = \frac{1}{2}$: Volumentreu.

Betrag des Volumens ändert sich nicht.

Die Teperaturdehnung

Jeder weiß aus Erfahrung, dass Körper bei Temperaturänderung ihre Längen ändern.

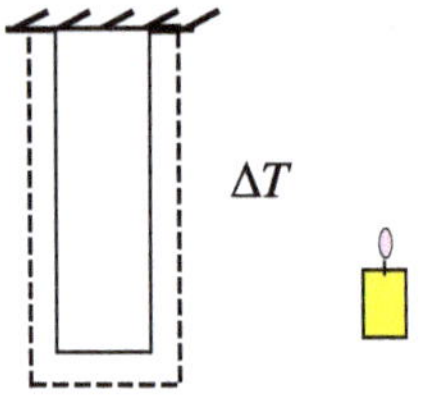

Hier gilt das Temperaturdehnungsgesetz:

$$\varepsilon_T = \alpha_T \Delta T.$$

α_T: Temperaturdehnungskoeffizient

(Materialkonstante) [1/°C].

Nach diesen geometrischen Vorbetrachtungen sind wir nun endlich soweit, das Hookesche Gesetz vorzustellen. Wir gehen im Folgenden so vor:

Hooke für den einachsigen Spannungszustand

Aufgaben dazu (2C1–2C4).

Hooke für den dreiachsigenSpannungszustand

Aufgaben dazu (3C1–3C3).

Hooke für den Schubspannungszustand.

Hooke einachsig

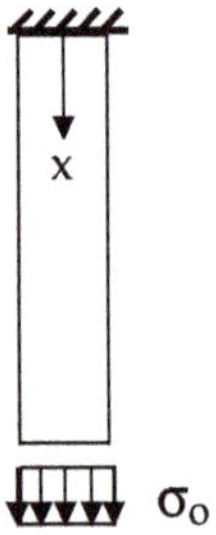

Das Verschiebungsfeld ist hier sehr einfach:

$$\Delta\vec{r} = \begin{pmatrix} u(x) \\ 0 \\ 0 \end{pmatrix} \quad \text{(ohne Querdehnung).}$$

Der englische Physiker Robert Hooke (1635–1702) fand durch wochenlanges Messen heraus, dass die Spannung proportional der Dehnung ist. Die Proportionalitätskonstante nannte er E.

$$\Rightarrow \quad \sigma_{xx} = \varepsilon_{xx} E = \frac{du}{dx}.$$

E [N/mm^2]: **Elastizitätsmodul** (Materialkonstante).

Natürlich kann der Elastiziätsmodul (liebevoll E-Modul genannt) von x abhängig sein. Er hat die Einheit einer Spannung. Es ist die Spannung, die einen Körper auf seine doppelte Länge ziehen würde (bei Gummi leicht vorstellbar).

$$\text{Mit } \sigma_{xx} = \frac{N(x)}{A(x)} \text{ folgt:} \quad du = \frac{N(x)}{E(x)A(x)}dx \quad \Rightarrow \quad u(x) = \int_0^x \frac{N(x)}{E(x)A(x)}dx + C.$$

Das Produkt $E(x)A(x)$ nennt man die Dehnsteifigkeit.

Damit ist die Sachlage klar: Bei bekannter Spannung und bekanntem E-Modul lässt sich die Verschiebung durch Integration ermitteln. Die Integrationskonstante C wird aus einer Randbedingung (RB) bestimmt. Das üben wir in den nächsten Aufgaben.

Das Hookesche Gesetz stellt man im **Spannungs-Dehnungs-Diagramm** dar. Bei der Spannung s_{prop} endet die Proportionalität. Alle Gesetze, die wir im Grundkurs kennen lernen, gelten nur im „Hookeschen Bereich“.

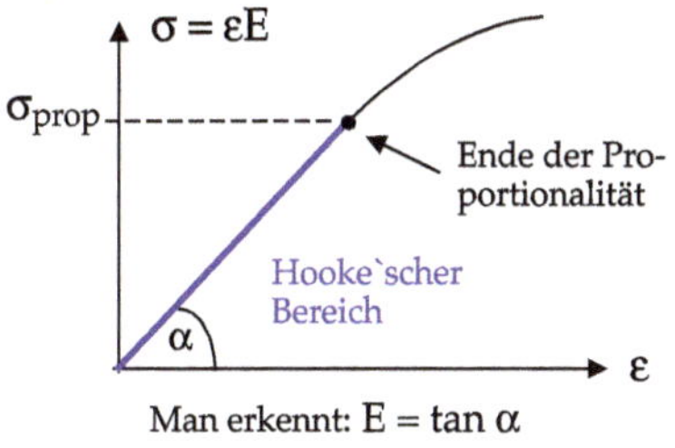

Übungen zum einachsigen Hooke

2C 1

Wir berechnen als erstes den Stab, an dem alle bisherigen Erklärungen erfolgten:

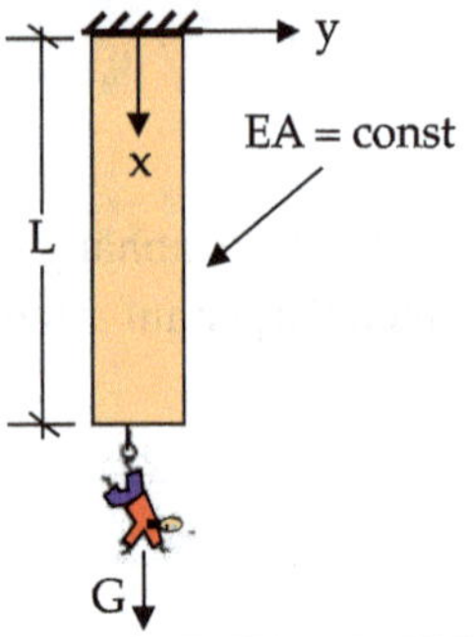

Grundsätzlich nehmen wir immer an, dass Belastungen sofort gleichmäßig in den Querschnitt eingeleitet werden.

Gesucht: $u(x)$ und $u(L)$.

Die Längskraft:

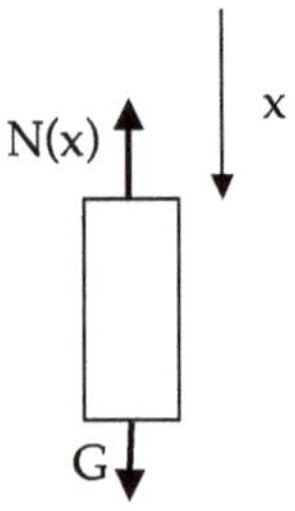

Sofort ersichtlich: $N(x) = G$.

Die Dehnung:

$$\varepsilon_{xx} = \frac{du}{dx} = \frac{\sigma_{xx}}{E} = \frac{N(x)}{EA} = \frac{G}{EA}$$

$$\Rightarrow \quad u(x) = \int \frac{G}{EA} dx = \frac{G}{EA} x + C,$$

$$\text{RB} \quad u(0) = 0 = C \quad \Rightarrow \quad u(x) = \frac{G}{EA} x,$$

Und speziell: $\Delta L = \dfrac{GL}{EA}$.

Sollte nur die gesamte Längenänderung gefragt sein, so könnte man auch bestimmt integrieren:

$$u(L) = \Delta L = u(L) = \int_0^L \frac{G}{EA} dx = \frac{GL}{EA}.$$

Das kommt so oft vor, dass man es für immer im Kopf haben sollte:

Für einen Stab der Länge L mit EA = **const.** und der Kraft F gilt:

$$\Delta L = \frac{FL}{EA}.$$

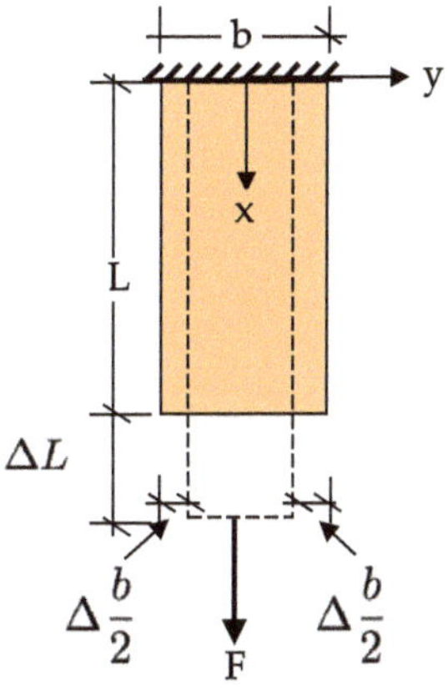

Um wie viel wird der Stab schmaler, wenn er vor der Belastung b cm breit war?

Querkontraktionsgesetz:

$$\varepsilon_{Qy} = -\nu \frac{F}{EA} = \frac{dv}{dx},$$

$$\Delta b = -\int_{-\frac{b}{2}}^{\frac{b}{2}} \nu \frac{F}{EA} dy = -\nu \frac{Fb}{EA}.$$

Damit ist zum einachsigen Spannungszustand schon fast alles gesagt. Es könnte nur passieren, dass N, E, A Funktionen von x sind. Dann wird die Integration unangenehmer. Das ist aber dann ein mathematisches Problem und kein mechanisches. Üben wie das an den folgenden Aufgaben.

2C 2

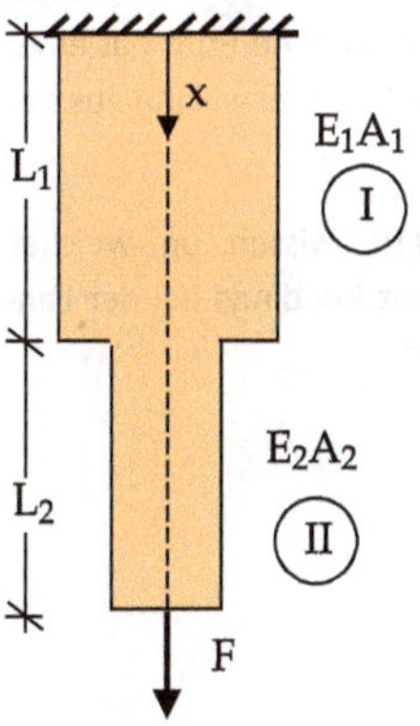

Gegeben: Die Zeichnung.

Gesucht: $u(x)$, $u(L_1 + L_2)$.

Hier ist EA abschnittsweise konstant. Wir betrachten die zwei Bereiche I und II.

In beiden Bereichen gilt $N(x) = F$.

Bereich I:

$$u_{\mathrm{I}}(x) = \int \frac{F}{E_1 A_1} dx = \frac{F}{E_1 A_1} x + C_1,$$

$$\text{RB} \quad u_{\mathrm{I}}(0) = 0 = C_1 \quad \Rightarrow \quad \underline{u_{\mathrm{I}}(x) = \frac{F}{E_1 A_1} x.}$$

Bereich II:

$$u_{\mathrm{II}}(x) = \int \frac{F}{E_2 A_2} dx = \frac{F}{E_2 A_2} x + C_2.$$

Übergangsbedingung (ÜB) $u_{\mathrm{II}}(L_1) = u_{\mathrm{I}}(L_1)$

$$\frac{FL_1}{E_2 A_2} + C_2 = \frac{FL_1}{E_1 A_1} \quad \Rightarrow \quad C_2 = \frac{FL_1}{E_1 A_1} - \frac{FL_1}{E_2 A_2}$$

$$\Rightarrow \quad \underline{u_{\mathrm{II}}(x) = \frac{F}{E_2 A_2} x + \frac{FL_1}{E_1 A_1} - \frac{FL_1}{E_2 A_2}.}$$

Speziell:

$$u(L_1 + L_2) = \frac{F}{E_2 A_2}(L_1 + L_2) + \frac{FL_1}{E_1 A_1} - \frac{FL_2}{E_2 A_2} = \frac{FL_1}{E_1 A_1} + \frac{FL_2}{E_2 A_2} = \Delta L.$$

Na klar, die totale Längenänderung ist die Summe der Einzeländerungen:

$$\Delta L = \Delta L_1 + \Delta L_2 = \frac{FL_1}{E_1 A_1} + \frac{FL_2}{E_2 A_2}.$$

2C 3 Pudding unter Eigengewicht

Bei dieser Aufgabe machen wir Querschnitt und Längskraft von x abhängig.

Stellen wir uns vor, Grömaz befindet sich in einem Space-Shuttle in der Erdumlaufbahn. An Bord hat er einen prismatischen Pudding aus „Hookeschem Material“. Diesen findet er ungenießbar und will ihn aus der Schwerelosigkeit ins Gravitationsfeld der Erde zurückbringen.

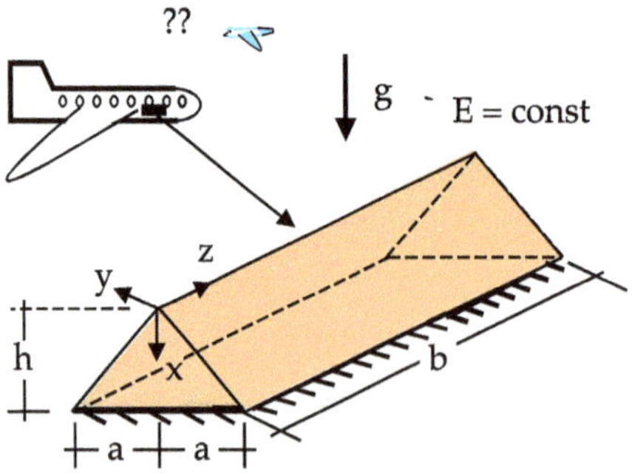

Grömaz möchte nun gerne wissen, um welches Maß Δh sich die Höhe des Puddings bei der Landung auf der Erde ändert.

Na gut:

$$\varepsilon_{xx} = \frac{du}{dx} = \frac{\sigma_{xx}}{E} = \frac{N(x)}{EA(x)}.$$

Wir brauchen also $A(x)$ und $N(x)$.

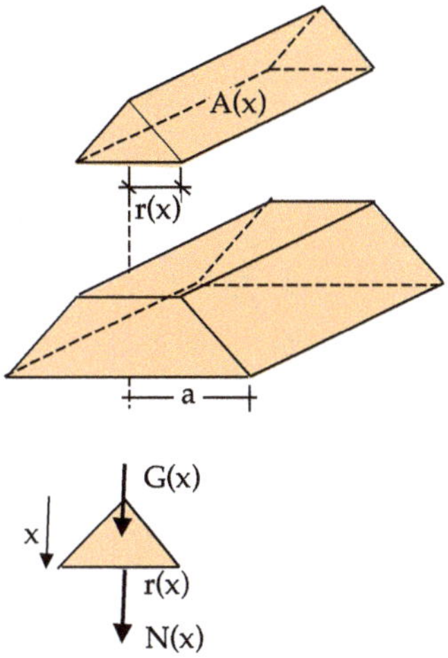

Strahlensatz: $r(x) = \frac{a}{h}x$

$$A(x) = 2r(x)b = \frac{2ab}{h}x,$$

$$N(x) = -G(x) = -\gamma V(x) = -\gamma\frac{1}{2}2r(x)xb$$

$$\Rightarrow \quad \underline{N(x) = -\gamma\frac{ab}{h}x^2,}$$

$$u(x) = \int \frac{N(x)}{EA(x)}dx = -\int \frac{\gamma\frac{ab}{h}x^2}{E\frac{2ab}{h}x}dx$$

$$= -\int \frac{\gamma x}{2E}dx = -\frac{\gamma}{4E}x^2 + C,$$

$$\text{RB} \quad u(h) = 0 = -\frac{\gamma h^2}{4E} + C \quad \Rightarrow \quad C = \frac{\gamma h^2}{4E}$$

$$\Rightarrow \quad u(x) = -\frac{\gamma}{4E}x^2 + \frac{\gamma h^2}{4E}$$

$$\Rightarrow \quad \underline{\Delta h = u(0) = \frac{\gamma h^2}{4E}.}$$

Wie ändert sich die Länge der Grundseite 2a? Dazu brauchen wir die Dehnung in x-Richtung an der Stelle h und dazu die Querdehnung in y-Richrtung:

$$\varepsilon_{xx}(h) = \frac{N(h)}{EA(h)} = -\frac{\gamma h}{2E} \quad \Rightarrow \quad \underline{\varepsilon_{Qy} = \frac{dv}{dy} = -\nu\varepsilon_{xx}(h) = \nu\frac{\gamma h}{2E}}$$

$$\Rightarrow \quad \underline{\Delta(2a) = \int_{-a}^{a} \nu\frac{\gamma h}{2E}dy = \frac{\gamma h}{E}.}$$

Um diesen Betrag wird die Grundseite $2a$ länger.

Ist es nicht irre, dass wir schon im ersten Semester die Längenänderung eines Puddings aus Hookeschem Material bei der Rückkehr aus der Erdumlaufbahn berechnen können? Erzählt das mal Eurer Großmutter! Das glaubt die Euch nie, der Herr Professor schon – das ist der Unterschied!

2C 4

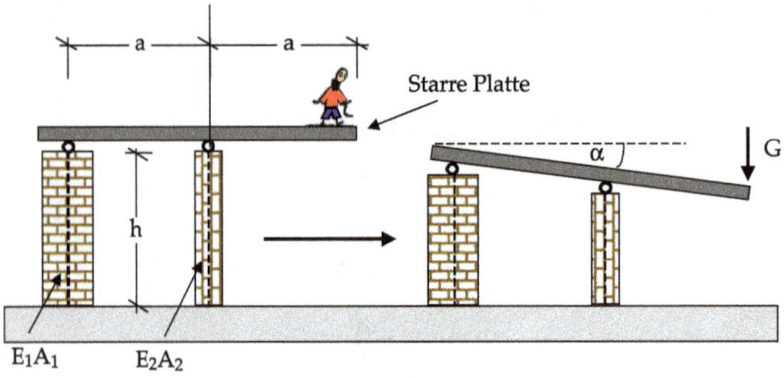

Grömaz steht auf einer starren Platte, die an zwei elastischen Säulen befestigt ist. Welcher Winkel α stellt sich ein?

Berechnen wir zuerst die Lagerkräfte:

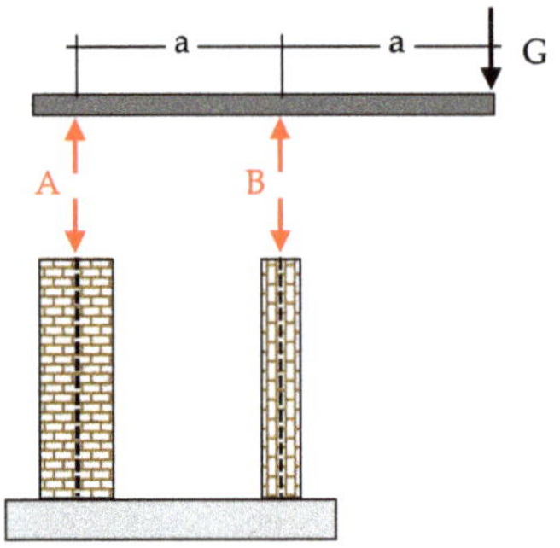

$$\sum M_A = 0 = Ba - G2a \quad \Rightarrow \quad \underline{B = 2G} \quad \text{Druck!}$$
$$\sum V = 0 = A + B - G \quad \Rightarrow \quad \underline{A = -G} \quad \text{Zug!}$$

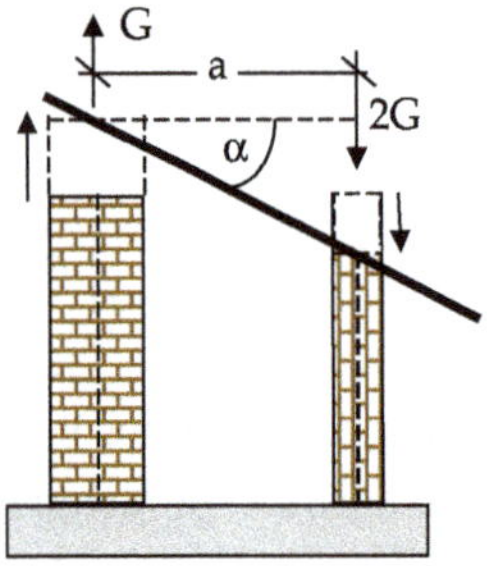

$$|\Delta h_1| = \frac{Gh}{E_1A_1}, \qquad |\Delta h_2| = \frac{2Gh}{E_2A_2},$$
$$\tan\alpha = \frac{\Delta h_1 + \Delta h_2}{a} = \cdots \quad \Rightarrow \quad \alpha = \cdots.$$

3C Das Hookesche Gesetz für den dreiachsigen Hauptspannungszustand

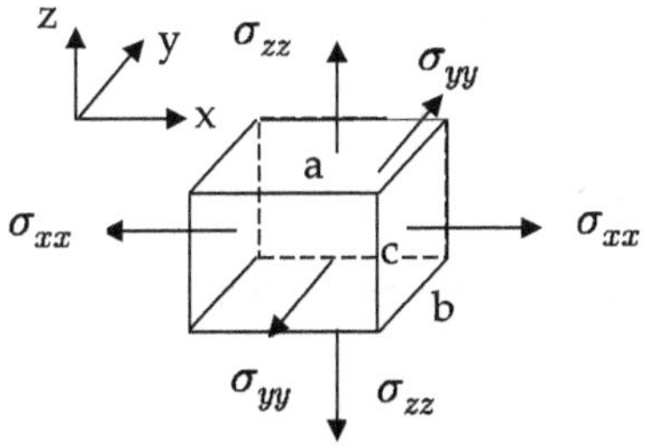

Wir belasten einen Quader auf allen Flächen mit Normalspannungen. Wie ändern sich seine Seitenlängen?

Mit unserem Wissen der einachsigen Längsdehnung und der Querkontraktion ist dieses Gesetz leicht herzuleiten:

1) Wir belasten den Quader zunächst nur mit σ_{xx}:

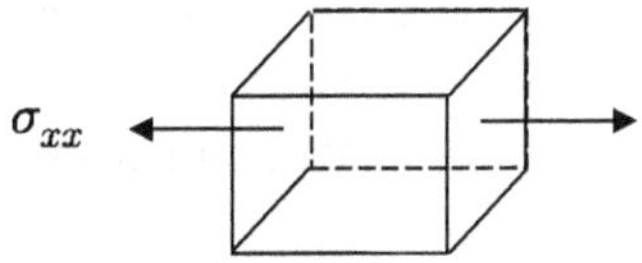

$$\Rightarrow \quad \varepsilon_{xx} = \frac{1}{E}\sigma_{xx}.$$

2) Nun belasten wir zusätzlich mit σ_{yy}:

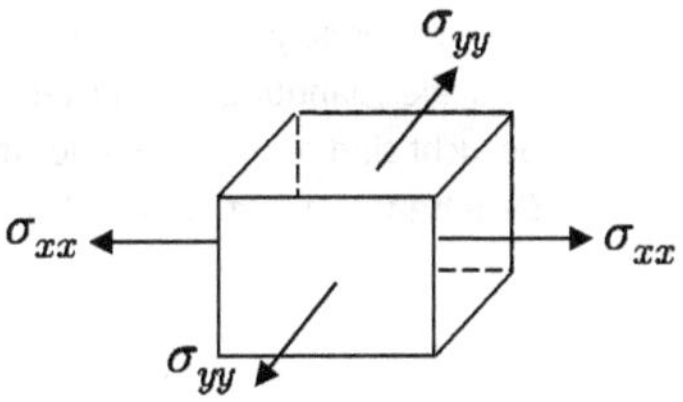

+

Das ergibt ein $\varepsilon_{yy} = \frac{1}{E}\sigma_{yy}$ und zusätzlich eine Querdehnung in x-Richtung:

$$\varepsilon_{Qx} = -\nu\varepsilon_{yy} \quad \Rightarrow \quad \varepsilon_{Qx} = -\nu\frac{1}{F}\sigma_{yy}.$$

3) Und letzlich setzen wir noch σ_{zz} drauf:

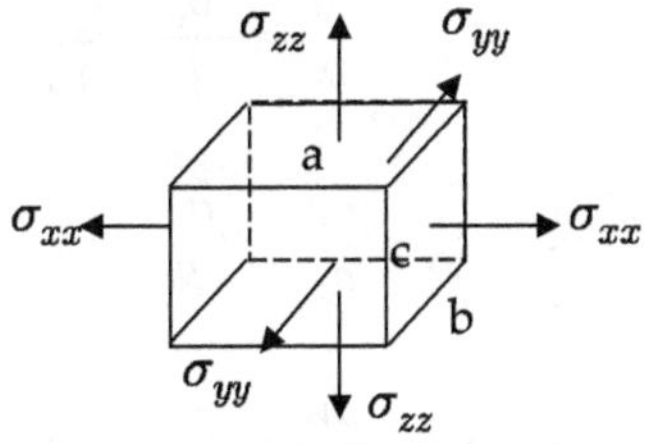

+

Es entsteht ein $\varepsilon_{zz} = \frac{1}{E}\sigma_{zz}$ und zusätzlich

Querdehnung in x-Richtung:

$$\varepsilon_{Qx} - \nu\varepsilon_{zz} \quad \Rightarrow \quad \varepsilon_{Qx} = -\nu\frac{1}{E}\sigma_{zz}.$$

Also insgesamt:

$$\varepsilon_{xx} = \frac{1}{E}\left[\sigma_{xx} - \nu\left(\sigma_{yy} + \sigma_{zz}\right)\right].$$

Die Erklärung für die x- und y-Richtung ist äquivalent. Mit Temperarurdehnung ergibt sich also

$$\varepsilon_{xx} = \frac{1}{E}\left[\sigma_{xx} - \nu\left(\sigma_{yy} + \sigma_{zz}\right)\right] + \alpha_T\Delta T,$$
$$\varepsilon_{yy} = \frac{1}{E}\left[\sigma_{yy} - \nu\left(\sigma_{xx} + \sigma_{zz}\right)\right] + \alpha_T\Delta T,$$
$$\varepsilon_{zz} = \frac{1}{E}\left[\sigma_{zz} - \nu\left(\sigma_{xx} + \sigma_{yy}\right)\right] + \alpha_T\Delta T.$$

Hier haben wir drei Gleichungen, in denen die Dehnungen $\boldsymbol{\varepsilon_{xx}}, \boldsymbol{\varepsilon_{yy}}, \boldsymbol{\varepsilon_{zz}}$ und die Spannungen $\boldsymbol{\sigma_{xx}}, \boldsymbol{\sigma_{yy}}, \boldsymbol{\sigma_{zz}}$ auftreten. In den Übungsaufgaben, die hierzu gestellt werden, müssen also drei dieser Größen gegeben sein. Man steht also nur vor dem Problem, diese drei Größen zu erkennen, und dann drei Gleichungen mit drei Unbekannten zu lösen; das ist alles.

3C 1

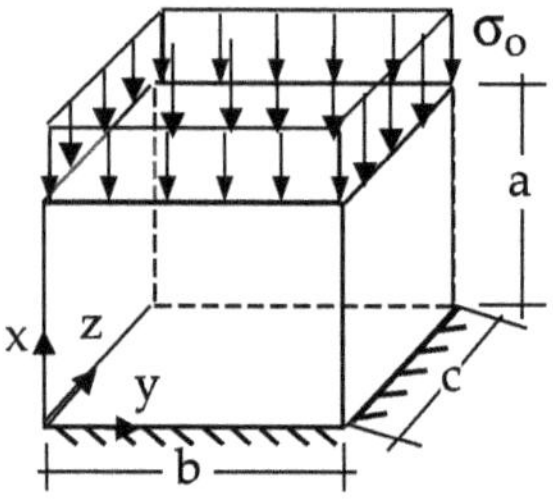

Der Quader liegt reibungsfrei auf dem Boden und wird durch eine vertikale Spannung σ_0 belastet.
Gesucht sind die Längenänderungen der drei Seiten.
Gegeben: $a, b, c, \sigma_0, E, \nu$

Was wissen wir?

$$\sigma_{xx} = -\sigma_0, \quad \sigma_{yy} = 0, \quad \sigma_{zz} = 0,$$

$$\varepsilon_{xx} = \frac{1}{E}\left[-\sigma_0 - \nu(0+0)\right] \quad \Rightarrow \quad \varepsilon_{xx} = \frac{du}{dx} = -\frac{\sigma_0}{E} \quad \Rightarrow \quad \Delta a = -\int_0^a \frac{\sigma_0}{E}dx = -\frac{\sigma_0}{E}a,$$

$$\varepsilon_{yy} = \frac{1}{E}\left[0 - \nu\left(-\sigma_0 + 0\right)\right] \quad \Rightarrow \quad \varepsilon_{yy} = \frac{dv}{dy} = \nu\frac{\sigma_0}{E} \quad \Rightarrow \quad \Delta b = -\int_0^b \nu\frac{\sigma_0}{E}dy = -\frac{\sigma_0}{E}b,$$

$$\varepsilon_{zz} = \frac{1}{E}\left[0 - \nu\left(-\sigma_0 + 0\right)\right] \quad \Rightarrow \quad \varepsilon_{zz} = \frac{dw}{dz} = \nu\frac{\sigma_0}{E} \quad \Rightarrow \quad \Delta c = \int_0^c \nu\frac{\sigma_0}{E}dz = \nu\frac{\sigma_0}{E}c.$$

3C 2

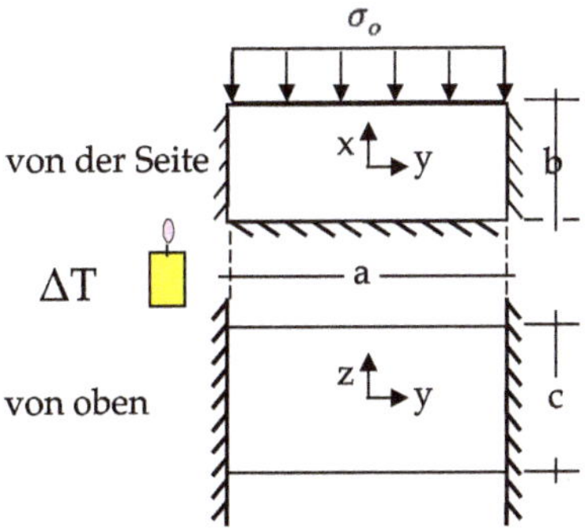

Der gezeichnete Quader liegt zwischen zwei starren Wänden auf dem Boden. Er wird in x-Richtung durch σ_o belastet und gleichzeitig um ΔT erwärmt.

Gegeben: $a, b, c, E, \nu, \alpha_T, \Delta T, \sigma_o$.

Gesucht:

1.) Druck auf die Seitenwände.

2.) $\Delta b, \Delta c$.

Welche Spannungen bzw. Dehnungen sind bekannt? Die Methode des „scharfen Hinsehens“[1] liefert

$$\sigma_{xx} = -\sigma_o, \quad \sigma_{zz} = 0, \quad \varepsilon_{yy} = 0,$$

$$\varepsilon_{xx} = \frac{1}{E}[-\sigma_o - \nu(\sigma_{yy} + 0)] + \alpha_T \Delta T$$

$$\varepsilon_{yy} = 0 = \frac{1}{E}[\sigma_{yy} - \nu(-\sigma_o + 0)] + \alpha_T \Delta T$$

$$\Rightarrow \quad \sigma_{yy} = -\nu\sigma_o - E\alpha_T \Delta T$$

Das ist schon die Antwort auf Frage 1!

$$\varepsilon_{zz} = \frac{1}{E}[0 - \nu(-\sigma_o + \sigma_{yy}] + \alpha_T \Delta T$$

$$\varepsilon_{xx} = \frac{1}{E}[-\sigma_o + \nu^2\sigma_o + \nu E\alpha_T \Delta T] + \alpha_T \Delta T$$

$$\varepsilon_{xx} = \frac{\nu^2 - 1}{E}\sigma_o + (\nu + 1)\alpha_T \Delta T$$

$$\varepsilon_{zz} = \frac{1}{E}[\nu\sigma_o + \nu^2\sigma_o + \nu E\alpha_T \Delta T] + \alpha_T \Delta T$$

$$\varepsilon_{zz} = \frac{\nu^2 + \nu}{E}\sigma_o + (\nu + 1)\alpha_T \Delta T$$

$$\Rightarrow \quad du = \varepsilon_{xx} dx \quad \Rightarrow \quad \Delta b = \int_{-\frac{b}{2}}^{\frac{b}{2}} \varepsilon_{xx} dx = \varepsilon_{xx} b \text{ und } \Delta c = \varepsilon_{zz} c.$$

1 Dies ist in der Tat oft eine unentbehrliche Methode der Mechanik!

3C 3

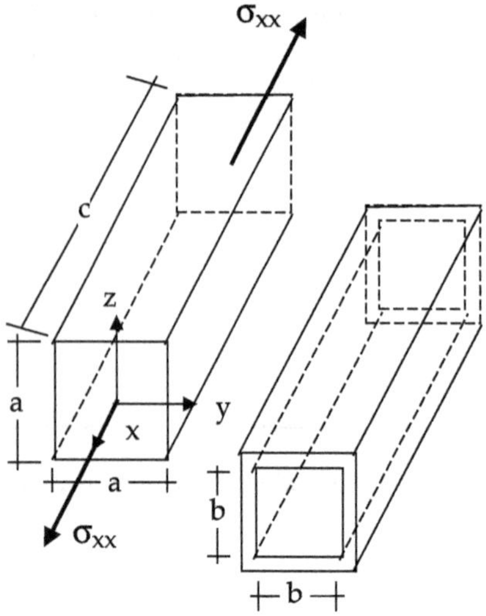

Dieser Balken soll in nebenstehende Form gebracht werden, die kleiner ist als der Querschnitt des Balkens.
Wie groß muss σ_{xx} sein, damit er genau in die Form passt, ohne dass Spannungen σ_{yy}, σ_{zz} entstehen, und wie groß ist Δc?

Wir kennen

$$\sigma_{yy} = 0, \quad \sigma_{zz} = 0, \quad \varepsilon_{yy} = -\frac{a-b}{a}\varepsilon_{zz},$$

$$\varepsilon_{xx} = \frac{1}{E}\left[\sigma_{xx} - \nu(0+0)\right]$$

$$\left.\begin{aligned} \varepsilon_{yy} &= -\frac{a-b}{a} = \frac{1}{E}\left[0 - \nu\left(\sigma_{xx}+0\right)\right] \\ \varepsilon_{zz} &= -\frac{a-b}{a} = \frac{1}{E}\left[0 - \nu\left(\sigma_{xx}+0\right)\right] \end{aligned}\right\} \quad \underline{\sigma_{xx} = E\frac{a-b}{\nu a}}$$

$$\varepsilon_{xx} = \frac{du}{dx} = \frac{a-b}{\nu a} \quad \Rightarrow \quad \Delta c = \int_0^c \frac{a-b}{\nu a}dx = \frac{a-b}{\nu a}c$$

Zusatzfrage: Wie müsste man die Temperatur verändern, um den Balken ohne Aufbringen einer Spannung in die Form zu bringen?

$$\varepsilon_{yy} = -\frac{a-b}{a} = \alpha_T \Delta T \quad \Rightarrow \quad \underline{\Delta T = -\frac{a-b}{\alpha_T a}}$$

$$\Rightarrow \quad \underline{\Delta c = \varepsilon_{xx}c = -\frac{a-b}{a}c.}$$

Hooke für den Schubspannungszustand

Bisher hatten wir Körper betrachtet, die nur durch Normalspannungen belastet werden (Hauptspannungszustände).
Was geschieht aber, wenn auch Schubspannungen t wirken?

Betrachten wir das Problem im Zweidimensionalen:

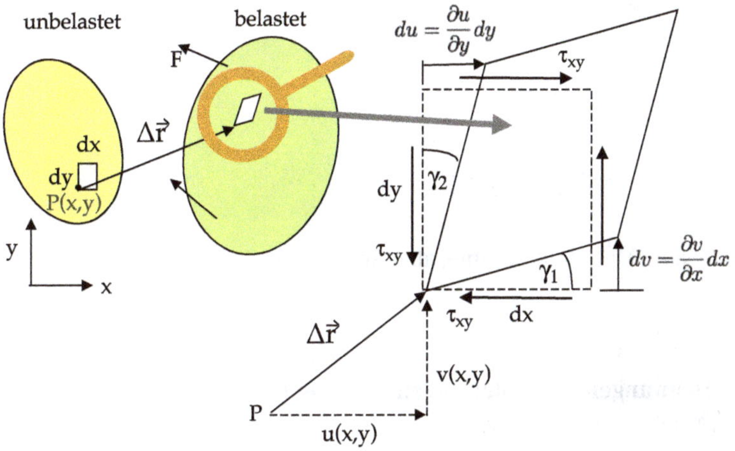

Wird der linke Körper belastet, so entstehen auf dem rechteckigen Element mit den Seitenlängen dx und dy Normal- und Schubspannungen. Dadurch wird es zunächst um $\Delta\vec{r}$ verschoben und dann zum Parallelogramm verformt.

Die Geometrie sagt:

$$\tan\gamma_1 = \frac{dv}{dx} = \frac{\partial v}{\partial x},$$
$$\tan\gamma_2 = \frac{dv}{dy} = \frac{\partial v}{\partial y}.$$

Für kleine Winkel gilt:

$$\tan\gamma \approx \gamma$$
$$\Rightarrow \quad \gamma_1 + \gamma_2 = \gamma_{xy} = \frac{\partial v}{\partial x} + \frac{\partial u}{\partial y}.$$

Das ist die gesamte Winkeländerung des Rechtecks in der xy-Ebene.

Die soeben gemachten Überlegungen könnte man auch in den beiden anderen Ebenen anstellen und bekommt die entsprechenden Winkeländerungen im Raum.

$$\gamma_{xy} = \frac{\partial v}{\partial x} + \frac{\partial u}{\partial y}$$

$$\gamma_{xz} = \frac{\partial w}{\partial x} + \frac{\partial u}{\partial z}$$

$$\gamma_{yz} = \frac{\partial w}{\partial y} + \frac{\partial v}{\partial z}$$

Diese Winkeländerungen nennt man **Gleitungen.**

Soweit die geometrischen Überlegungen.

Fleißige Experimentalphysiker haben auch hier einen Zusammenhang zwischen den Schubspannungen und Gleitungen gefunden:

$$\gamma_{xy} = \frac{\partial v}{\partial x} + \frac{\partial u}{\partial y} = \frac{\tau_{xy}}{G}$$

$$\gamma_{xz} = \frac{\partial w}{\partial x} + \frac{\partial u}{\partial z} = \frac{\tau_{xz}}{G}$$

$$\gamma_{yz} = \frac{\partial w}{\partial y} + \frac{\partial v}{\partial z} = \frac{\tau_{yz}}{G}$$

G: Schubmodul.

Der Schubmodul ist eine Materialkonstante, aber keine neue. Es gilt

$$G = \frac{F}{2\,(1 + \nu)}$$

Dehnungen	+	**Gleitungen**	=	**Verzerrungen**
(Äpfel	+	Birnen	=	Obst)

Zu den sechs Spannungskomponenten des Spannungstensors gehören also sechs Verzerrungskomponenten, die nun bei bekannten Spannungen berechnet werden können.

Aufgaben hierzu rechnen wir im Mechanik I nicht mehr, da dies zu aufwendig wird. Das macht man am besten mit der Tensorrechnung in höheren Semestern.

Wir werden diese Überlegungen allerdings beim Thema „Torsion“ brauchen.

Ende Hooke

4C Flächenträgheitsmomente

Ich werde nun drei unvorstellbare, abstrakte Integrale vorstellen. Erst im nächsten Kapitel wird man verstehen, warum ich das tue. Es geht um Integrale über Querschnittsflächen von Balken. Man nennt sie „Flächenträgheitsmomente“ oder „Momente 2. Grades“.

Betrachten wir die Querschnittsfläche eines Balkens an der Stelle x. Die x-Achse ist die Balkenachse, also die Verbindungslinie der Flächenschwerpunkte. Die z-Achse geht senkrecht nach unten – das wird in Zukunft immer so bleiben.

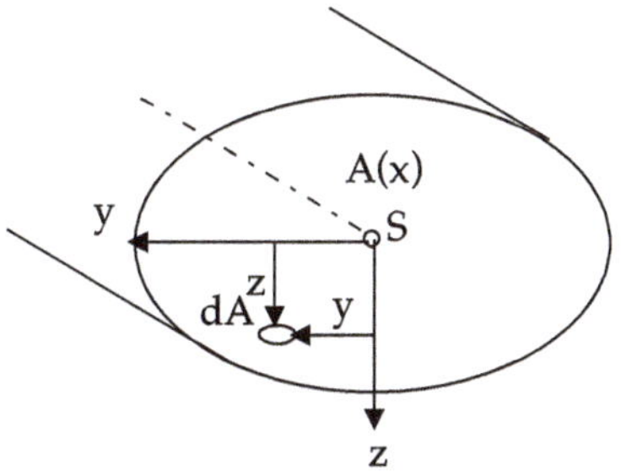

$$I_{yy} = \int_A z^2 dA \quad [\text{cm}^4]$$
$$I_{zz} = \int_A y^2 dA \quad [\text{cm}^4]$$
axiale Momente

$$I_{yz} = \int_A yz dA \quad [\text{cm}^4]$$
Deviations-moment

cm^4! Einstein sprach zwar viel von der 4. Dimension, konnte sich die aber auch nicht vorstellen. Es sind unvorstellbare Größen, die von der Form und Größe der Fläche abhängen. Wie die berechnet werden, zeige ich gleich an einfachen Beispielen.

Beachte: Die Koordinatenachsen gehen durch den Schwerpunkt.

Nehmen wir an, die Trägheitsmomente bzgl. der Schwereachsen haben wir schon berechnet und wollen diese bzgl. parallel verschobener Achse wissen:

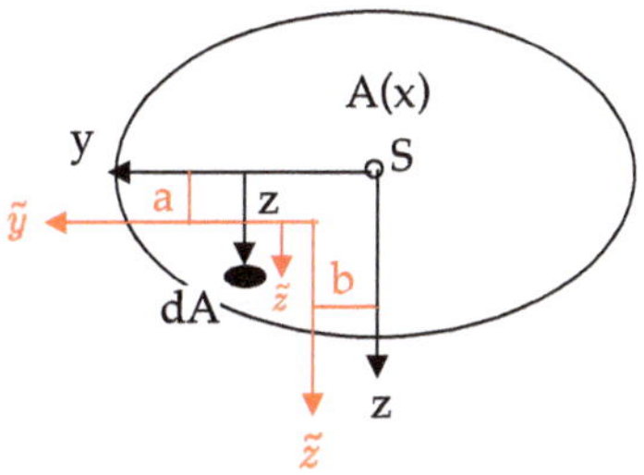

Koordinatentransformation:

$$z = a + \tilde{z}, \quad y = b + \tilde{y},$$
$$I_{\tilde{y}\tilde{y}} = \int_A \tilde{z}^2 dA = \int_A \left(a^2 - 2az + z^2\right) dA,$$
$$I_{\tilde{y}\tilde{y}} = a^2 A - 2\int_A az dA + \int_A z^2 dA.$$

Da z vom Schwerpunkt zählt, ist $\int_A azdA = 0$ (siehe Schwerpunktdformel S. 103).

$$I_{\tilde{y}\tilde{y}} = I_{yy} + a^2 A \qquad I_{\tilde{z}\tilde{z}} = I_{zz} + b^2 A \qquad I_{\tilde{y}\tilde{z}} = I_{yz} + abA.$$

Satz von Steiner

Noch eine wichtige Kleinigkeit und dann üben wir:

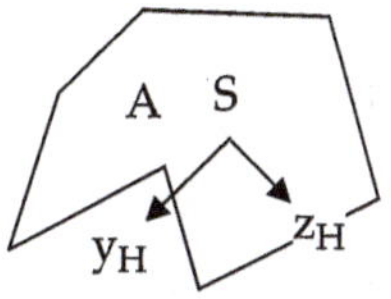

Satz: Es gibt in jeder Fläche zwei zueinander senkrechte Achsen, für die das Deviationsmoment Null wird. Diese nennt man **Hauptträgheitsachsen (HTA).**
Die zugehörigen Momente heißen **Hauptträgheitsmomente.**

Kommt dieser Satz irgendwie bekannt vor? Ja, beim ebenen Spannungszustand gab es Hauptachsen. Das waren die Achsen, für die die Schubspannungen Null wurden. Die dort entwickelten Formeln können nun für die Trägheitsmomente übernommen werden.

$$I_{y_H z_H} = \frac{1}{2}\left(I_{yy} + I_{zz}\right) \pm \sqrt{\left(I_{yy} - I_{zz}\right)^2 + 4I_{yz}^2}.$$

Und der zugehörige Winkel der HTA´s gegen die Horizontale:

$$\tan 2\varphi = \frac{2I_{yz}}{I_{yy} - I_{zz}}.$$

Merke: Symmetrieachsen sind immer HTA.

4C 1

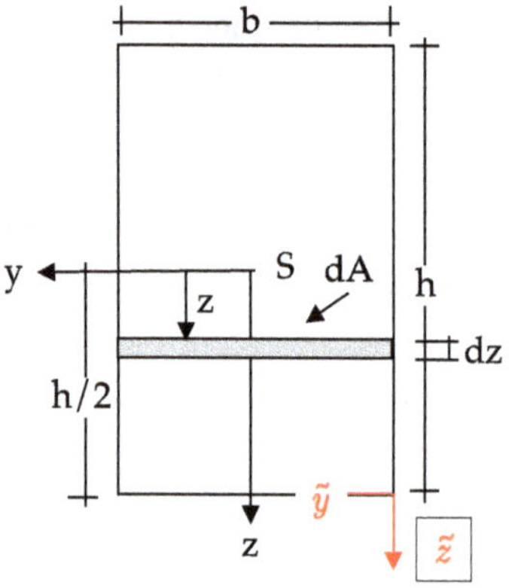

Gesucht sind die Flächenträgheitsmomente bzgl. beider Koordinatensysteme.

$$\underline{I_{yy}} = \int_A z^2 dA = \int_{-\frac{h}{2}}^{\frac{h}{2}} bdz = \underline{\frac{bh^3}{12}} \quad \text{und entsprechend} \quad \underline{I_{zz} = \frac{hb^3}{12}}.$$

Nie wieder vergessen: Trägheismoment eines Rechtecks $\boxed{I_{yy} = \frac{bh^3}{12}}$.

$$\underline{I_{yz}} = \int_A yzdA = \int_{-\frac{h}{h}}^{\frac{h}{2}} z\left[\int_{-\frac{b}{2}}^{\frac{b}{2}} ydy\right] dz = \underline{0} \text{ HTA!!}$$

$$\underline{I_{\tilde y\tilde y}} = \int_{-h}^{0} \tilde z^2 bd\tilde z = \underline{\frac{bh^3}{3}} \quad \text{und entsprechend} \quad \underline{I_{\tilde z\tilde z}} = \int_0^b \tilde y^2 hd\tilde y = \underline{\frac{hb^3}{3}},$$

$$\underline{I_{\tilde y\tilde z}} = \int_{-h}^{0} \tilde z\left[\int_0^b \tilde y d\tilde y\right] d\tilde z = \int_{-h}^{0} \tilde z\frac{1}{2}b^2 d\tilde z = -\underline{\frac{b^2h^2}{4}}.$$

Das noch mal mit Steiner:

$$I_{\bar{y}\bar{y}} = I_{yy} + \left(\frac{h}{2}\right)^2 bh = \frac{bh^3}{3},$$
$$I_{\bar{z}\bar{z}} = I_{zz} + \left(-\frac{b}{2}\right)^2 bh = \frac{hb^3}{3},$$
$$I_{\bar{y}\bar{z}} = I_{yz} + \left(\frac{h}{2}\right)\left(-\frac{b}{2}\right) bh = -\frac{b^2h^2}{4}.$$

Erkenntnis: Deviationsmomente können auch negativ werden.

4C 2 Der Doppel-T-Träger

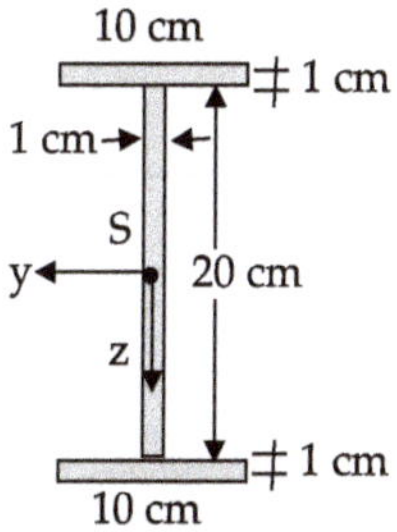

Trägheitsmomente sind additiv. Also bestimmen wir die Einzelträgheitsmomente bzgl. ihrer Schwerpunkte und verschieben sie „mit Steiner" in den Gesamtschwerpunkt S.

$$\underline{I_{yy}} = \frac{1 \cdot 20^3}{12} + 2\frac{10 \cdot 1^3}{12} + 2 \cdot 10{,}5^2 \cdot 10 \cdot 1 = \underline{2873{,}3\,\text{cm}^4}$$

Einzelträgheitsmomente — Steineranteil

$$\underline{I_{zz}} = \frac{20 \cdot 1^3}{12} + 2\frac{1 \cdot 10^3}{12} = \underline{168{,}3\,\text{cm}^4} \quad \underline{I_{yz} = 0}, \quad \text{da HTA.}$$

4C 3

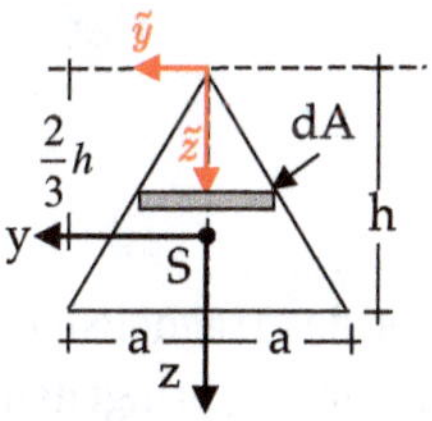

Flächenträgheitsmoment eines Dreiecks
Gegeben: Die Zeichnung.
Gesucht: I_{yy}.

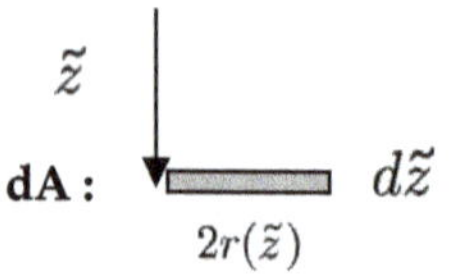

Der Strahlensatz liefert:

$$r(\tilde{z}) = \frac{a}{h}\tilde{z} \quad \Rightarrow \quad dA = \frac{2a}{h}\tilde{z}d\tilde{z}.$$

Beachte das Vorzeichen: wir verschieben in die Schwereachse hinein!

$$I_{yy} = I_{\tilde{y}\tilde{y}} - \text{Steiner} = \int_A \tilde{z}^2 dA - \left(\frac{2}{3}h\right)^2 A = \int_0^h \tilde{z}^3 \frac{2a}{h} d\tilde{z} - \left(\frac{2}{3}h\right)^2 ah,$$

$$I_{yy} = \frac{2}{4}ah^3 - \frac{4}{9}ah^3 = \frac{1}{18}ah^3 \text{ cm}^4.$$

4C 4

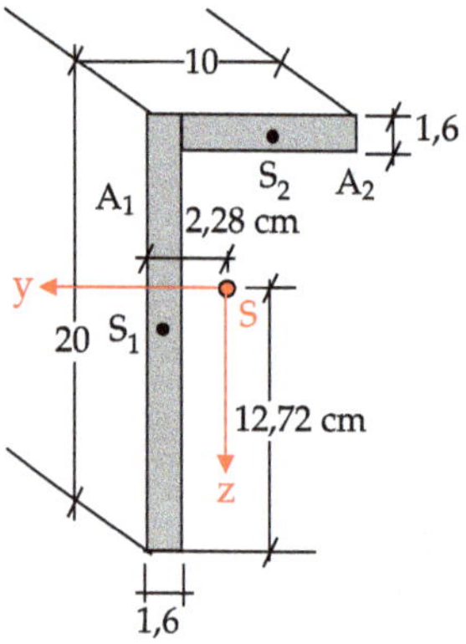

Der Schwerpunkt wurde in 10B 3 berechnet
Jetzt berechnen wir die Trägheitsmomente.

$$I_{yy} = \frac{1{,}6 \cdot 20^3}{12} + 2{,}72^2 \cdot 32 + \frac{8{,}4 \cdot 1{,}6^3}{12} + 6{,}48^2 \cdot 8{,}4 \cdot 1{,}6,$$

$$\underline{I_{yy}} = 1066{,}7 + 236{,}7 + 2{,}9 + 564{,}4 \approx \underline{1870 \text{ cm}^4}.$$

Steg	Steiner v. Steg	Flansch	Steiner v. Flansch

Das schauen wir uns mal etwas genauer an: Der Ingenieur ist bestrebt, das Trägheitsmoment möglichst groß zu machen (Begründung im nächsten Kapitel). Der Steg bringt den größten Anteil, sein Steiner-Anteil immerhin ca. 20 %. Der obere Flansch bringt praktisch nichts. Sein Steiner-Anteil macht allerdings ca. 30 % der Endgröße aus.

$$I_{zz} = \frac{20 \cdot 1{,}6^3}{12} + 1{,}48 \cdot 32 + \frac{1{,}6 \cdot 8{,}4^3}{12} + 3{,}52^2 \cdot 8{,}4 \cdot 1{,}6,$$

$$\underline{I_{zz}} \approx 6{,}8 + 70{,}1 + 79{,}0 + 166{,}5 \approx \underline{316 \text{ cm}^4},$$

$$\underline{I_{yz}} \approx 0 + (-2{,}72) \cdot (-1{,}48) \cdot 20 \cdot 1{,}6 + 0 + 3{,}52 \cdot 6{,}48 \cdot 8{,}4 \cdot 1{,}6 \approx \underline{435\,\mathrm{cm}^4}.$$

Die Abmessungen sollte man sich in Ruhe durch den Kopf gehen lassen.

5C Die Biegelinie

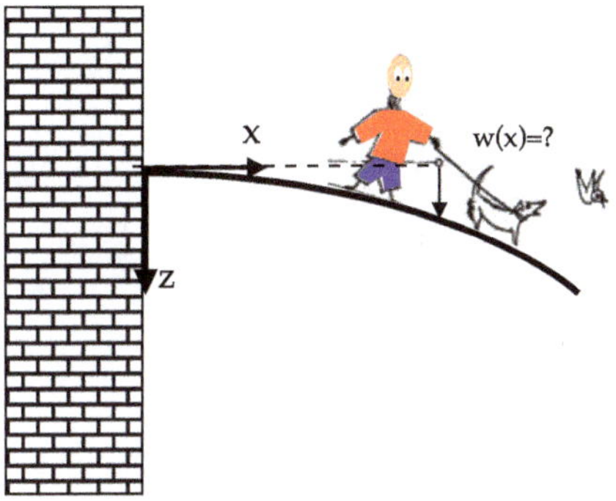

Unter Belastung biegt sich ein Balken und wir wollen die Durchsenkung $w(x)$ der Balkenachse (Verbindungslinie der Schwerpunkte) bestimmen.

Nach der elementaren Theorie der Balkenbiegung ergibt sich die Differentialgleichung der Balkenbiegung näherungsweise für kleine Durchsenkungen:

$$\boxed{w''(x) = \frac{-M(x)}{E(x)I_{yy}(x)}.}$$

Auf die Herleitung wird hier verzichtet.

Durch zweimalige Integration und Bestimmung der Integrationskonstanten erhält man hieraus die gesuchte Funktion $w(x)$. Meist schreibt man das in der Form

$$E(x)I_{yy}(x)w''(x) = -M_y(x).$$

Diese Form ist insofern praktisch, als man es sich erspart, ständig einen Bruch zu schreiben. Außerdem ist EI_{yy} oft konstant, sodass die Integration vereinfacht wird.

Nun wurden auf S. 85 die Differentialgleichungen der Schnittlasten vorgeführt. Danach ist

$$M'(x) = Q(x) \quad \text{und} \quad Q'(x) = -q(x)$$
$$\Rightarrow \quad [E(x)I_{yy}(x)w''(x)]' = -Q(x) \quad \text{und} \quad [E(x)I_{yy}(x)w''(x)]'' = q(x).$$

Damit haben wir zwei Möglichkeiten, die Biegelinie zu bestimmen:

1. Möglichkeit: Über die 2. Ableitung:

$$E(x)I_{yy}(x)w''(x) = -M(x)$$

zweimal integrieren und zwei Integrations-konstanten aus den RB bestimmen.

2. Möglichkeit: Über die 4. Ableitung:

$$\begin{aligned}
[E(x)I_{yy}(x)w''(x)]'' &= q(x), \\
[E(x)I_{yy}(x)w''(x)]' &= -Q(x) = \int q(x)dx + C_1, \\
E(x)I_{yy}(x)w''(x) &= -M(x) = \iint q(x)dx + C_1x + C_2, \\
E(x)I_{yy}(x)w'(x) &= \iiint q(x)dx + \frac{1}{2}C_1x^2 + C_2x + C_3, \\
E(x)I_{yy}(x)w(x) &= \iiiint q(x)dx + \frac{1}{6}C_1x^3 + \frac{1}{2}C_2x^2 + C_3x + C_4.
\end{aligned}$$

Bei der zweiten Methode erspart man sich, das Schnittmoment zu bestimmen, muss dafür aber vier Integrationskonstanten ermitteln.

Das Produkt *EI* **nennt man die Biegesteifigkeit**. Je größer diese ist, um so weniger biegt der Balken durch.

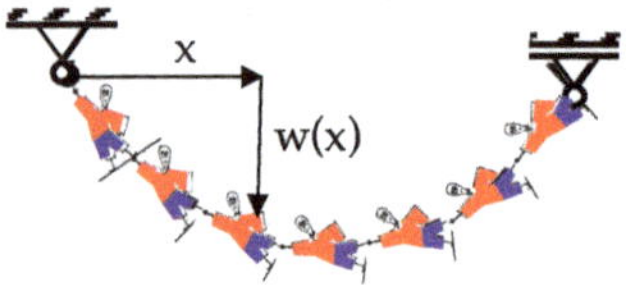

5C 1

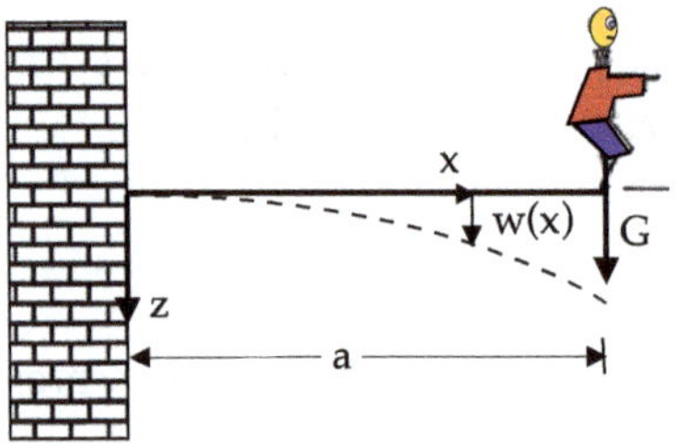

Bestimme die Biegelinie mit beiden Methoden.

Gegeben:

$a, EI_{yy} = \text{const.}$

$M(x) = G(x - a)$.

1.) Über die 2. Ableitung:

$$\begin{aligned}
EI_{yy}w''(x) &= -M(x) = G(a - x), \\
EI_{yy}w'(x) &= G\left(ax - \frac{1}{2}x^2\right) + C_1, \\
EI_{yy}w(x) &= G\left(\frac{1}{2}ax^2 - \frac{1}{6}x^3\right) + C_1x + C_2.
\end{aligned}$$

Die Integrationskonstanten bestimmen sich aus den Randbedingungen:

1. RB:

$$EI_{yy}w(0) = 0$$
$$\Rightarrow \quad \underline{C_2 = 0.}$$

Beachte: Die Randbedingung lautet $\boldsymbol{w(0) = 0}$. Dann ist auch $\boldsymbol{EI_{yy}w(0) = 0}$, und wir können die rechte Seite direkt benutzen.

An der Einspannstelle ist der Neigungswinkel gleich Null.

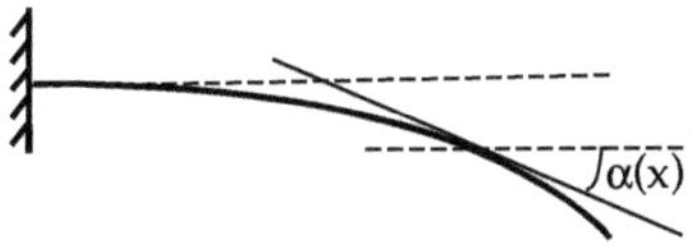

Es gilt für kleine Verformungen:

$$\tan \alpha(x) = w'(x) \approx \alpha(x).$$

Damit lautet die **2. RB**:

$$EI_{yy}w'(0) = 0 \quad \Rightarrow \quad \underline{C_1 = 0.}$$

Die Biegelinie ist gefunden:

$$\boxed{w(x) = \frac{G}{EI_{yy}}\left(\frac{1}{2}ax^2 - \frac{1}{6}x^3\right)}.$$

Bemerkung: Den Index „yy" beim Trägheitsmoment lasse ich in Zukunft fort.

2.) Über die 4. Abeitung:

Wegen $EI = \text{const}$ hat man hier die einfache Form:

$$EIw^{\text{IV}}(x) = q(x) = 0 \quad \text{Beachte:}$$
$$\downarrow$$
$$EIw^{\text{III}}(x) = C_1 \quad = -Q(x),$$
$$EIw''(x) = C_1x + C_2 \quad = -M(x),$$
$$EIw'(x) = \frac{1}{2}C_1x^2 + C_2x + C_3 \quad = EI\alpha(x),$$
$$EIw(x) = \frac{1}{6}C_1x^3 + \frac{1}{2}C_2x^2 + C_3x + C_4.$$

Dieser Weg hat den Vorteil, dass das Schnittmoment nicht vorab berechnet werden muss. Stattdessen müssen wir jedoch vier Integrationskonstanten bestimmen. Versuchen wir das:

RB a) $w(0) = 0 \Rightarrow C_4 = 0$
b) $w'(0) = 0 \Rightarrow C_3 = 0$
c) $Ew''(a) = 0$ Warum? Wegen $M(a) = 0$!
d) $EIw'''(a) = -G$ Warum? Wegen $Q(a) = G$!

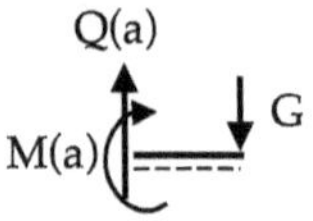

Aus d) folgt $C_1 = -Q(a) = -G$ und damit aus c) $C_2 = Ga$.
Also:

$$\boxed{w(x) = \frac{G}{EI}\left(-\frac{1}{6}x^3 + \frac{1}{2}ax^2\right)}.$$

Natürlich dasselbe Ergebnis.

Die Querkraft und das Schnittmoment sind damit auch schon ermittelt!

Es wurden vier Randbedingungen aufgestellt. Die ersten beiden beziehen sich auf die Geometrie (Verschiebung und Winkel). Man nennt sie **geometrische RB.** Die anderen beiden beziehen sich auf Kräfte bzw. Momente. Man nennt sie deshalb **dynamische RB** (Dynamos = Kraft).

Wenn das System **statisch bestimmt** ist, müssen wir immer **zwei Geometrische und zwei dynamische RB** erfüllen.

Bei statisch unbestimmten Systemen ändert sich das. Davon später.

5C 2

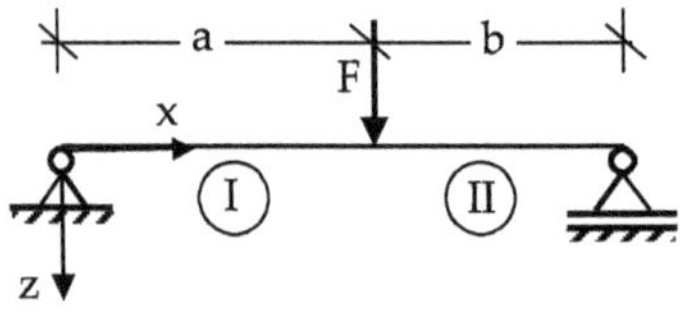

Gegeben: $F, a, b, l = a + b$.

$$M_{\mathrm{I}}(x) = \frac{b}{a+b}Fx$$
$$M_{\mathrm{II}}(x) = \frac{a}{a+b}F(a+b-x)$$

(siehe Aufgabe 7B 2)
Gesucht: $w(x)$.

In beiden Bereichen muss die Biegelinie berechnet werden. Da die Momentenverläufe schon gegeben sind, machen wir das über die 2. Ableitung.

$$EIw_I''(x) = -M_I(x) = \frac{-b}{l}Fx, \qquad EIw_{II}''(x) = -M_{II}(x) = -\frac{a}{l}F(l-x),$$

$$EIw_I'(x) = \frac{-b}{2l}Fx^2 + C_1, \qquad EIw_{II}'(x) = \frac{-a}{l}F\left(lx - \frac{1}{2}x^2\right) + C_3,$$

$$EIw_I(x) = \frac{-b}{6l}Fx^3 + C_1x + C_2, \qquad EIw_{II}(x) = \frac{-a}{l}F\left(\frac{1}{2}lx^2 - \frac{1}{6}x^3\right) + C_3x + C_4.$$

RB 1) $w_I(0) = 0 \quad \Rightarrow \quad C_2 = 0$

2) $w_{II}(l) = 0 \quad \Rightarrow \quad C_4 = -C_3l + \frac{1}{3}Fal^2$

An der Übergangsstelle müssen beide Bereiche aneinander „geflickt" werden.

ÜB 3) $E_I I_I w_I(a) = E_{II} I_{II} w_{II}(a)$

$w_I(a) = w_{II}(a)$ (weil $E_I I_I = E_{II} I_{II}$)

ÜB (bedingung)

4) $EIw_I'(a) = EIw_{II}'(a)$.

Wäre das nicht erfüllt, hätte der Balken bei $x = a$ einen Knick, und der arme Statiker säße evtl. im Gefängnis).

Damit haben wir vier Gleichungen zur Berechnung der C_1–C_4. Vergeuden wir unsere kostbare Zeit nicht mit dem Lösen von Gleichungssystemen. Es ergibt sich

$$C_1 = \frac{1}{6}Fa\left(2l + \frac{a^2}{l} - 3a\right), \qquad C_2 = 0,$$

$$C_3 = \frac{1}{6}Fa\left(2l + \frac{a^2}{l}\right), \qquad C_4 = -\frac{1}{6}Fa^3.$$

Für den Spezialfall $a = 0{,}5l$ ergibt sich

$$C_1 = \frac{1}{16}F^2, \quad C_2 = 0, C_3 = \frac{3}{16}Fl^2, \quad C_4 = -\frac{1}{48}Fa^3.$$

Nach kurzem Zusammenfassen ergeben sich die Biegelinien

$$\boxed{w_I(x) = \frac{Fx}{48EI}\left(3l^2 - 4x^2\right) \quad \text{und} \quad w_{II}(x) = \frac{F(l-x)}{48EI}\left[3l^2 - 4(l-x)^2\right]}.$$

5C 3

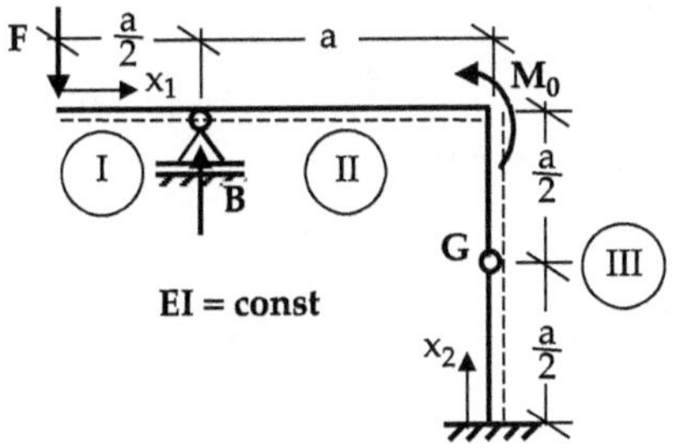

In Aufgabe 8B 2 wurden die Biegemomente berechnet:

$$M_I(x) = -Fx,$$

$$M_{II}(x) = -\frac{1}{2}M_o - \frac{3}{4}Fa + \left(\frac{M_o}{a} + \frac{1}{2}F\right)x_1,$$

$$M_{III}(x) = 0.$$

Gesucht sind die Biegelinien in allen drei Bereichen.

Bemerkung zum Gelenk: Bei Schnittlasten unterbricht ein Gelenk einen Bereich nicht. Den Biegelinienbereich im Allgemeinen schon! **Da hier im vertikalen Stab das Moment Null ist, muss dieser wegen der Einspannung in der vertikalen Lage bleiben.** Daher genügt es, im vertilalen Stab nur einen Bereich zu betrachten.

Bereich I	Bereich II	Bereich III
$EIw_{\mathrm{I}}''(x_1) = Fx_1$	$EIw_{\mathrm{II}}''(x_1) = \frac{1}{2}M_o + \frac{3}{4}Fa - \left(\frac{M_o}{a} + \frac{1}{2}F\right)x_1$	$EIw_{\mathrm{III}}''(x_2) = 0$
$EIw_{\mathrm{I}}'(x_1) = \frac{1}{2}Fx_1^2 + C_1$	$E_{\mathrm{I}}w_{\mathrm{II}}'(x_1) = \left(\frac{1}{2}M_o + \frac{3}{4}Fa\right)x_1 - \frac{1}{2}\left(\frac{M_o}{a} + \frac{1}{2}F\right)x_1^2 + C_3$	$EIw_{\mathrm{III}}'(x_2) = C_5$
$EIw_{\mathrm{I}}(x_1) = \frac{1}{6}Fx_1^3 + C_1x_1 + C_2$	$EIw_{\mathrm{II}}(x_1) = \frac{1}{2}\left(\frac{1}{2}M_o + \frac{3}{4}Fa\right)x_1^2 - \frac{1}{6}\left(\frac{M_o}{a} + \frac{1}{2}F\right)x_1^3 + C_3x_1 + C_4$	$EIw_{\mathrm{III}}'(x_2) = C_5x_2 + C_6$

Sechs Rand- bzw. Übergangsbedingungen werden benötigt. Erst überlegen, in welcher Reihenfolge man am besten vorgeht:

RB 1) $EIw_{\mathrm{III}}(x_2 = 0) = 0 = C_6$

2) $EIw_{\mathrm{III}}'(x_2 = 0) = 0 = C_5$

ÜB Da sich der vertikale Stab nicht verformt, ist der Drehwinkel der rechten oberen Ecke gleich Null, und da der rechte Winkel erhalten bleiben soll, gilt

3) $$w_{\mathrm{II}}'\left(x_1 = \frac{3a}{2}\right) = w_{\mathrm{III}}'(x_2 = a) = 0 \quad \Rightarrow \quad EIw_{\mathrm{II}}'\left(x_1 = \frac{3a}{2}\right) = 0$$

RB 4) $$w_{\mathrm{I}}\left(x_1 = \frac{a}{2}\right) = 0 \quad \Rightarrow \quad EIw_{\mathrm{I}}\left(x_1 = \frac{a}{2}\right) = 0$$

5) $$w_{\mathrm{II}}\left(x_1 = \frac{a}{2}\right) = 0 \quad \Rightarrow \quad EI_{\mathrm{II}}\left(x_1 = \frac{a}{2}\right) = 0$$

ÜB 6) $$w_{\mathrm{I}}'\left(x_1 = \frac{a}{2}\right) = w_{\mathrm{II}}'\left(x_1 = \frac{a}{2}\right) \quad \Rightarrow \quad EIw_{\mathrm{I}}'\left(x_1 = \frac{a}{2}\right) = EIw_{\mathrm{II}}'\left(x_1 = \frac{a}{2}\right).$$

Damit stehen weitere vier Gleichungen zur Ermittlung der Konstanten $C_1 \ldots C_4$ zur Verfügung. Der „mechanische" Teil der Aufgabe ist damit erledigt. Das stupide Lösen des Gleichungssystems überlassen wir am besten Leuten, die genügend Zeit dafür haben!

5C 4

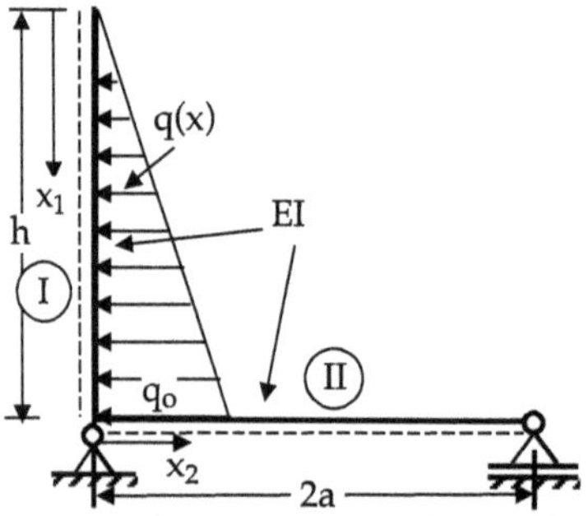

Siehe Aufgabe 8B 4 mit $P = 0$.

Gegeben:

$$a, h, EI = \text{const.},$$

$$q(x_1) = \frac{q_0}{h}x_1,$$

$$M_{\mathrm{II}}(x_2) = -\frac{1}{6}q_0h^2 + \frac{1}{12}q_0\frac{h^2}{a}x_2.$$

Da im Bereich I die Streckenlast und im Bereich II das Moment gegeben sind, rechne ich im Bereich I über die 4. Ableitung und im Bereich II über die 2. Ableitung.

Bereich I:

$$EIw_{\mathrm{I}}^{\mathrm{IV}}(x_1) = q(x_1) = \frac{q_0}{h}x_1$$

$$EIw_{\mathrm{I}}'''(x_1) = \frac{q_0}{2h}x_1^2 + C_1 \qquad = -Q(x_1)$$

$$EIw_{\mathrm{I}}''(x_1) = \frac{q_0}{6h}x_1^3 + C_1x_1 + C_2 \qquad = -M(x_1)$$

$$EIw_{\mathrm{I}}'(x_1) = \frac{q_0}{24h}x_1^4 + \frac{1}{2}C_1x_1^2 + C_2x_1 + C_3$$

$$EIw_{\mathrm{I}}(x_1) = \frac{q_0}{120h}x_1^5 + \frac{1}{6}C_1x_1^3 + \frac{1}{2}C_2x_1^2 + C_3x_1 + C_4.$$

Bereich II:

$$EIw_{\mathrm{II}}''(x_2) = -M_{\mathrm{II}}(x_2) = \frac{1}{6}q_0h^2 - \frac{1}{12}qo\frac{h^2}{a}x_2,$$

$$EIw_{\mathrm{II}}'(x_2) = \frac{1}{6}q_0h^2\left(x_2 - \frac{1}{4a}x_2^2\right) + C_5,$$

$$EIw_{\mathrm{II}}(x_2) = \frac{1}{6}q_0h^2\left(\frac{1}{2}x_2^2 - \frac{1}{12a}x_2^3\right) + C_5x_{2+}C_6.$$

Sechs Integrationskonstanten müssen bestimmt werden zwei geometrische und zwei dynamische RB im Bereich I, da über die 4. Ableitung gerechnet wurde, und zwei geometrische RB im Bereich II, da hier über die 2. Ableitung gerechnet wurde.

Erst gucken und überlegen, wie man am schnellsten zum Ziel kommt.

1) $w_{\mathrm{II}}(x_2 = 0) = \underline{0 = C_6}$

2) $w_{\mathrm{II}}(x_2 = 2a) = 0 = \frac{1}{6}q_0h^2\left(2a^2 - \frac{2}{3}a^2\right) + C_52a$ — 2 geometr. RB

$\Rightarrow \underline{C_5 = -\frac{1}{9}q_0h^2a}$

3) $Q_1(x_1 = 0) = \underline{0 = C_1}$

4) $M_{\mathrm{I}}(x_1 = 0) = \underline{0 = C_2}$ — 2 dyn RB.

Übergangsbedingungen:

Da der rechte Winkel erhalten bleiben soll, muss gelten

5) $w_{\mathrm{I}}'(x_1 = h) = w_{\mathrm{II}}'(x_2 = 0)$.

Und da EI in beiden Stäben gleich ist,

$$EIw_{\mathrm{I}}'(x_1 = h) = EIw_{\mathrm{II}}'(x_2 = 0)$$

$$\Rightarrow \quad \frac{q_0}{24h}h^4 + C_3 = C_5 \quad \Rightarrow \quad \underline{C_3 = -\frac{q_0}{24}h^3 - \frac{1}{9}q_0h^2a.}$$

Bleibt noch eine geometrische RB zu erfüllen:

$$6)\quad w_{\mathrm{I}}(x_1 = h) = 0 = \frac{q_0}{120}h^4 - \frac{1}{24}h^4 - \frac{1}{9}q_0 h^3 a + C_4$$

$$\Rightarrow \quad \underline{C_4 = \frac{1}{30}q_0 h^4 + \frac{1}{9}q_0 h^3 a.}$$

Damit ist die Aufgabe gelöst!

5C 5

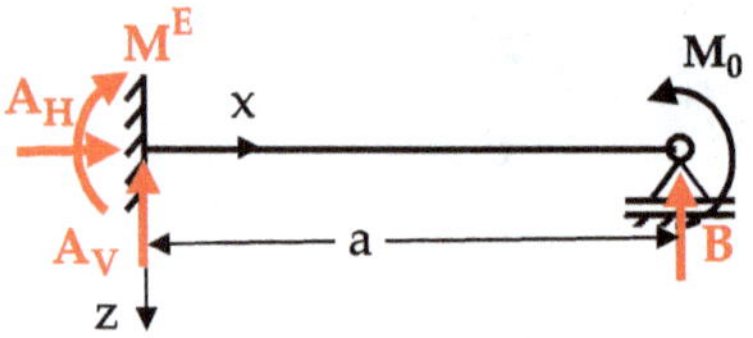

Gegeben: a, M_o, EI = const
Gesucht: alles!

Vier Lagerreaktionen, drei GGB. Das System ist **einfach statisch unbestimmt.** Mal sehen, wo das mit der 4. Ableitung hinführt.

$$EIw^{\mathrm{IV}}(x) = q(x) = 0$$
$$EIw'''(x) = C_1 \qquad -Q(x)$$
$$EIw''(x) = C_1 x + C_2 \qquad -M(x)$$
$$EIw'(x) = \frac{1}{2}C_1 x^2 + C_2 x + C_3$$
$$EIw(x) = \frac{1}{6}C_1 x^3 + \frac{1}{2}C_2 x^2 + C_3 x + C_4.$$

An Randbedingungen stehen uns zur Verfügung:
Drei Geometrische:

$$w(0) = 0, \quad w'(0) = 0, \quad w(a) = 0.$$

Eine Dynamische:

$$EIw''(a) = -M(a) = -M_o.$$

Führen wir das einmal aus und schauen, was passiert:

$$1)\quad EIw(0) = \underline{0 = C_4} \qquad \Rightarrow \quad 3)\quad EIw''(a) = -M_o = C_1 a + C_2$$

$$2)\quad EIw'(0) = \underline{0 = C_3} \qquad \Rightarrow \quad C_2 = -M_o - C_1 a$$

$$4)\quad EIw(a) = 0 = \frac{1}{6}C_1 a^3 + \frac{1}{2}C_2 a^2 \quad \Rightarrow \quad C_2 = -\frac{1}{3}C_1 a \quad \Rightarrow \quad \underline{C_1 = -\frac{3}{2a}M_o.}$$

Und damit: $C_2 = \frac{1}{2}M_0$.

Damit sind alle Konstanten bestimmt worden. Schauen wir doch einmal etwas genauer hin, was wir alles haben:

Das obige Gleichungssystem gibt uns folgendes:

$$w(x) = \frac{M_0}{4EI}\left[-\frac{x^3}{a} + x^2\right], \qquad w'(x) = \frac{M_0}{EI}\left[-\frac{3}{4a} + \frac{x}{2}\right].$$

Außerdem ersehen wir die Schnittlasten:

$$Q(x) = -C_1 = \frac{3}{2a}M_0, \quad M(x) = -C_1x - C_2 = \frac{3}{2a}M_0x - \frac{1}{2}M_0.$$

Aber nicht nur das. Aus den Schnittlasten folgen die Lagerreaktionen:

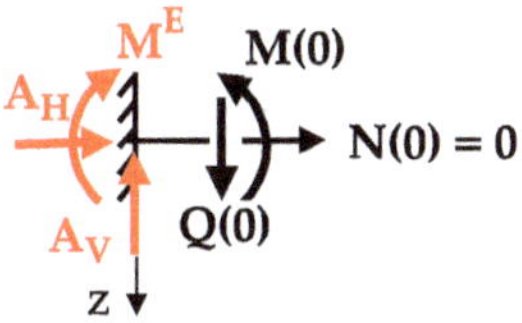

$$A_V = Q(0) = \frac{3}{2a}M_0,$$

$$M_E = M(0) = -\frac{1}{2}M_0,$$

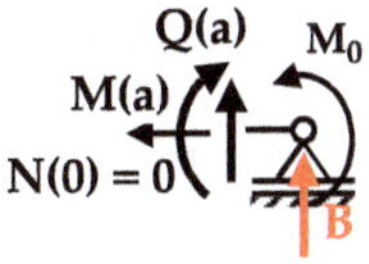

$$B = -Q(a) = -\frac{3}{2}aM_0.$$

Haben wir richtig gerechnet? Machen wir Proben am ganzen System:

$$\sum V \stackrel{?}{=} 0 = A_V + B = \frac{3}{2a}M_0 + \left(-\frac{3}{2a}M_0\right) \stackrel{!}{=} 0,$$

$$\sum M_A \stackrel{?}{=} 0 = M_E - M_0 - Ba = -\frac{1}{2}M_0 - M_0 + \frac{3}{2a}M_0\Big) \stackrel{!}{=} 0.$$

Ist die Mechanik nicht eine unglaublich geniale Wissenschaft? Mit diesen wenigen Zeilen hat sie an einem statisch unbestimmten System die Biegelinie, den Biegewinkel, die Schnittlasten und die Lagerreaktionen berechnet.

5C 6 Das Superpositionsprinzip

superponieren = übereinander legen

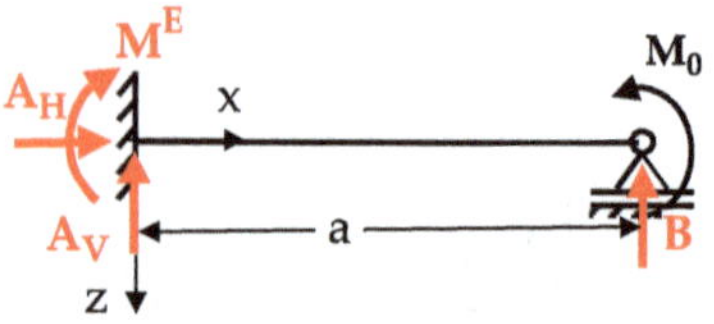

Diese einfach statisch unbestimmte Aufgabe haben wir soeben mit der 4. Ableitung gelöst. Es geht aber noch anders – mit dem „Superpositionsprinzip". Das geht so:

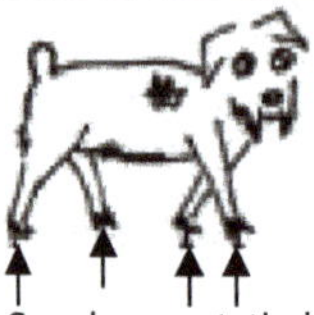

Gegebenes statisch unbestimmtes System

Es wird ein beliebiges Lager entfernt. An diesem **statisch bestimmten Grundsystem „0"** lässt sich die Biegelinie $w_{''0''}(x)$ berechnen.

In Wirklichkeit ist aber am rechten Lager eine Lagerkraft B vorhanden. Addieren wir den Lastfall „Einzelkraft B", so ist der gegebene Zustand wiederhergestellt. Wäre B bekannt, so könnte man auch hier die Durchbiegung $w_B(x)$ berechnen

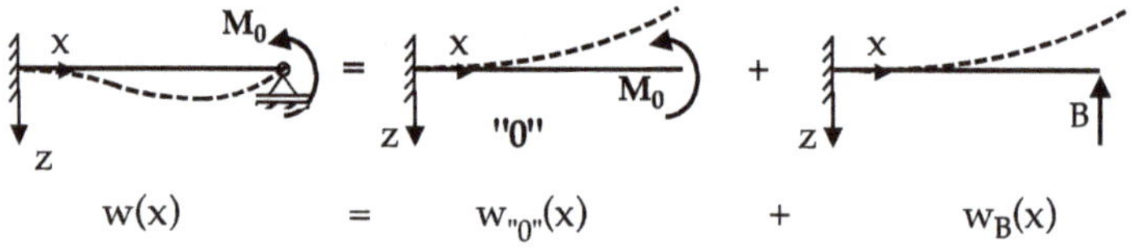

Die Überlagerung (Superposition) der beiden Biegelinien ergibt die Durchbiegung am gegebenen statisch unbestimmten System. Nun ist aber bekannt, dass diese am rechten Lager Null ist:

$$w\,(a) = 0 = w_{''0''}\,(a) + w_B\,(a) \rightarrow B = \cdots .$$

Führen wir die Rechnung einmal durch:

Statisch bestimmtes Grundsystem:

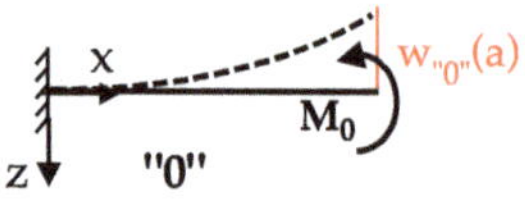

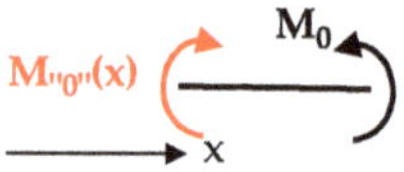

Schnittmoment: $\underline{M_{''0''}(x) = M_0}$

Damit folgt für die Biegelinie am statisch bestimmten Grundsystem:

$$EIw''_{''0''}(x) = -M_0, \quad EIw'_{''0''}(x) = -M_0x + C_1, \quad EIw_{''0''}(x) = -\frac{1}{2}M_0x^2 + C_1x + C_2.$$

Aus den RB $w'_{''0''}(0) = 0$ und $w'_{''0''}(0) = 0$ ergibt sich: $\underline{C_1 = 0}$ und $\underline{C_2 = 0}$

Damit ist

$$\underline{w_{''0''}(a) = -\frac{M_0}{2EI}a^2.}$$

Der Lastfall „B":

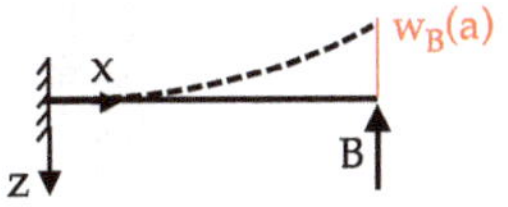

Die Biegelinie wurde in Aufgabe 5C 1 berechnet. Wir müssen nur die dortige Kraft G durch B ersetzen.

$$w_B(a) = -\frac{Ba^3}{3EI}.$$

Damit hat die Aufgabe keine Chance mehr, nicht gelöst zu werden.

$$0 = w_{''0''}(a) + w_B(a) = -\frac{M_0a^2}{2EI} - \frac{Ba^3}{3EI} \quad \Rightarrow \quad \underline{B = -\frac{3M_0}{2a}}.$$

Da B nun bekannt ist, können wir alle anderen Größen an einem statisch bestimmten System berechnen.

Zum Selbstüben: Berechne mit dem Superpositionsprinzip das Einspannmoment M^E.

Was ist zu tun?

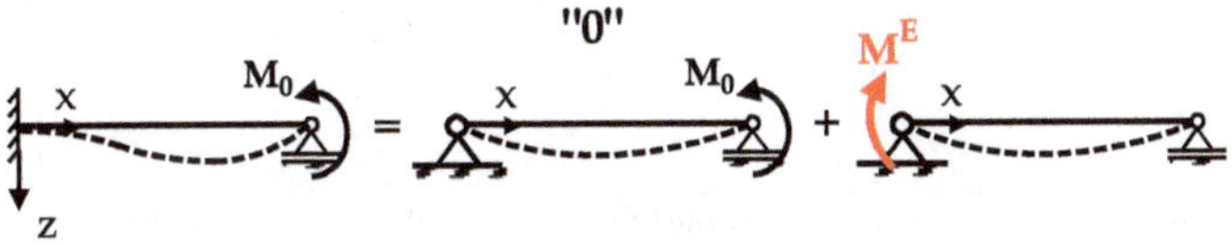

$$w'(0) \quad = \quad 0 \quad = \quad w'_{''0''}(0) \quad + \quad w'_{ME}(0)$$

Lösung: $M^E = -\frac{1}{2}M_0$.

5C 7

Bei dieser Aufgabe erkennen wir als erstes, dass Grömaz nicht nur der größte Mechaniker aller Zeiten ist, sondern auch Vater von eineiigen n-lingen. (gleiche Größe, gleiches Aussehen, gleiches Gewicht usw.). Da Papa Grömaz sofort erkennt, dass der Balken den Lastfall „n-linge" nicht halten kann, funktioniert er seinen Körper als Säule um und unterstützt damit den Balken in der Mitte.

Welche Kraft muss Grömaz ertragen, wenn sein Körper einen durchschnittlichen E-Modul von E_G und eine Durschnittsfläche A_G hat?

Die Brücke hat eine Länge $2a$ und EI = const.

Idealisieren wir das „reale" System auf unsere Bedürfnisse:

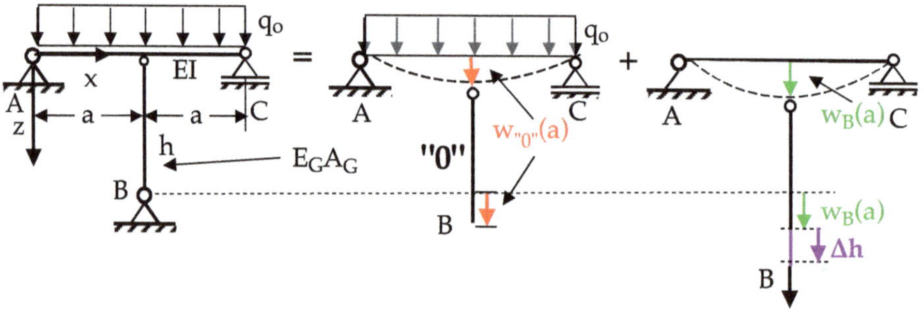

Superposition:

$$w(x) \quad = \quad w_{''0''}(x) \quad + \quad w_B(x).$$

Das System ist einfach statisch unbestimmt. Wir suchen die Pendelstabkraft B. Diese erhält man aus der Forderung, dass die Verschiebung des Lagerpunktes B Null sein muss:

$$0 \quad = \quad w_{''0''}(a) \quad + \quad w_B(a) + \Delta h.$$

Beginnen wir mit dem Einfachsten:

1.) Δh

$$\Delta h = \frac{Bh}{E_G A_G} \quad \text{(Hookesches Gesetz, angewandt auf Grömaz)}$$

2.) $w_B(a)$

Dieser Fall wurde in Aufgabe 5B 2 behandelt. Von dort findet man für $b = a$:

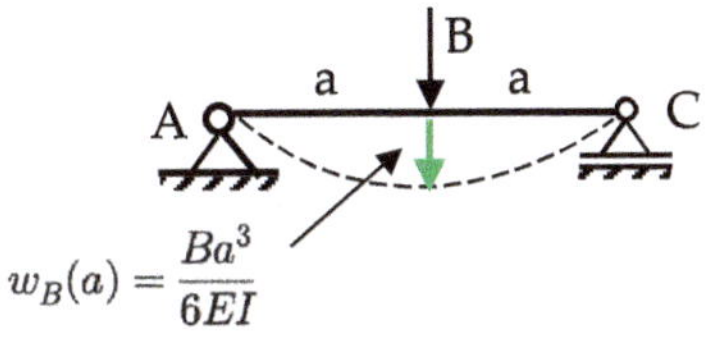

3.) $w_{''0''}(a)$

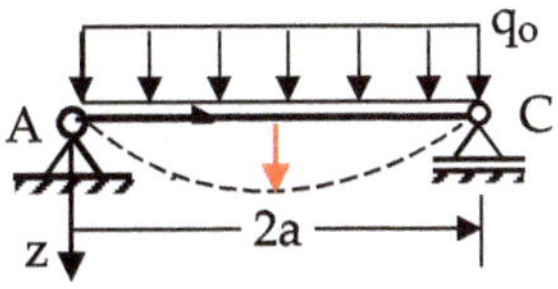

Diesen Fall haben wir noch nicht berechnet. Dann tun wir das nun:

Den Index „0“ habe ich wegen Schreibfaulheit weggelassen!

$$EIw^{IV}(x) = q_0$$

$$EIw'''(x) = q_0 x + C_1 \qquad = -Q(x)$$

$$EIw''(x) = \frac{1}{2} q_0 x^2 + C_1 x + C_2 \qquad = -M(x) \qquad w''(0) = 0 \Rightarrow \underline{C_2 = 0}$$

$$EIw'(x) = \frac{1}{6} q_0 x^3 + \frac{1}{2} C_1 x^2 + C_2 x + C_3$$

$$EIw(x) = \frac{1}{24} q_0 x^4 + \frac{1}{6} C_1 x^3 + \frac{1}{2} C_2 x^2 + C_3 x + C_4 \qquad w(0) = 0 \Rightarrow \underline{C_4 = 0}$$

$$EIw''(2a) = 0 \Rightarrow C_1 = -q_0 a, \quad w(2a) = 0 \Rightarrow \underline{C_3 = \frac{1}{3} q_0 a^3}$$

$$\Rightarrow \quad w_{''0''}(x) = \frac{1}{EI}\left(\frac{1}{24} q_0 x^4 - \frac{1}{6} q_0 a x^3 + \frac{1}{3} q_0 a^3 x\right).$$

Und schließlich:

$$\boxed{w_{''0''}(a) = \frac{5 q_0 a^4}{24EI}}.$$

Nun haben wir alles, was wir brauchen:

$$0 = w_{''O''}(a) + w_B(a) + \Delta h$$

$$\boxed{\Rightarrow \quad B = -\frac{5E_GA_G}{4E_GA_Ga^3 + 24hEI}q_0a^4}.$$

6C Biegenormalspannungen, Querkraftschub

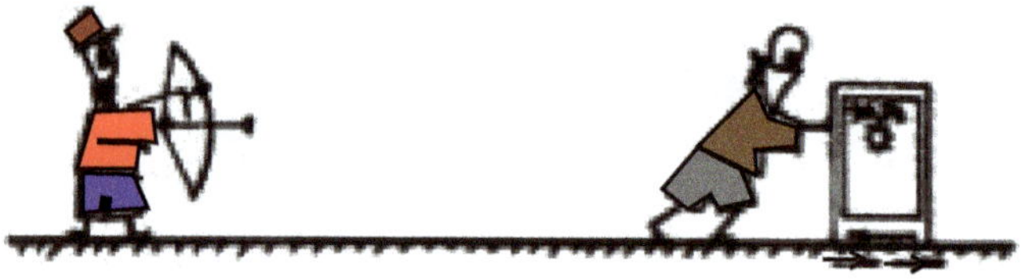

a) Biegenormalspannungen

Ein Moment erzeugt in einem Balkenquerschnitt eine linear verteilte Normalspannung mit der Balkenachse als neutrale Faser.

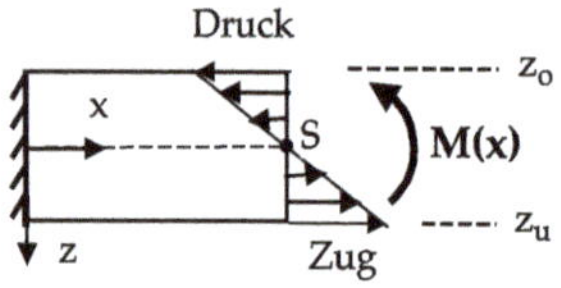

$$\boxed{\sigma_B(x,z) = \frac{M_y(x)}{I_{yy}(x)}z} \quad \text{o. B.}$$

Biegenormalspannung

Im allgemeinen gibt es auch eine Normalkraft, die eine aus einer konstanten Normalspannungsverteilung $\sigma_N(x) = N(x)/A(x)$ über den Querschnitt $A(x)$ resultiert. Beide Spannungen addieren sich, und so bekommt man

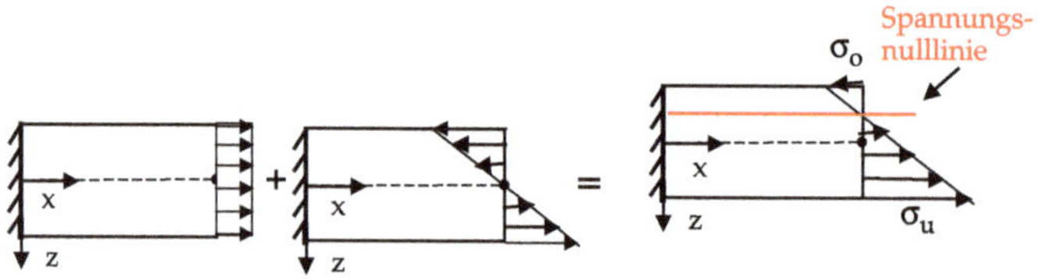

$$\sigma_N(x) = \frac{N(x)}{A(x)} + \left(\sigma_B = \frac{M_y(x)}{I_{yy}(x)}z\right) = \boxed{\sigma(x,z) = \frac{N(x)}{A(x)} + \frac{M_y(x)}{I_{yy}(x)}z}.$$

Die extremalen Spannungen treten an den Rändern z_o bzw. z_u auf.

$$\boxed{\sigma_{o,u}(x,z) = \frac{N(x)}{A(x)} + \frac{M_y(x)}{I_{yy}(x)} z_{o,u} = \frac{N(x)}{A(x)} + \frac{M_y(x)}{W_{o,u}}}.$$

$W_{o,u} = \frac{I_{yy}}{z_{o,u}}$ [cm^3] **nennt man Widerstandsmoment.** Für alle handelsüblichen Querschnitte sind diese in Tabellenwerken aufgelistet.

b) Querkraftschubspannungen

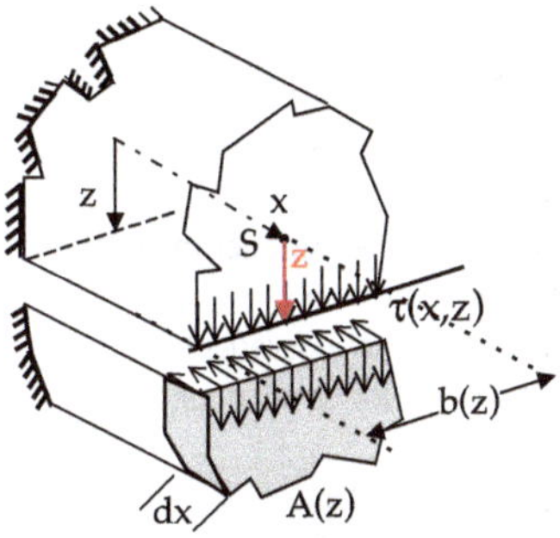

Wir suchen die Schubspannung τ im Abstand z von Schwerpunkt im Querschnitt $A(x)$.
Beachte: Die Schubspannung $\tau(x,z)$ im Querschnitt $A(x)$ ist nach dem Satz der zugeordneten Schubspannungen (siehe S. 119) gleich der Schubspannung senksenkrecht dazu in Balkenrichtung.

Betrachten wir von der abgeschnittenen Fläche $A(z)$ eine kleine Scheibe dx.

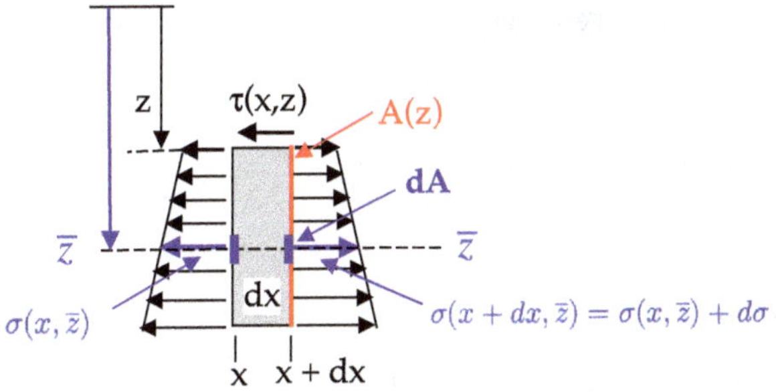

Horizontales Gleichgewicht liefert:

$$\tau(x,y)b(z)dx + \int_{A(z)} \sigma(x,\bar{z})dA - \int_{A(z)} [\sigma(x,\bar{z}) + d\sigma]dA = 0$$

$$\Rightarrow \quad \tau(x,y)b(z) = \int_{A(z)} \frac{d\sigma}{dx} dA.$$

Nun ist aber:

$$\sigma(x,z) = \frac{M_y(x)}{I_{yy}} z \quad \Rightarrow \quad \frac{d\sigma}{dx} = \frac{dM}{dx}\frac{z}{I_{yy}} = Q(x)\frac{z}{I_{yy}}$$

$$\Rightarrow \quad \tau(x,y)\,b(z) = \int\limits_{A(z)} \frac{Q(x)}{I_{yy}} \bar{z} dA = \frac{Q(x)}{I_{yy}} \int\limits_{A(z)} \bar{z} dA = \frac{Q(x)}{I_{yy}} S(z).$$

$S(z) = \int\limits_{A(z)} \bar{z} dA$ nennt man **Statisches Moment.**

$\Rightarrow \quad \tau(x,z) = \dfrac{Q(x)S(z)}{I_{yy}b(z)}$ Das ist die berühmte **„Qusinenformel“.**

6C 1

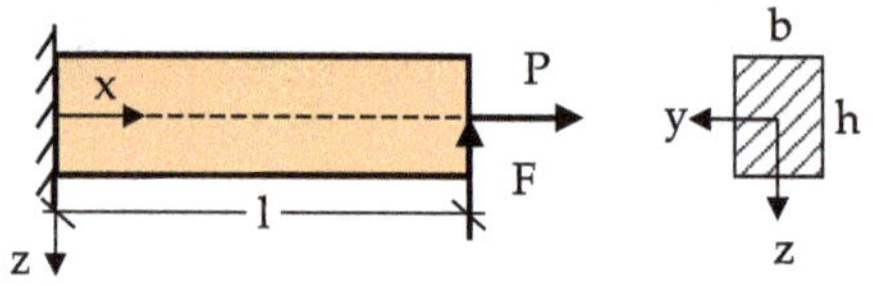

Für den dargestellten Kragträger mit Rechteckquerschnitt bestimme man

1. Den Normalspannungsverlauf $\sigma(x,z)$,
2. die extrmalen Normalspannungen max σ, min σ,
3. die Spannungsnulllinie,
4. den Schubspannungsverlauf an der Einspannstelle.

Vorarbeit: Ich denke, wir sind inzwischen geübt genug, um ohne Rechnung sofort zu erkennen:

$$N(x) = P, \quad Q(x) = -F, \quad M(x) = F(l-x), \quad I_{yy} = \frac{bh^3}{12}.$$

Lösung

1. Der Normalspannungsverlauf $\sigma(x,z)$:

$$\underline{\sigma(x,z)} = \frac{N(x)}{A(x)} + \frac{M(x)}{I_{yy}(x)} z = \underline{\frac{P}{bh} + \frac{12F}{bh^3}(l-x)z}.$$

2. Die extremalen Normalspannungen ergeben sich an der Einspannstelle ($x = 0$)

$$\text{für} \quad z_{o,u} = \pm\frac{h}{2}: \quad \underline{\max_{\min} \sigma\left(x=0, z=\pm\frac{h}{2}\right) = \frac{P}{bh} \pm \frac{6Fl}{bh^2}}.$$

3. Die Spannungsnulllinie folgt aus

$$\sigma(x, z_N) = 0 = \frac{P}{bh} + \frac{12F}{bh^3}(l-x)z_N \quad \Rightarrow \quad \underline{z_N = -\frac{Ph^2}{12F(l-x)}}.$$

An der Einspannstelle ist also die durch $z_N = -\frac{Ph^2}{12Fl}$ definierte Faser spannungsfrei.

4. Der Schubspannungsverlauf an der Einspannstelle folgt aus

$$\tau(x=0,z) = \frac{Q(0)S(z)}{I_{yy}(0)b} = -\frac{12F}{b^2h^3}S(z).$$

Wir müssen also noch das statische Moment $S(z)$ bestimmen, und das geht so:

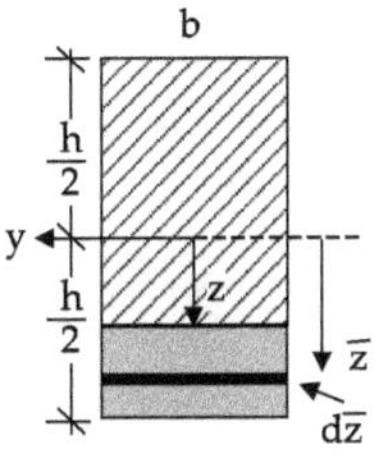

$$S(z) = \int \bar{z}\,dA = \int_{\bar{z}=z}^{\frac{h}{2}} \bar{z}b\,d\bar{z} = \frac{1}{2}b\bar{z}^2\,\Big|_z^{\frac{h}{2}} = \frac{1}{2}b\left(\frac{h^2}{4} - z^2\right)$$

oder

$$S(z) = \int \bar{z}\,dA = \int_{\bar{z}=z}^{-\frac{h}{2}} \bar{z}b\,d\bar{z} = \frac{1}{2}b\bar{z}^2\,\Big|_z^{-\frac{h}{2}} = \frac{1}{2}b\left(\frac{h^2}{4} - z^2\right)$$

Damit ergibt sich eine parabolische Schubspannungsverteilung

$$\tau(x=0,z) = -\frac{6F}{bh^3}\left(\frac{h^2}{4} - z^2\right)$$

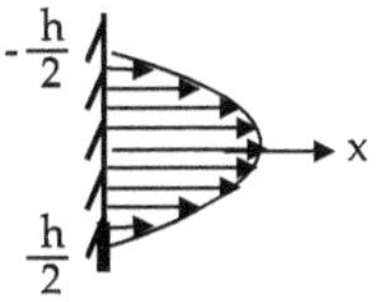

6C 2

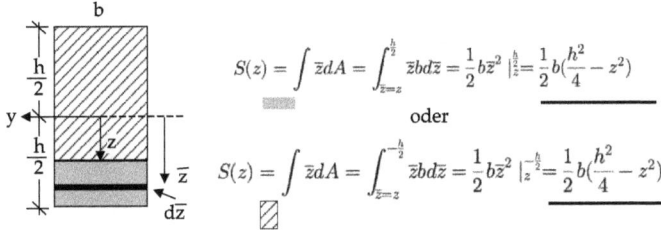

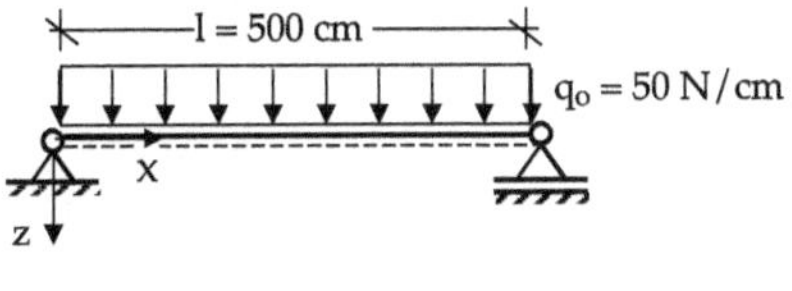

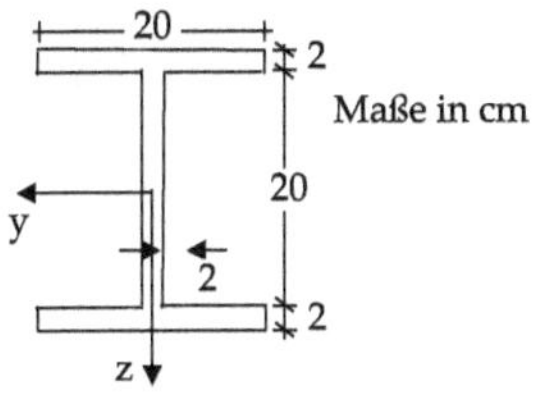

Ein Doppel-T-Träger trägt als Balken auf zwei Stützen eine konstante Streckenlast.

Gesucht:

1. Die extremalen Normalspannungen,
2. die maximalen von den Schweißnähten zwischen Steg und Flansch zu übertragenden Schubspannungen.

Vorarbeit:

$$N(x) = 0, \quad \max M(x) = M\left(\frac{l}{2}\right) = \frac{q_0 l^2}{8} = \frac{50 \cdot 500^2}{8} = 1{,}56 \cdot 10^6\ \mathrm{N \cdot cm},$$

$$I_{yy} = \underbrace{\frac{2 \cdot 20^3}{12}}_{\text{Steg}} + \underbrace{2\frac{20 \cdot 2^3}{12}}_{\text{Flansch}} + \underbrace{2 \cdot 11^2 \cdot 20 \cdot 2}_{\text{Steiner}} = 11{,}04 \cdot 10^3\ \mathrm{cm}^4.$$

Lösung

1. Die größten Normalspannungen treten da auf, wo das Schnittmoment am größten ist, und das ist bei l/2:

$$\sigma\left(\frac{l}{2}, z\right) = \frac{M\left(\frac{l}{2}\right)}{I_{yy}} z = \frac{1{,}56 \cdot 10^6}{11{,}94 \cdot 10^3} z = 141{,}3 \cdot z \,\mathrm{N/cm^2},$$

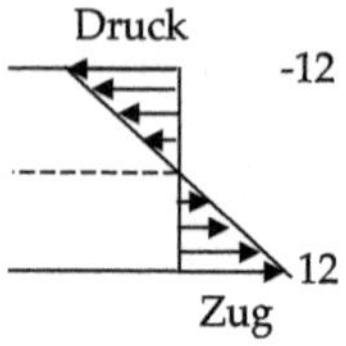

$$\underline{\max \sigma\left(\frac{l}{2}\right)} = 141{,}3 \cdot 12 = \underline{1695{,}7 \,\mathrm{N/cm^2}},$$

$$\underline{\min \sigma\left(\frac{l}{2}\right)} = 141{,}3 \cdot (-12) = \underline{-1695{,}7 \,\mathrm{N/cm^2}}.$$

2. Die Schubspannungen ergeben sich aus der Qusinenformel

$$\tau(x, z) = \frac{Q(x)S(z)}{I_{yy}(x)b(z)}.$$

Die größte Querkraft tritt an den Lagern auf und beträgt

$$Q(0) = \frac{q_0 l}{2} = \frac{50 \cdot 500}{2} = 12{,}5 \cdot 10^3 N.$$

Gesucht sind die Schubspannungen in den Schweißnähten $z = \pm 10$ cm.

Wir müssen also das statisch Moment des Flansches berechnen:

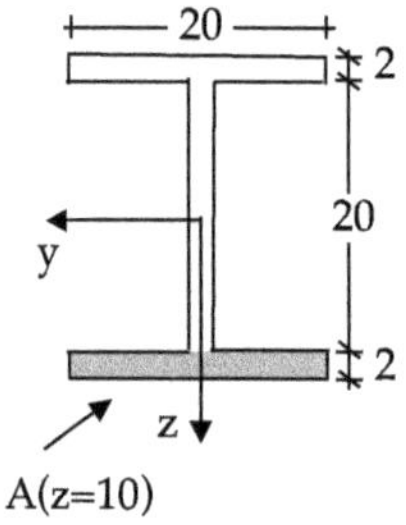

$$S(z=10) = \int \bar{z} dA = \int_{\bar{z}=10}^{12} \bar{z} \cdot 20 d\bar{z} = 440 \,\mathrm{cm^3}$$

Einfacher geht es, wenn man die Schwerpunktformel beachtet:

$$S(z=10) = \int \bar{z} dA = z_{SA} A(10) = 11 \cdot 20 \cdot 2 = 440 \,\mathrm{cm^3}$$

Somit ergibt sich die Antwort zu Frage 2:

$$\tau(x = 0, z = 10) = \frac{12{,}5 \cdot 10^3}{11{,}04 \cdot 10^3 \cdot 2} \cdot 440 = 249{,}1\,\text{N/cm}^2.$$

7C Torsion

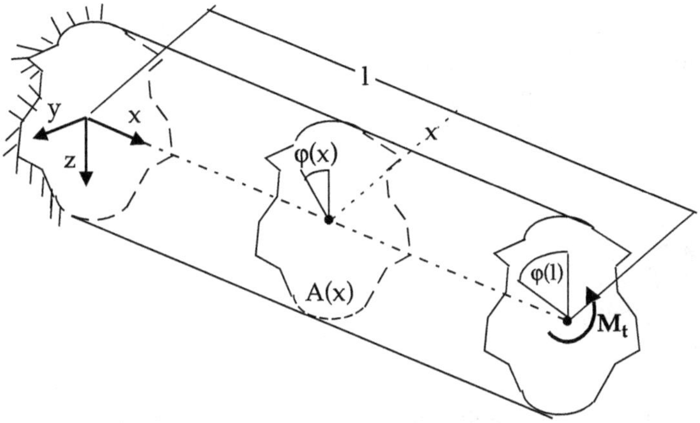

Das Torsionsmoment dreht um die x-Achse: $\vec{M}_t = M_t\vec{e}_x$.

Eine korrekte Untersuchung dieses Problems ist äußerst kompliziert. Aus diesem Grunde wurde eine vereinfachte Theorie entwickelt, die von einigen einschränkenden Voraussetzungen ausgeht:

Theorie von de Saint-Venant (ohne Beweis)

Voraussetzungen:

1. Der Stab ist prismatisch.
2. Die Querschnitte $A(x)$ drehen sich als „starre Scheiben“ und die axialen Verschiebungen $u_x(y,z)$ (Verwölbungen) sind von x unabhängig.
3. Das Torsionsmoment ist konstant.
4. Es gilt das Hookesche Gesetz und die Verformungen sind klein.

Bemerkung zu 2.: Bei der Torsion verschieben sich die Querschnittspunkte auch in Achsenrichtung, das nennt man **Verwölbung.**

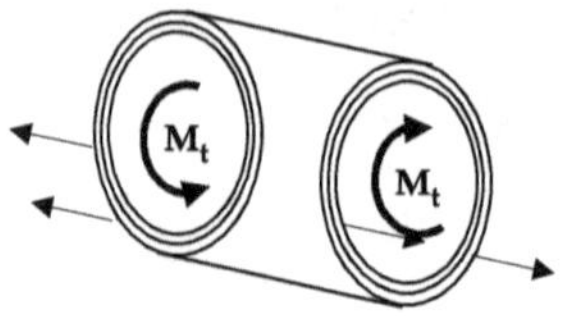

Das sieht man sehr gut, wenn man ein Blatt Papier zusammenrollt und dann gemäß Skizze tordiert.

Die geforderte Unabhängigkeit von x setzt voraus, dass nirgends im Stab Normalspannungen auftreten, die Verwölbung also nicht verhindert wird. Eine Einspannung widerspricht dem allerdings. Daher wollen wir uns zukünftig statt der Einspannung eine „Gabellagerung" vorstellen, die eine Drehung verhindert, aber eine freie Verwölbung zulässt.

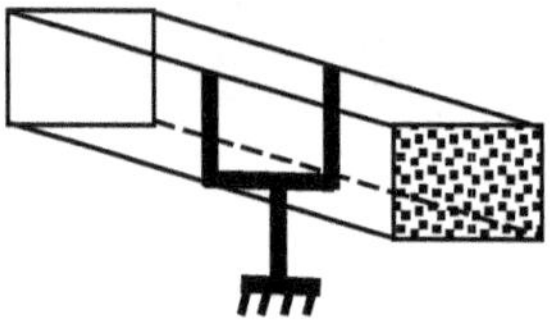

Bemerkung zu 3.: Es gibt Querschnitte, die wollen sich nicht verwölben, sie sind wölbfrei. Das sind Kreisquerschnitte und regelmäßige die n-Ecke. Bei denen kann Voraussetzung 3 entfallen.
Die Ausschöpfung obiger Voraussetzungen führt zu einem einfachen Zusammenhang zwischen dem Torsionsmoment und dem Drehwinkel $\varphi(x)$:

$$\boxed{D = \frac{d\varphi}{dx} = \frac{M_t(x)}{GI_t} \quad \text{1. Bredtsche Formel.}}$$

<u>**Es bedeuten:**</u>

M_t $[\mathrm{N \cdot cm}]$	Torsionsmoment,
G $\left[\mathrm{N/cm^2}\right]$	Schubmodul,
I_t $\left[\mathrm{cm^4}\right]$	Torsionsflächenträgheitsmoment,
GI_t $\left[\mathrm{N \cdot cm^2}\right]$	Torsionssteifigkeit,
$D = \frac{d\varphi}{dx}$ $\left[\frac{1}{\mathrm{cm}}\right]$	Drillung.

Durch Integration lässt sich damit aus der 1. Bredtschen Formel der Torsionsdrehwinkel $\varphi(x)$ berechnen. Das Problem besteht im wesentlichen darin, I_t zu berechnen. Hierzu sind **drei Querschnittstypen** zu unterscheiden:

(A) Kreis: $I - \frac{1}{2}\pi a^4$

Kreisring: $I_t = \frac{1}{2}\pi(a^4 - b^4)$

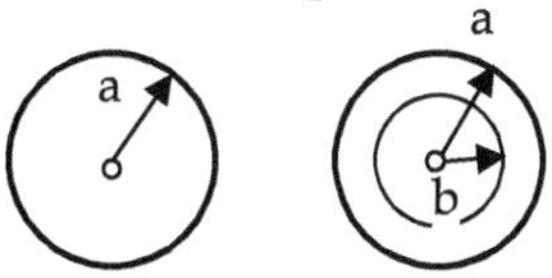

(B) **Dünnwandige** geschlossene Hohlquerschnitte: $I_t = \frac{4A_m^2}{\oint \frac{ds}{t(s)}}$.

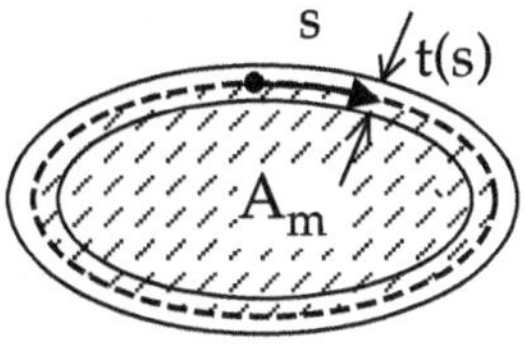

2. Bredtsche Formel

A_m ist die von der Mittellinie eingeschlossene Fläche und $t(s)$ die Querschnittsdicke (besser: Dünne!) an der Stelle s.

(C) Mehrere **schmale** Rechtecke: $I_t = \frac{1}{3}\sum b_i h_i^3$

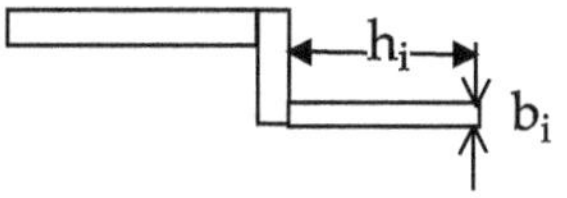

Alle anderen Querschnittstypen sind mit St. Venant nicht berechenbar. Hier müssen höhere Theorien angewandt werden (Wölbkrafttorsion).

In der nachfolgenden Tabelle sind die Torsionsflächenmomente I_t sowie die Schubspannungsverläufe $\tau(y, z)$ und deren Maximalwerte zusammengestellt.

TYP		I_t [cm⁴]	τ [N/cm²]	max τ
(A) Kreis	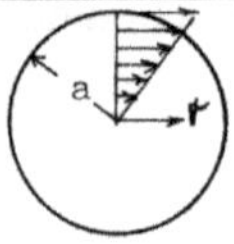	$\frac{\pi a^4}{2} = I_p$	$\frac{M_t}{I_t}$	$\frac{2 M_t}{\pi a^3}$
Kreisring (dick)	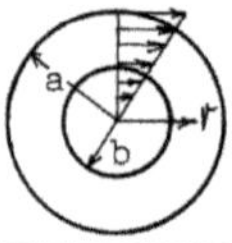	$\frac{\pi}{2}(a^4-b^4)=I_p$	$\frac{M_t}{I_t}$	$\frac{2 M_t a}{\pi(a^4-b^4)}$
(B) dünnwandiger Hohlquerschnitt	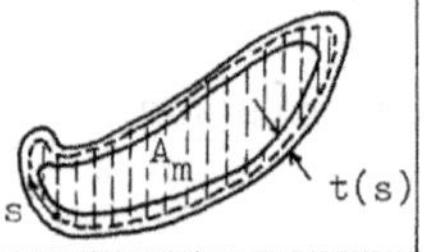	$\frac{4 A_m^2}{\oint \frac{ds}{t(s)}}$	$\frac{M_t}{2 A_m t(s)}$	$\frac{M_t}{2 A_m t_{min}}$
Sonderfälle zu B (t=constant)	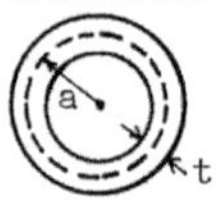	$2 \pi a^3 t$	$\frac{M_t}{2 A_m t}$	$\frac{M_t}{2 A_m t}$
	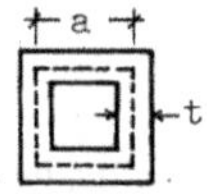	$a^3 t$	$\frac{M_t}{2 a^2 t}$	$\frac{M_t}{2 a^2 t}$
	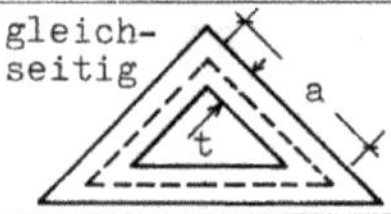	$\frac{1}{4} a^3 t$	$\frac{M_t}{\frac{1}{2}\sqrt{3}\, a^2 t}$	$\frac{M_t}{\frac{1}{2}\sqrt{3}\, a^2 t}$
(C) schmales Rechteck	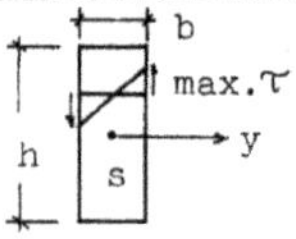	$\frac{1}{3} h b^3$	$\frac{2 M_t y}{I_t}$	$\frac{M_t b}{I_t}$
mehrere schmale Rechtecke $b_i < h_i$	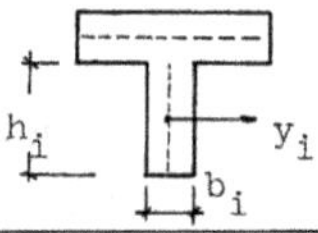	$\frac{1}{3}\sum_{i=1}^{n} h_i b_i^3$	im Teil i $\frac{2 M_t y_i}{I_t}$	$\frac{M_t b_{max}}{I_t}$
dünner offener Querschnitt t=constant		$\frac{1}{3} s t^3$	$\frac{2 M_t y_i}{I_t}$	$\frac{M_t t}{I_t}$

7C 1

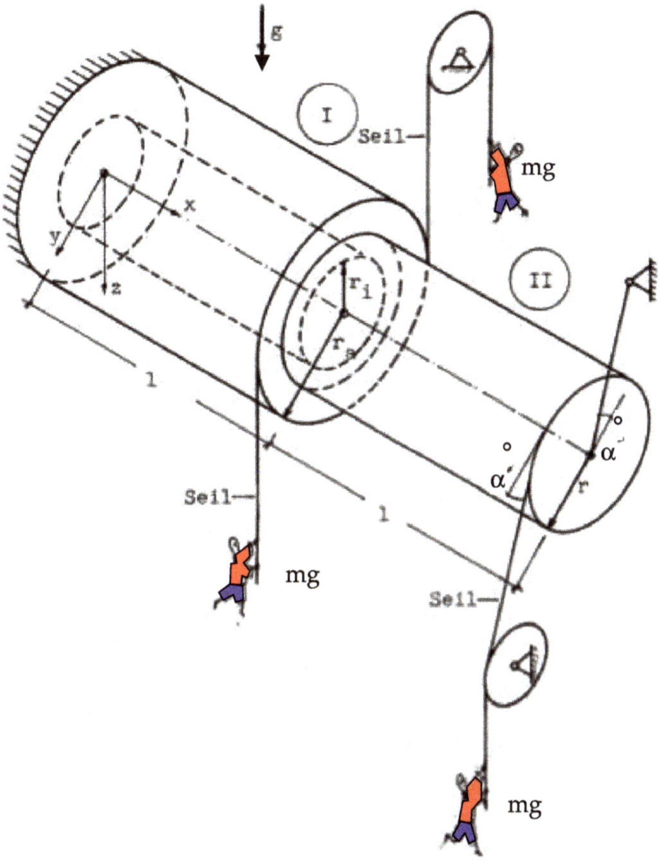

Je zur Hälfte der Gesamtlänge $2l$ hat der skizzierte Träger einen Vollkreis bzw. Rohrquerschnitt. Die Seile liegen alle in der yz-Ebene. Die Umlenkrollen sind reibungsfrei. Die Pendelstütze am Ende soll lediglich eine Biegebelastung verhindern.

Wie schwer darf ein Grömaz sein (Drillinge von gleichem Gewicht mg), damit an keiner Stelle zul τ überschritten wird, und wie groß ist der Drehwinkel am Stabende?

Gegeben: zul τ, α, l, r, $r_a = 2r$, $r_i = 0{,}5r$, G.

a) Die Torsionsschnittmomente

Bereich (I)

$$\underline{M_t^{\mathrm{I}}(x)} = 2mgr_a + mgr = \underline{5mgr}.$$

Bereich (II)

$$\underline{M_t^{\mathrm{II}}(x) = mgr}.$$

b) Die Torsionsträgheitsmomente

Aus obiger Tabelle entnimmt man

Bereich (I)

$$\underline{I_t^{\mathrm{I}}} = \frac{1}{2}\pi\left(r_a^4 - r_i^4\right) = \frac{1}{2}\pi r^4\left(2^4 - 0{,}5^4\right) \approx \underline{7{,}97\pi r^4} \quad \text{(Dicker Kreisring)}.$$

Bereich (II)

$$\underline{I_t^{\mathrm{II}} = \frac{1}{2}\pi r^4} \quad \text{(Vollkreis)}.$$

c) Die Drehwinkel

$$\boxed{\frac{d\varphi}{dx} = \frac{M_t}{GI_t}}.$$

Bereich (I)

$$\varphi^{\mathrm{I}}(x) = \frac{0{,}63mg}{G\pi r^3}x + C_1$$

$$\varphi^{\mathrm{I}}(0) = 0 \quad \Rightarrow \quad \underline{C_1 = 0}.$$

Bereich (II)

$$\varphi^{\mathrm{II}}(x) = \varphi^{\mathrm{I}}(l) + \int\limits_{x=l}^{x} \frac{M_t^{\mathrm{II}}}{GI_t^{\mathrm{II}}}d\bar{x} = \varphi^{\mathrm{I}}(l) + \frac{2mg}{G\pi r^3}(x-l),$$

$$\varphi^{\mathrm{II}}(x) = \frac{0{,}63mg}{G\pi r^3} + \frac{2mg}{G\pi r^3}(x-l),$$

$$\boxed{\varphi^{\mathrm{II}}(2l) = 2{,}63\frac{mgl}{G\pi r^3}}.$$

d) Die Schubspnnungen

Bereich (I). Die Tabelle verrät

$$\max\tau^{\mathrm{I}} = \frac{2M_t^{\mathrm{I}}r_a}{\pi\left(r_a^4 - r_i^4\right)} = \frac{2\cdot 5mgr\cdot 2r}{\pi\left(16r^4 - \frac{1}{16}r^4\right)} \approx \frac{5mg}{4\pi r^2}.$$

Bereich (II)

$$\max \tau^{II} = \frac{2M_t^{II}}{\pi r^3} = \frac{2mg}{\pi r^2} > \max \tau^{I},$$

$$\max \tau^{II} = \frac{2mg}{\pi r^2} < \text{zul}\,\tau \quad \Rightarrow \quad \underline{mg \leqslant \frac{1}{2}\pi r^2 \,\text{zul}\,\tau.}$$

Maximales Gewicht eines Grömazes!

7C 2

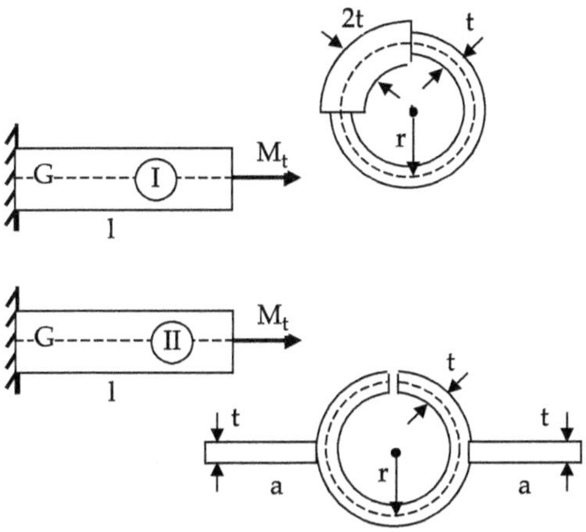

Für die beiden Stäbe I und II von gleicher Länge, Belastung und gleichem Schubmodul aber unterschiedlicher Querschnittsform sind die Enddrehwinkel gesucht.

Stab I: Das ist ein geschlossener dünnwandiger Hohlquerschnitt, also vom Typ B. Zuständig ist damit die 2. Bredtsche Formel:
A_m ist die von der Mittellinie eingeschlossene Fläche $A_m = \pi r^2$.

$$\oint \frac{ds}{t(s)} = \int_{s=0}^{1{,}5\pi r} \frac{ds}{t} + \int_{s=1{,}5\pi r}^{2\pi r} \frac{ds}{2t} = \frac{1}{t}1{,}5\pi r + \frac{1}{2t}0{,}5\pi r = \frac{7}{4t}\pi r$$

$$\Rightarrow \quad I_t^{I} = \frac{16}{7}\pi t r^3 \quad \Rightarrow \quad \varphi^{I}(l) = \int_0^l \frac{7M_t}{G16\pi t r^3}dx = \frac{7M_t l}{16G\pi t r^3}.$$

Stab II: Wegen des Schlitzes hat man hier drei schmale Rechtecke, also Typ C:

$$I_t^{II} = \frac{1}{3}\sum h_i b_i^3 = \frac{1}{3}\left(2\pi r t^3 + 2at^3\right) = \frac{2}{3}t^3(\pi r + a).$$

Bredt!:

$$\varphi^{II}(l) = \int_0^l \frac{M_t}{GI_t^{II}}dx = \frac{3M_t l}{2Gt^3(\pi r + a)}.$$

7C 3

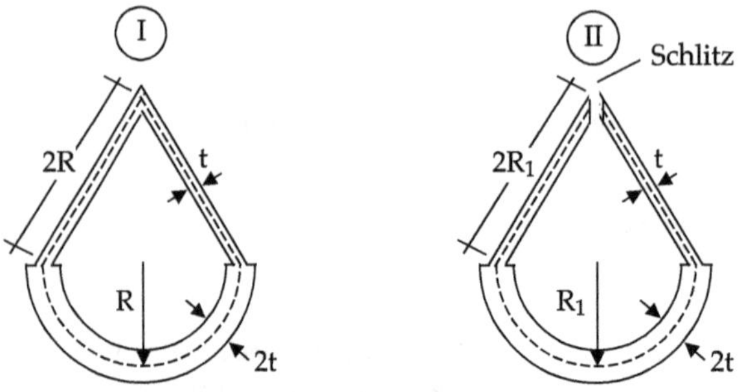

Zwei Stäbe mit skizzierten dünnwandigen Querschnitten sind durch ein konstantes Moment M_t belastet.

a) Wie ist der Radius R_1 des geschlitzten Querschnittes zu wählen, damit die Drillung dieselbe ist wie im geschlossenen Querschnitt?

b) Wie groß sind die maximalen Schubspannungen in beiden Querschnitten?

Gegeben: M_t, G, R, t.

Die Aufgabenstellung ist zunächst die gleiche wie in der vorigen Aufgabe 7C 2: Zwei Stäbe von gleichem Material, gleicher Länge und „fast" gleichem Querschnitt werden durch ein Torsionsmoment belastet. Der Unterschied besteht lediglich im Schlitz und der Länge R bzw. R_1.

Querschnitt (I): Geschlossener dünnwandiger Hohlquerschnitt (Typ B).

$$I_1^{\mathrm{I}} = \frac{4A_m^2}{\oint \frac{ds}{t(s)}} = \frac{4\left(\frac{1}{2}2R2R\sin 60^\circ + \frac{1}{2}\pi R^2\right)^2}{2\int_0^{2R}\frac{ds}{t} + \int_0^{\pi R}\frac{ds}{2t}} = \frac{4\left(R^2\sqrt{3} + \frac{1}{2}\pi R^2\right)^2}{2\frac{2R}{t} + \frac{\pi R}{2t}},$$

$$I_t^{\mathrm{I}} = \frac{8tR^3(\sqrt{3} + 0{,}5\pi)^2}{8 + \pi}.$$

Querschnitt (II): Schmale Rechtecke (Typ B).

$$\underline{I_t^{\mathrm{II}}} = \frac{1}{3}\sum h_i b_i^3 = \frac{1}{3}\left(2 \cdot 2R_1 t^3 + \pi R_1 8t^3\right) = \underline{\frac{4R_1 t^3(1 + 2\pi)}{3}}.$$

Die Drillung soll in beiden Stäben gleich sein (damit ist die Stabverdrehung $\varphi(x)$ an jeder Stelle x gleich). Da der Schubmodul G und das Torsionsmoment in beiden Stäben gleich sind, folgt

$$I_t^{\mathrm{I}} = I_t^{\mathrm{II}} \quad \Rightarrow \quad \underline{R_1 = \frac{6R^3(\sqrt{3} + 0{,}5\pi)^2}{(8 + \pi)(1 + 2\pi)t^2}}.$$

Berechnen wir noch die maximalen Schubspannungen:

Stab I: $\max \tau^{\mathrm{I}} = \frac{M_t}{2A_m t_{\min}} = \frac{M_t}{2R^2(\sqrt{3}+0{,}5\pi)t}$.

Stab II: $\max \tau^{\mathrm{II}} = \frac{M_t b_{\max}}{I_t^{\mathrm{II}}} = \frac{M_t 2t}{\frac{4}{3}R_1 t^3(1+2\pi)} = \frac{3M_t}{2R_1 t^2(1+2\pi)}$.

Der aufmerksame Leser wird nun sicherlich begriffen haben, was grundsätzlich bei all diesen Aufgaben zu tun ist:

1.) M_t bestimmen.
2.) Querschnittstyp durch „scharfes Hinsehen“ bestimmen.
3.) I_t berechnen.
4.) aus Bredt I den Drehwinkel $\varphi(x)$ berechnen,
5.) die Schubspannungen mit Hilfe der Tabelle berechnen.

Die größte und wichtigste Arbeit besteht in der Bestimmung von I_t. Üben wir das auf der nächsten Seite noch mal:

7C 4

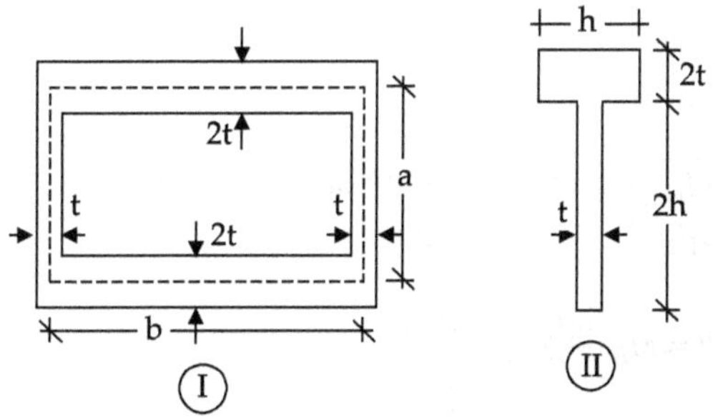

Bestimme die Torsionsflächenträgheitsmomente I_t der skizzierten Querschnitte.

Querschnitt I (Typ B):

$$\underline{I_t^{\mathrm{I}}} = \frac{4A_m^2}{\oint \frac{ds}{t(s)}} = \frac{4a^2b^2}{2\int_0^a \frac{ds}{t} + 2\int_0^b \frac{ds}{2t}} = \frac{4a^2b^2}{\frac{2a}{t} + \frac{b}{t}} = \underline{\frac{4a^2b^2t}{2a+b}}.$$

Querschnitt II (Typ C):

$$\underline{I_t^{\mathrm{II}}} = \frac{1}{3}\sum h_i b_i^3 = \frac{1}{3}\left(2ht^3 + h8t^3\right) = \underline{\frac{10}{3}ht^3}.$$

7C 5 Superposition bei der Torsion

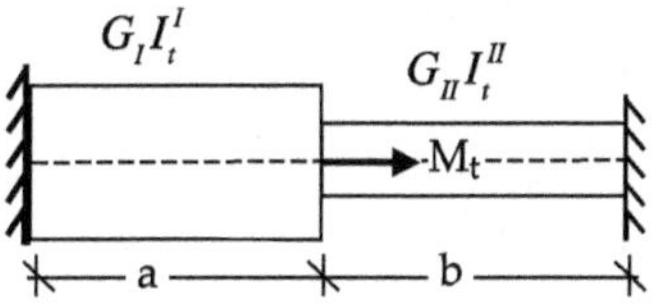

Gegeben: a, b, M_t und beide Torsionssteifigkeiten GI_t.
Gesucht: Die Torsionseinspannmomente.

Der Gedankengang der Superposition ist derselbe wie bei der Balkenbiegung:

1. Schaffe das statisch bestimmte Grundsystem, indem du ein Lager entfernst.
2. Berechne den Drehwinkel an diesem Lager.
3. Bringe an diesem Lager das unbestimmte Einspannmoment an und berechne für diesen Lastfall den Drehwinkel am Lager.
4. Aus der Forderung, dass die Summe der Drehwinkel Null ergeben muss, ergibt sich das Einspannmoment.

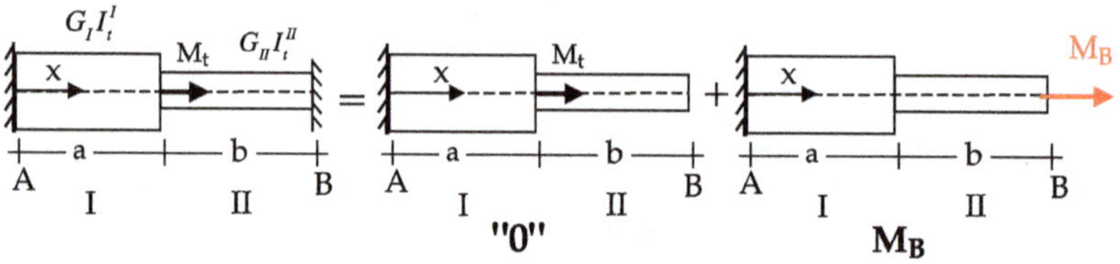

$$\begin{aligned} \varphi(x) &= \varphi_{''0''}(x) + \varphi_{M_B}(x) \\ \varphi^{\mathrm{II}}(a+b) &= \varphi^{\mathrm{II}}_{''0''}(a+b) + \varphi^{\mathrm{II}}_{M_B}(a+b) = 0 \end{aligned}$$

Aus der 1. Bredt'schen Formel folgt:

"0": $$\boxed{\varphi^{\mathrm{II}}_{''0''}(a+b) = \varphi^{\mathrm{I}}_{''0''}(a) = \frac{M_t}{G_{\mathrm{I}} I_{\mathrm{I}}} a}$$ (Das Schnittmoment im Bereich II ist Null) !!

M_B: $$\varphi^{\mathrm{II}}_{M_B}(a+b) = \frac{M_B}{G_{\mathrm{I}} I_{\mathrm{I}}} a + \frac{M_B}{G_{\mathrm{II}} I_{\mathrm{II}}} b = M_B \frac{G_{\mathrm{II}} I_{\mathrm{II}} a + G_{\mathrm{I}} I_{\mathrm{I}} b}{G_{\mathrm{I}} I_{\mathrm{I}} G_{\mathrm{II}} I_{\mathrm{II}}}$$

$$\boxed{M_B = -\frac{G_{\mathrm{II}} I_{\mathrm{II}} a}{G_{\mathrm{I}} I_{\mathrm{I}} b + G_{\mathrm{II}} I_{\mathrm{II}} a} M_t}$$

Das Torsionseinspannmoment am rechten Lager ist damit gefunden, und alle anderen Größen an dieser statisch unbestimmten Aufgabe können nun berechnet werden.

Zum Schluß noch eine **„Mamutaufgabe"**, in der **alles drin** ist. Keine Angst, wir werden sie in niedliche kleine Teilaufgaben zerlegen und Schritt für Schritt dem Endergebnis näherkommen. Jede Teilaufgabe ist für sich allein verständlich.

7C 6

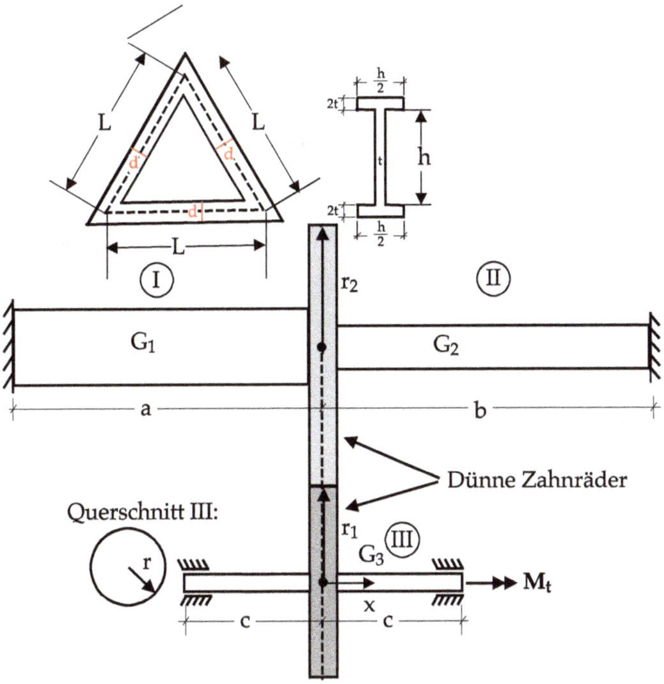

Der untere Stab III wird durch ein Torsionsmoment M_t belastet. Dadurch werden die beiden oberen Stäbe tordiert. Die Kraftübertragung erfolgt über zwei Zahnräder.

Gesucht sind

a) das Torsionsmoment, das auf die obere Welle übertragen wird,

b) die Torsionsflächenträgheitsmomente der einzelnen Systemteile,

c) der Drehwinkel des oberen Zahnrades,

d) der Drehwinkel des Momentenangriffspunktes.

Gegeben: Alle in der Zeichnung ersichtlichen Größen.

Teil a) Die Kraftübertragung

Im rechten Teil des unteren Stabes beträgt das Schnittmoment $M_t(x) = M_t$.

Das folgt aus

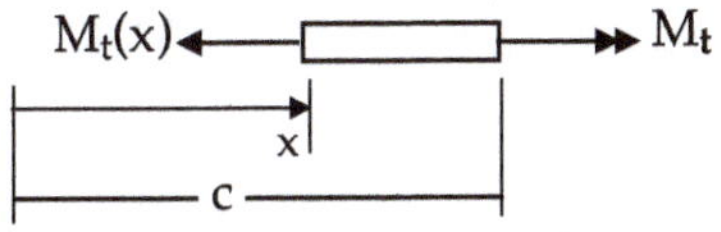

$$\sum M = 0 = M_t - M_t(x).$$

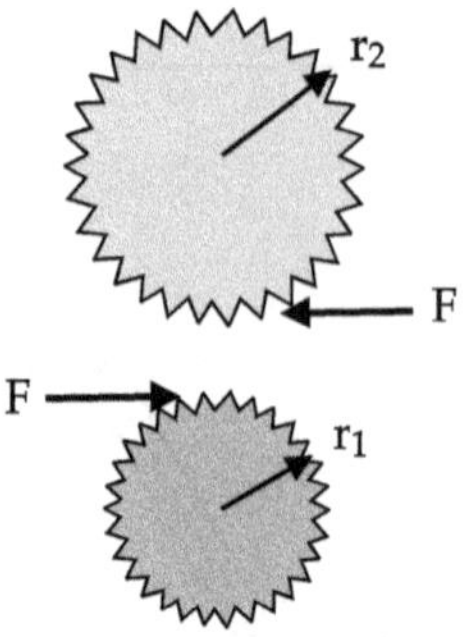

Zwischen den Zahnrädern wirkt eine zur Zeichenebene tangentiale Kraft F.

Aus dem Momentengleichgewicht des unteren Rades folgt

$$\boxed{Fr_1 = M_t \quad \Rightarrow \quad F = \frac{M_t}{r_1}}.$$

Damit wird über das obere Rad in die obere Welle ein Torsionsmoment der Größe $M|_t^o = Fr_2 = \frac{r_2}{r_1}M_t$ eingeleitet.

Wie sich dieses Moment nach rechts und links verteilt, werden wir später berechnen.

Teil b) Die Trägheitsmomente

(I) $$\underline{I_t^{\mathrm{I}}} = \frac{4A_m^2}{\oint \frac{ds}{t(s)}} = \frac{4\left(\frac{1}{2}LL\sin 60^\circ\right)^2}{3\int_0^L \frac{ds}{d}} = \frac{\frac{1}{4}L^4 3}{\frac{3}{d}L} = \underline{\frac{1}{4}L^3 d},$$

(II) $$\underline{I_t^{\mathrm{II}}} = \frac{1}{3}\sum_{i=1}^{3} h_i b_i^3 = \frac{1}{3}ht^3 + 2\frac{h}{3}(2t)^3 = \underline{3ht^3},$$

(III) $$\underline{I_t^{\mathrm{III}} = \frac{1}{2}\pi r^4}.$$

Teil c) Drehwinkel des oberen Rsdes

Das schauen wir uns etwas genauer an. Es handelt sich hier um eine einfach statisch unbestimmte Torsionsaufgabe von folgendem Aussehen:

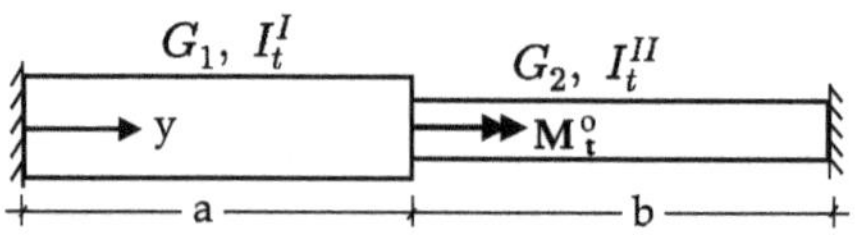

Zum übersichtlicheren Verständnis führen wir eine neue Koordinate y ein.

Das **Superpositionsprinzip** haben wir sicher noch in guter Erinnerung. Es führt auch hier zum Erfolg:

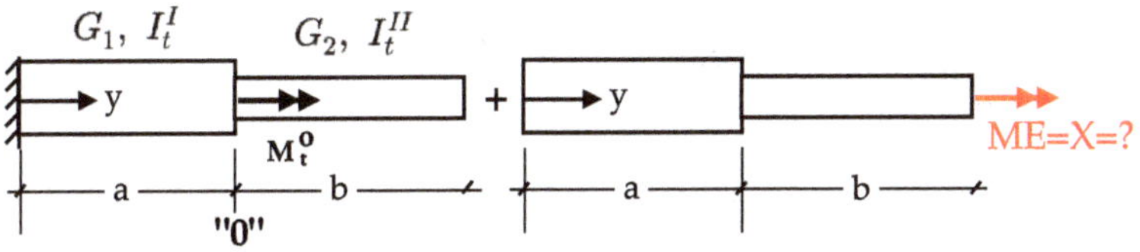

$$\varphi_{''0''}(a+b) \quad + \quad \varphi_X(a+b) = 0 \quad \text{Einspannung!!}$$

Aus der letzten Gleichung werden wir gleich das Einspannmoment am rechten Lager berechnen. Ist dieses bekannt, so lässt sich an jeder beliebigen Stelle der oberen Welle der Drehwinkel bestimmen.

$$\int_0^a \frac{M_t^o}{G_1 I_t^{\mathrm{I}}} dy + \int_a^{a+b} \frac{0}{G_2 I_t^{\mathrm{II}}} dy + \int_0^a \frac{X}{G_1 I_t^{\mathrm{I}}} dy + \int_a^{a+b} \frac{X}{G_2 I_t^{\mathrm{II}}} dy \stackrel{!}{=} 0$$

$$\Rightarrow \quad \frac{aM_t^o}{G_1 I_t^{\mathrm{I}}} + \frac{Xa}{G_1 I_t^{\mathrm{I}}} + \frac{Xb}{G_2 I_t^{\mathrm{II}}} = 0$$

$$\Rightarrow \quad \boxed{X = M^E = -\frac{M_t^o a \left[G_1 I_t^{\mathrm{I}} G_2 I_t^{\mathrm{II}}\right]}{G_1 I_t^{\mathrm{I}} \left[aG_2 I_t^{\mathrm{II}} + bG_1 I_t^{\mathrm{I}}\right]}}.$$

Auf das Einsetzen der bereits ermittelten Werte der Trägheitsmomente und des oberen Torsionsmoment verzichten wir. Das prinzipielle Vorgehen hat absoluten Vorrang.

Damit können wir den gesuchten Drehwinkel des oberen Rades berechnen:

$$\varphi(a) = \varphi_{''0''}(a) + \varphi_X(a),$$

$$\varphi(a) = \int_0^a \frac{M_t^o}{G_1 I_t^{\mathrm{I}}} dy + \int_0^a \frac{X}{G_1 I_t^{\mathrm{I}}} dy,$$

$$\boxed{\varphi(a) = \frac{M_t^o a}{G_1 I_t^{\mathrm{I}}} + \frac{Xa}{G_1 I_t^{\mathrm{I}}} = \frac{a}{G_1 I_t^{\mathrm{I}}} \left(M_t^o + X\right)}.$$

Da keine Zahlenwerte gegeben sind, ist es stumpfsinnig und sinnlos, die ermittelten Einzelergebnisse einzusetzen.

Teil d) Drehwinkel des Momentenangriffspunktes

Dreht sich das obere Rad um den soeben errechneten Winkel $\varphi(a)$, so folgt für den Drehwinkel des unteren Rades

$$\varphi_{u(nten)}(x=0) = \frac{r_2}{r_1} \varphi_{o(ben)}(a).$$

Der Drehwinkel der Momentenangriffsstelle ergibt sich dann aus

$$\varphi_u(x=c) = \frac{r_2}{r_1}\varphi_o(y=a) + \int\limits_{x=0}^{c} \frac{M_t}{G_3 I_t^{\mathrm{III}}}\,dx,$$

$$\boxed{\varphi_u(x=c) = \frac{r_2}{r_1}\varphi_o(y=a) + \frac{M_t}{G_3 I_t^{\mathrm{III}}}c}.$$

Geschafft! Alle Fragen sind beantwortet.

8C Theorie 2. Ordnung Knickung

(Völlig geknickter Grömaz)
(Hund „Shila" ist entlaufen)

Begriffserklärung: „Knickung" im Sinne der Mechanik bedeutet **nicht**, dass das System „Knick" sagt und damit gebrochen ist. Es bedeutet lediglich, dass eine Gleichgewichtslage instabil wird und das System eine andere **stabile Lage** einnimmt.

„Theorie 2. Ordnung" bedeutet, dass die Schnittlasten am **verformten System** berechnet werden, was ja wohl realistischer ist.

Allerdings ist dieses Vorgehen auch arbeitsaufwendiger (oh, du grausame reale Welt).

Schauen wir uns das Verfahren an Hand der sog. „Eulerstäbe" an:

8C 1 1. Eulerstab

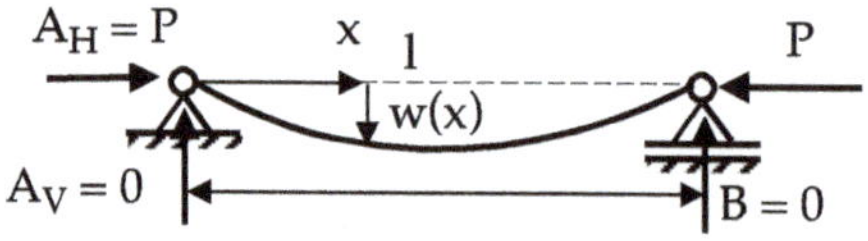

Schnittlastmoment (nur das interessiert im Moment) am verformten System:

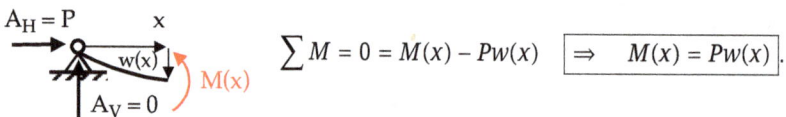

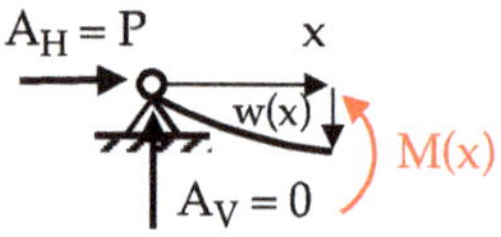

$$\sum M = 0 = M(x) - Pw(x) \quad \boxed{\Rightarrow \quad M(x) = Pw(x)}.$$

Die Berechnung am unverformten System hätte $M(x) = 0$ ergeben.

Damit folgt für die Biegelinie $\boxed{EIw''(x) = -Pw(x)}$

oder mit $\underline{\lambda^2 = \frac{P}{EI}}$: $\boxed{w''(x) + \lambda^2 w(x) = 0}$.

Das ist eine lineare homogene Differentialgleichung (DGL) 2. Ordnung. Wie man eine solche löst, lehrt die Mathematik. Ich gebe die Lösung einfach mal an:

$$\boxed{w(x) = C_1 \sin \lambda x + C_2 \cos \lambda x}.$$

Wer das nicht glaubt: In die DGL einsetzen und prüfen, ob diese erfüllt ist.

C_1 und C_2 sind Integrationskonstanten, die wie gelernt aus 2 RB bestimmt werden. Machen wir das:

1. $w(0) = 0 \Rightarrow C_2 = 0$
2. $w(l) = 0 \Rightarrow C_1 \sin \lambda l = 0$
   a) $C_1 = 0 \Rightarrow w(x) = 0$ Stab bleibt gerade (Triviallösung)
   b) $\sin \lambda l = 0$ EIGENWERTGLEICHUNG

$$\Rightarrow \quad \lambda l = n\pi, \quad n = 1, 2, 3, \ldots$$

$$\rightarrow \quad \infty \text{ viele Eigenwerte } \lambda_n = \sqrt{\frac{P^n_{kr}}{EI}} = \frac{n\pi}{l}$$

$$\rightarrow \quad \infty \text{ viele kritische Lasten } P^n_{kr} = n^2 \frac{\pi^2 EI}{l^2}$$

$$\rightarrow \quad \infty \text{ viele Biegelinien } w_n(x) = C_1 \sin \lambda_n x \quad \boldsymbol{C_1} \textbf{ bleibt unbekannt!}$$

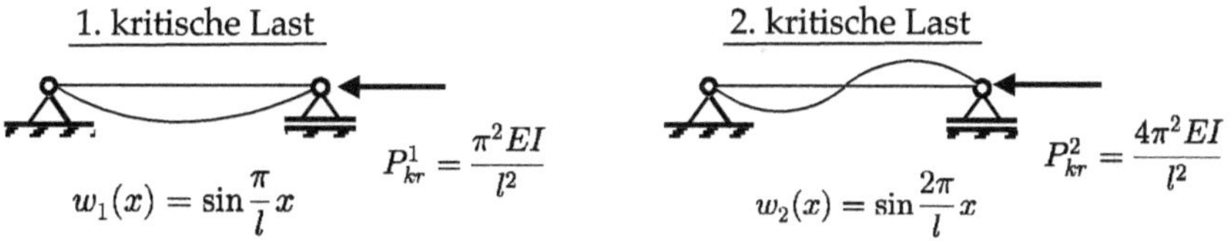

Das kann man beliebig oft fortführen. Zwischen den kritischen Lasten wären die Gleichgewichtslagen wieder stabil. Nun wird so mancher sagen: „Grömaz spinnt. Solche Biegelinien habe ich noch nie gesehen“. „Stimmt“ wird Grömaz antworten. Aber:

1. Jeder Ingenieur wird so bauen, dass nicht einmal die 1. kritische Last erreicht wird, sonst wäre das Bauwerk kaputt.
2. Die 2. (wie auch die 3., 4., usw.) Eigenform ist nur schnöde Theorie, da die Balkenbiegung nur im Hookeschen Bereich gilt – also müssen die Verformungen klein bleiben. Es wird sich kein Baumaterial finden, das sich bei der 2. kritischen Last noch im Hookeschen Bereich befindet.

Die hier gefundenen Ergebnisse gelten also nur für Materialien, die nie den elastischen Bereich verlassen.

8C 2 Der 3. Eulerfall:

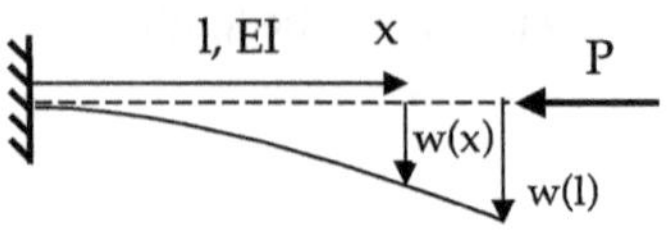

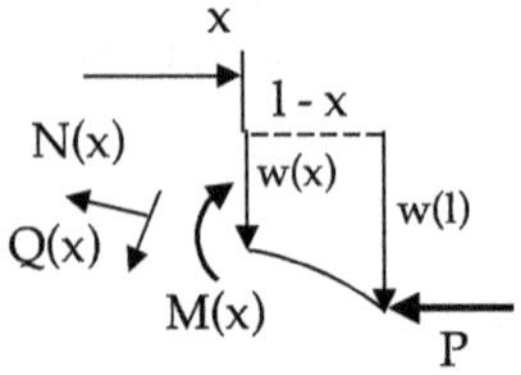

Biegemoment am verformten System:

$M(x) = -P[w(l) - w(x)] = -EIw''(x)$

$$\Rightarrow \quad w''(x) + \lambda^2 w(x) = \lambda^2 w(l) \quad \text{mit}\ \lambda^2 = \frac{P}{EI}.$$

Lösung: $w(x) = C_1 \sin \lambda x + C_2 \cos \lambda x + w(l)$.

RB $w'(0) = 0 \quad \Rightarrow \quad C_1 = 0$

$w(0) = 0 = C_2 + w(l) \quad \Rightarrow \quad C_2 = -w(l)$

$w(l) = C_1 \sin \lambda l + C_2 \cos \lambda l + w(l)$

$\Rightarrow \quad C_2 \cos \lambda l = 0$

a) $C_2 = 0$ Triviallösung.

b) $\cos \lambda l = 0$ Eigenwertgleichung.

Aus b) folgt

$$\lambda_n l = \frac{\pi}{2}(2n - 1) \quad n = 1, 2, 3, \ldots$$

$$\Rightarrow \quad \lambda_1 = \frac{\pi}{2l} = \sqrt{\frac{P_{kr}^1}{EI}} \quad \Rightarrow \quad P_{kr}^1 = \frac{\pi^2 EI}{4l^2} \quad w_1(x) = -w(l) \cos \frac{\pi}{2l} x$$

w(1) bleibt unbekannt!.

Der 2. Eulerfall ist ein beiderseits eingespannter Stab:

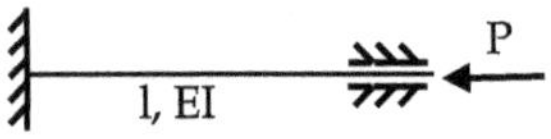

Hier ergibt sich: $P_{kr}^1 = \dfrac{\pi^2 EI}{(0{,}5l)^2}$.

Der 4. Eulerfall ist ein einseitig eingespannter und auf der anderen Seite gelenkig gelagerte Stab:

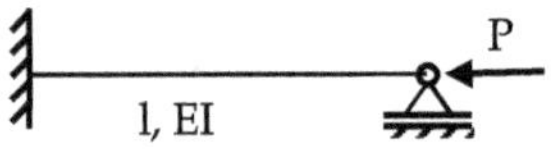

Hier ergibt sich: $P_{kr}^1 = \dfrac{\pi^2 EI}{(0{,}7l)^2}$.

Wie das zustandekommt, zeige ich ein paar Seiten später mit einer anderen Methode.

Zusammenstellung der vier Eulerfälle

l, EI	Eigewertglei-chung	P_{kr}^1
	$\sin \lambda l = 0$	$P_{kr}^1 = \frac{\pi^2 EI}{(0{,}7l)^2}$
	$1 - \cos \lambda l$	$P_{kr}^1 = \frac{\pi^2 EI}{l^2}$
	$\cos \lambda l = 0$	$P_{kT}^1 = \frac{\pi^2 EI}{(2l)^2}$
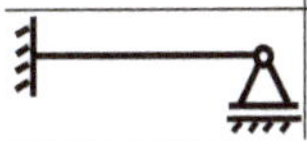	$\tan \lambda l = \lambda l$	$P_{kr}^1 = \frac{\pi^2 EI}{(0{,}5l)^2}$

$P_{kr}^1 = \frac{\pi^2 EI}{l_r^2}$

l_r: Reduzierte Stablange

Das ist der Abstand der Wendepunkte von $w(x)$!

Die folgenden Aufgaben gehören zum Thema: **Erkenne die Eulerfälle.**

8C 3

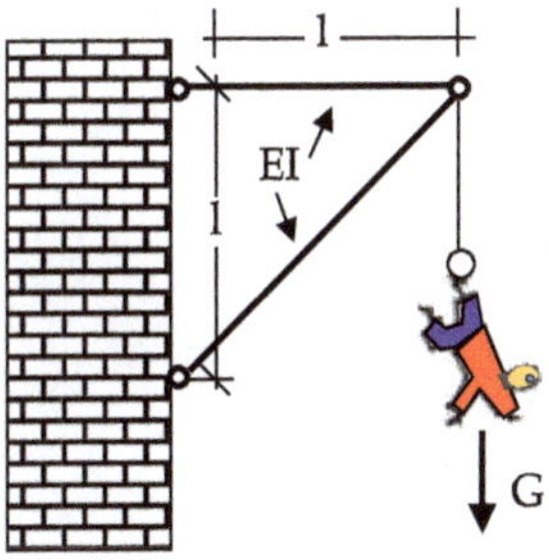

Wie schwer darf Grömaz sein, damit kein Stab ausknickt?

Stabkräfte:

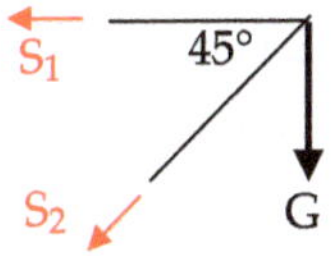

$$\sum V = 0 = S_2 \sin 45^\circ + G \quad \Rightarrow \quad S_2 = -\sqrt{2}G \text{ Druck,}$$
$$\sum H = 0 = S_1 + S_2 \cos 45^\circ \quad \Rightarrow \quad S_1 = +G \text{ Zug.}$$

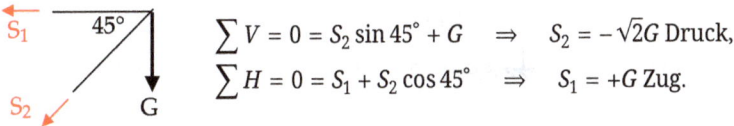

Nur der schräge Stab ist also „knickgefährdet“. Seine Länge ist $l\sqrt{2}$ Er ist beiderseits gelenkig gelagert, also der 1. Eulerfall:

$$\boxed{P_{kr}^1 = \frac{\pi^2 EI}{2l^2} > \sqrt{2}G \quad \Rightarrow \quad G < \frac{\pi^2 EI}{2\sqrt{2}l^2}}.$$

8C 4

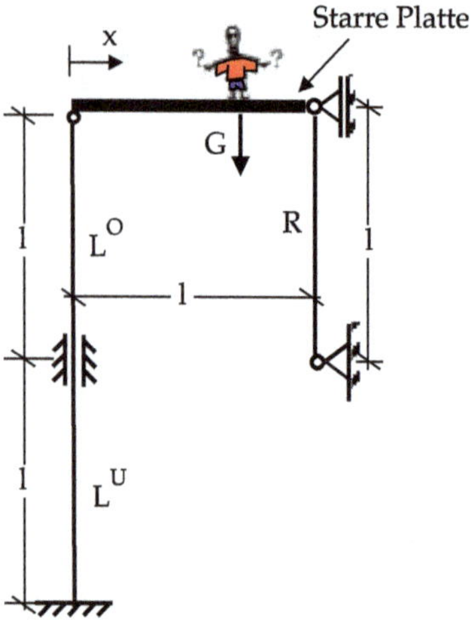

(Idiotische) Frage:
Wo muss Grömaz stehen, damit beide Stäbe *L* und *R* die gleiche Knicksicherheit haben?
Gegeben: Die Zeichnung, *EI* ist in allen Stäben gleich.

Die Stabkräfte sind gleich den Lagerkräften der Platte:

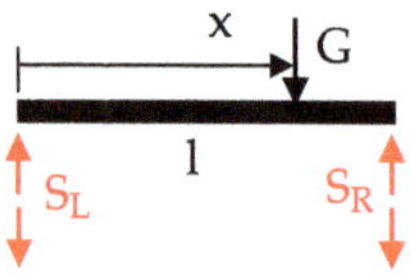

$$\sum M_L = 0 = S_R l - Gx \quad \Rightarrow \quad S_R = G\frac{x}{l},$$

$$\sum V = 0 = S_L + S_R - G \quad \Rightarrow \quad S_L = G\frac{l-x}{l}.$$

Kritische Lasten:

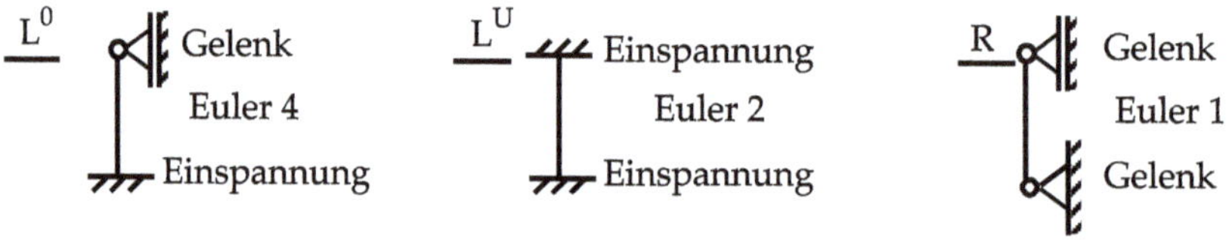

$$P_{kr}^{L^o} = \frac{\pi^2 EI}{(0{,}7l)^2} \qquad < \qquad P_{kr}^{L^u} = \frac{\pi^2 EI}{(0{,}5l)^2} \qquad P_{kr}^{L^a} = \frac{\pi^2 EI}{l^2}.$$

Der obere linke Stab ist also gefährdeter und somit für die Bemessung maßgebend.

Knicksicherheit:

Definition der Knicksicherheit: $\nu = \frac{P_{kT}}{P_{\text{vorh}}}$.

Gefordert ist

$$\nu^R = \nu^L$$

$$\Rightarrow \quad \frac{\pi^2 EIl}{l^2 Gx} = \frac{\pi^2 EIl}{0.49 l^2 G(l-x)} \quad \Rightarrow \quad x = 0{,}49(l-x) \quad \boxed{\Rightarrow \quad x = 0{,}33l}.$$

Bisher haben wir nur die vier Eulerfälle „unter die Lupe" genommen, was relativ einfach war. Die Biegelinienberechnung nach der Theorie 2. Ordnung ist aber im allgemeinen ziemlich arbeits- bzw. schreibaufwendig. Das soll die nächste Aufgabe zeigen.

8C 5

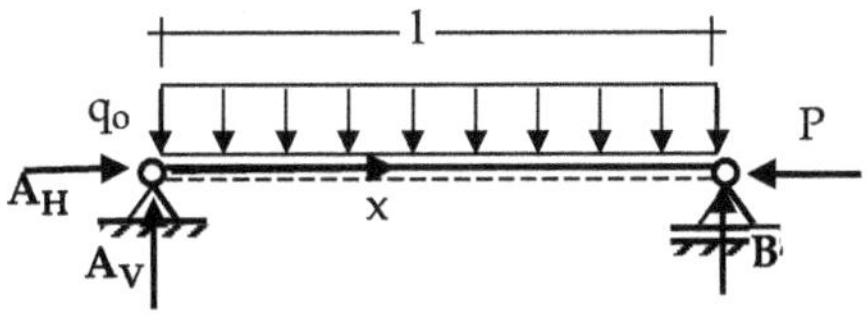

1. Eulerstab mit Streckenlast

Gegeben: q_o, l, P, EI = const.

Gesucht: Die Biegelinie nach Theorie 2. Ordnung.

1. Schnittlastmoment:

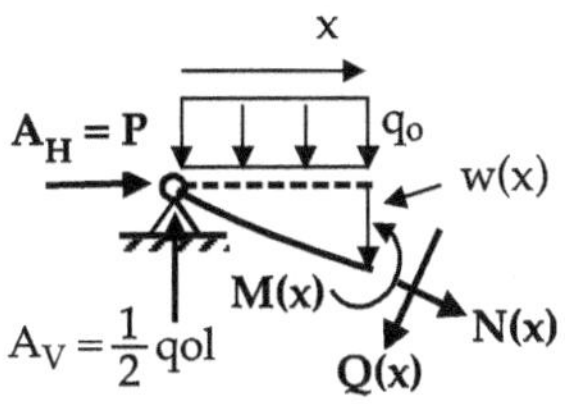

$$\sum M = 0 = M(x) - Pw(x) - \frac{1}{2}q_0 lx + \frac{1}{2}q_0 x^2$$

$$\Rightarrow \quad M(x) = Pw(x) + \frac{1}{2}q_0 lx - \frac{1}{2}q_0 x^2.$$

2. DGL der Biegelinie: $EIw''(x) = -M(x)$; mit $\lambda^2 = \frac{P}{EI}$ folgt:

$$\boxed{w''(x) + \lambda^2 w(x) = \frac{q_0}{2EI}\left(x^2 - lx\right)}.$$

Hätten wir nach der Theorie 1. Ordnung gerechnet, so würde der Term $\lambda^2 w(x)$ nicht auftreten, und wir könnten durch zweimalige Integration die Biegelinie berechnen. Nun müssen wir allerdings diese („komplizierte") DGL lösen. Wie man das macht, lehrt die Mathmatik.

Wir belasten uns hier nicht mit Mathe und ich gebe die Lösung der Gleichung an:

3. Allgemeine Lösung:

$$\boxed{w(x) = C_1 \sin\lambda x + C_2 \cos\lambda x + \frac{q_0}{2P}x^2 - \frac{q_0 l}{2P}x - \frac{q_0}{P\lambda^2}.}$$

4. Anpassen an die RB:

a)

$$w(0) = 0 \quad \Rightarrow \quad \underline{C_2 = \frac{q_0}{P\lambda^2}},$$

b)

$$w(l) = 0 = C_1 \sin\lambda l + \frac{q_0}{P\lambda^2}\cos\lambda l + \underbrace{\frac{q_0 l^2}{2P} - \frac{q_0 l^2}{2P}}_{=0} - \frac{q_0}{P\lambda^2}$$

$$\Rightarrow \quad \underline{C_1 = \frac{q_0}{P\lambda^2 \sin\lambda l}[1 - \cos\lambda l].}$$

Damit ist die Biegelinie vollständig berechnet:

$$\boxed{w(x) = \frac{q_0[1-\cos\lambda l]}{P\lambda^2 \sin\lambda l}\sin\lambda x + \frac{q_0}{P\lambda^2}\cos\lambda x + \frac{q_0}{2P}x^2 - \frac{q_0 l}{2P}x - \frac{q_0 EI}{P^2}}.$$

Hier bleibt nichts mehr unbekannt wie bei den Eulerfällen. Man erkennt auch, dass für $\sin\lambda l = 0$ die Durchbiegung $w(x)$ über alle Grenzen wächst! Der Stab knickt also wirklich!
$\sin\lambda l = 0$ war aber die Eigenwertgleichung für den 1. Eulerstab.

$$\Rightarrow \quad \lambda_n = \frac{n\pi}{l} \quad \Rightarrow \quad P_{kr}^n = \frac{n^2\pi^2 EI}{l^2}.$$

Erkenntnis: Die kritische Last ist von sonstigen Belastungen unabhängig!

Die kritischen Lasten lassen sich aber auch anders berechnen: Wenn man die „Knick-DGL" zweimal differenziert, erhält man eine DGL 4. Ordnung:

$$\boxed{w^{IV}(x) + \lambda^2 w''(x) = 0}.$$

Mit derallgemeinen Lösung

$$\boxed{w(x) = A\sin\lambda x + B\cos\lambda x + C\lambda x + D}.$$

Durch Anpassen an vier RB erhält man die Eigenwertgleichung bzw. P_{kr}. Das probieren wir sofort am 1. Eulerstab.

8C 6 1. Eulerstab:

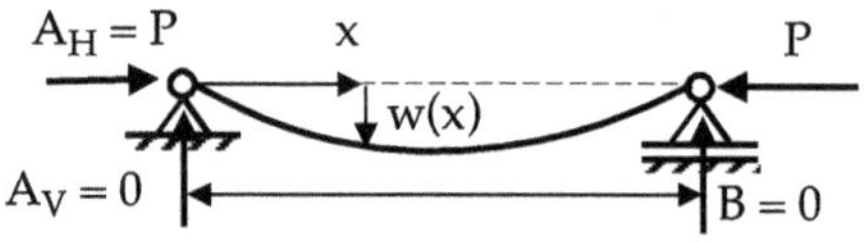

$\boxed{w(x) = A\sin\lambda x + B\cos\lambda x + C\lambda x + D}$ Hier startet die Lösung.

1. **RB** $w(0) = 0 \quad \Rightarrow \quad B + D = 0.$

2. **RB** $w''(0) = 0 \quad \Rightarrow \quad -B\lambda^2 = 0.$

3. **RB** $w''(l) = 0 = -A\lambda^2 \sin\lambda l - B\lambda^2\cos\lambda l.$

4. **RB** $w(l) = 0 = A\sin\lambda l + B\cos\lambda l + C\lambda l + D.$

Damit haben wir das folgende homogene Gleichungssystem:

A	*B*	*C*	*D*	
0	1	0	1	
0	1	0	0	= 0
$\sin\lambda l$	$\cos\lambda l$	0	0	
$\sin\lambda l$	$\cos\lambda l$	λl	1	

Die Existenz einer nichttrivialen Lösung erfordert das Verschwinden der Koeffizientendeterminante.

Entwickeln nach der 2. Zeile:

$$\text{Det} = 0 = \begin{vmatrix} 0 & 0 & 1 \\ \sin\lambda l & 0 & 0 \\ \sin\lambda l & \lambda l & 1 \end{vmatrix} = \lambda l \sin\lambda l = 0$$

Das ist natürlich die Eigenwertgleichung des 1. Eulerstabes.

Im allgemeinen ist das Gleichungssystem nicht so einfach aufgebaut wie in der vorigen Aufgabe. Das bedeutet mehr Schreibarbeit – das Prinzip bleibt aber gleich.

Für den 2. Eulerstab haben wir die Knicklast noch nicht hergeleitet. Das machen wir in der folgenden Aufgabe 8C 7.

8C 7

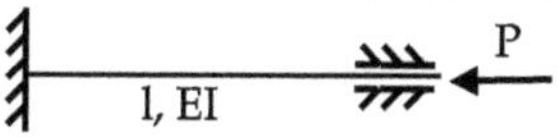

$$w(x) = A\sin\lambda x + B\cos\lambda x + C\lambda x + D.$$

1. **RB** $w(0) = 0 = B + D.$
2. **RB** $w'(0) = 0 = A\lambda + C\lambda.$
3. **RB** $w'(l) = 0 = A\lambda\cos\lambda l - B\lambda\sin\lambda l + C\lambda.$
4. **RB** $w(l) = 0 = A\sin\lambda l + B\cos\lambda l + C\lambda l + D.$

Damit haben wir das folgende homogene Gleichungssystem:

A	*B*	*C*	*D*	
0	1	0	1	0
1	0	1	0	= 0
$\cos\lambda l$	$-\sin\lambda l$	1	0	0
$\sin\lambda l$	$\cos\lambda l$	λl	1	0

Die Existenz einer nichttrivialen Lösung erfordert das Verschwinden der Koeffizientendeterminante.

Entwickeln nach der 1. Zeile:

$$\text{Det} = 0 = -\begin{vmatrix} 1 & 1 & 0 \\ \cos\lambda l & 1 & 0 \\ \sin\lambda l & \lambda l & 1 \end{vmatrix} - \begin{vmatrix} 1 & 0 & 1 \\ \cos\lambda l & -\sin\lambda l & 1 \\ \sin\lambda l & \cos\lambda l & \lambda l \end{vmatrix}$$

$$\Rightarrow \quad \lambda l \sin\lambda l + 2(\cos\lambda l - 1) = 0.$$

Die Erfüllung dieser Gleichung erfordert

$$\Rightarrow \quad \sin\lambda l = 0 \quad \text{und} \quad (\cos\lambda l - 1) = 0.$$

Das ist nur möglich für: $\lambda_n = 2n\pi$.

Damit folgt die kritische Last

$$P_{kr}^{1} = \frac{\pi^2 EI}{(0{,}5l)^2}.$$

8C 8 Der 3. Eulerfall

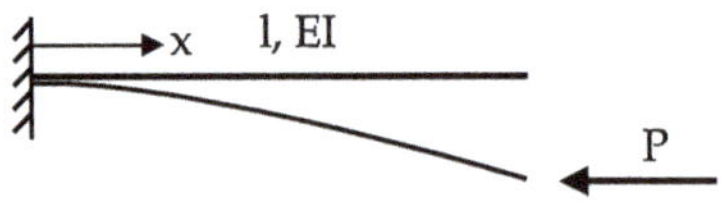

$$w(x) = A\sin\lambda x + B\cos\lambda x + C\lambda x + D.$$

1. **RB** $w(0) = 0 = B + D.$
2. **RB** $w'(0) = 0 = A + C.$
3. **RB** $w''(l) = 0 = A\sin\lambda l + B\cos\lambda l.$
4. **RB** $\boxed{Q(l) = -EIw'''(l) = ???}$ Hier müssen wir erst überlegen!

$Q(l)$ wird aus der Kraftgleichgewichtsbedingung am rechten Rand ermittelt. Dabei dürfen wir nicht vergessen, dass das verformte System betrachtet werden muss:

$$\sum F_Q = 0 = Q(l) + P\sin\alpha(l)$$

$$\Rightarrow \quad \underline{Q(l) = -P\sin\alpha(l)}.$$

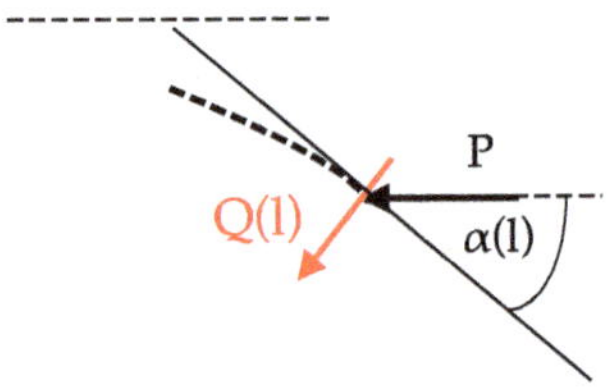

Nun gilt aber für kleine Verformungen

$$\sin\alpha(l) \approx \tan\alpha(l) = w'(l)$$
$$\Rightarrow \quad Q(l) = -Pw'(l).$$

Damit lautet die **4. RB**:

$$EIw'''(l) - Pw'(l) = 0$$
$$\text{oder mit } \lambda^2 = \frac{P}{EI}: \quad w'''(l) - \lambda^2 w'(l) = 0.$$

Setzt man hier die Biegelinie ein, so erhält man $\underline{\boldsymbol{C = 0}}$.

Aus **RB 2** folgt dann $A = 0$ und schließlich aus **RB 3**

$$\cos\lambda l = 0,$$

dasselbe Ergebnis, wie in Aufgabe 8B 2!

8C 9 Nun noch der 4. Eulerfall, den wir noch nicht behandelt haben.

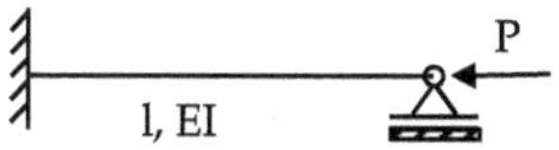

$$w(x) = A\sin\lambda x + B\cos\lambda x + C\lambda x + D.$$

1. **RB** $w(0) = 0 = B + D.$
2. **RB** $w'(0) = 0 = A\lambda + C\lambda.$
3. **RB** $w''(l) = 0 = -A\lambda^2\sin\lambda l - B\lambda^2\cos\lambda l.$
4. **RB** $w(l) = 0 = A\sin\lambda l + B\cos\lambda l + C\lambda l + D.$

Damit haben wir das folgende homogene Gleichungssystem:

A	*B*	*C*	*D*	
0	1	0	1	0
1	0	1	0	= 0
$\sin\lambda l$	$\cos\lambda l$	0	0	0
$\sin\lambda l$	$\cos\lambda l$	λl	1	0

Die Existenz einer nichttrivialen Lösung erfordert das Verschwinden der Koeffizientendeterminante.

Entwickeln nach der 1. Zeile

$$\text{Det} = 0 = -\begin{vmatrix} 1 & 1 & 0 \\ \sin\lambda 1 & 0 & 0 \\ \sin\lambda l & \lambda l & 1 \end{vmatrix} - \begin{vmatrix} 1 & 0 & 1 \\ \sin\lambda l & \cos\lambda l & 0 \\ \sin\lambda l & \cos\lambda l & \lambda l \end{vmatrix}$$

$$\boxed{\Rightarrow \quad \sin\lambda l - \lambda l\cos\lambda l = 0 \quad \Rightarrow \quad \tan\lambda l = \lambda l.}$$

Das ist eine transzendente Gleichung für λ, die man iterativ löst.

Es folgt die kritische Last: $\boxed{P_{kr} = \dfrac{\pi^2 EI}{(0{,}7l)^2}}$.

8C 10

Knickaufgabe mit zwei Bereichen

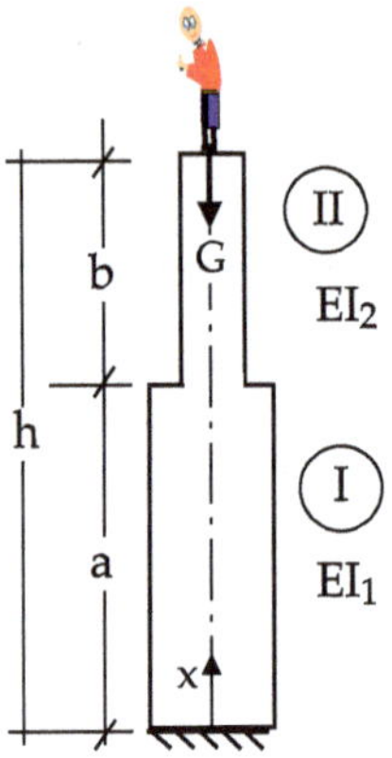

Man berechne den sogenannten **„kritischen Grömaz“.**

Gegeben: a, b, EI_1, EI_2.

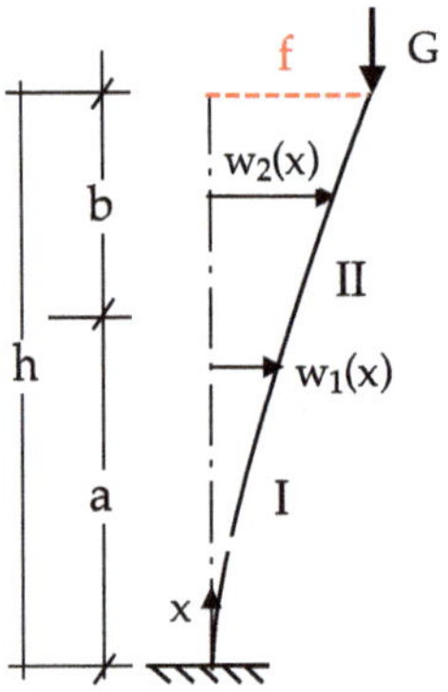

Die Schnittmomente sind leicht zu erkennen:

$$M_1(x) = -G\,[f - w_1(x)]\,,$$

$$M_2(x) = -G\,[f - w_2(x)]$$

$\Rightarrow$ Die Differentialgleichungen der Biegelinien:

$$EI_{\mathrm{I}} w_1''(x) = -M_1(x) = G\,[f - w_1(x)]\,,$$

$$EI_{\mathrm{II}} w_2''(x) = -M_2(x) = G\,[f - w_2(x)]\,.$$

Normalform:

$$w_1''(x) + \lambda_1^2 w_1(x) = \lambda_1^2 f,$$
$$w_2''(x) + \lambda_2^2 w_2(x) = \lambda_2^2 f,$$
$$\text{mit } \lambda_j^2 = \frac{G}{EI_j}.$$

Zwischenbemerkung:
Wer es noch nicht gemerkt hat: Der Lösungsweg dieser 8. Übung ist derselbe, wie schon in der 4. Übung gelernt.

a) Schnittmoment berechnen **(hier mit Theorie 2. Ordnung, dort mit Theorie 1. Ordnung).**
b) Bilde $EIw''(x) = -M(x)$ **(hier wie dort)!**
c) Finde die allgemeine Lösung der DGL **(hier wie dort)**!
d) Bestimme die Integrationskonstanten durch Formulierung der Rand- und Übergangsbedingungen **(hier wie dort)**!

Die allgemeinen Lösungen:

$$\boxed{w_1(x) = C_1 \sin \lambda_1 x + C_2 \cos \lambda_1 x + f}$$
$$\boxed{w_2(x) = C_3 \sin \lambda_2 x + C_4 \cos \lambda_2 x + f}$$

RB $w_1'(0) = 0 = C_1\lambda_1 \quad \Rightarrow \quad \underline{C_1 = 0}$

$w_1(0) = 0 = C_2 + f \quad \Rightarrow \quad \underline{C_2 = -f}$ noch unbekannt!

ÜB $w_1'(a) = w_2'(a)$ (ein “Knick” ist ja bei der Knickung verboten!)

$$\Rightarrow \quad -C_2\lambda_1 \sin \lambda_1 a = C_3\lambda_2 \cos \lambda_2 a - C_4\lambda_2 \sin \lambda_2 a$$

$$w_1(a) = w_2(a)$$

$$C_2 \cos \lambda_1 a + f = C_3 \sin \lambda_2 a + C_4 \cos \lambda_2 a + f$$

RB $w_2(h) = f = C_3 \sin \lambda_2 h + C_4 \cos \lambda_2 a + f.$

Damit sind zunächst formal fünf Gleichungen zur Bestimmung der Unbekannten C_1–C_4 und f geschaffen. Mit $C_1 = 0$ und $f = -C_2$ verbleibt noch folgendes Gleichungssystem:

C_2	C_3	C_4	
$\lambda_1 \sin \lambda_1 a$	$\lambda_2 \cos \lambda_2 a$	$-\lambda_2 \sin \lambda_2 a$	0
$-\cos \lambda_1 a$	$\sin \lambda_2 a$	$\cos \lambda_2 a$	0
0	$\sin \lambda_2 h$	$\cos \lambda_2 h$	0

Das ist ein homogenes Gleichungssystem. Soll es eine von Null verschiedene Lösung geben, so muss gefordert werden:

Koeffizientendeterminante = Null.

Das ergibt die Eigenwertgleichung, aus der dann die Eigenwerte folgen. Aber welcher denn? λ_1 oder λ_2? Nun, in beiden ist die einzige Unbekannte „G". Also folgt aus der Eigenwertgleichung der „kritische Gömaz" G.

Natürlich ersparen wir uns hier das Ausrechnen der Determinante. Es ergäbe sich eine transzendente Gleichung, die wir einem Mathematiker übergeben würden. Mit der kritischen Last wären auch die Biegelinien bis auf eine multiplikative Konstante bekannt.

Betrachten wir zum Schluss noch den Spezialfall:

$$EI_{\mathrm{I}} = EI_{\mathrm{II}} = EI \quad \text{d. h. } \lambda_1 = \lambda_2 = \sqrt{\frac{G}{EI}}.$$

Hier ergibt sich $\cos \lambda h = 0$ Natürlich der 3. Eulerfall.

9C Ebene Seilstatik

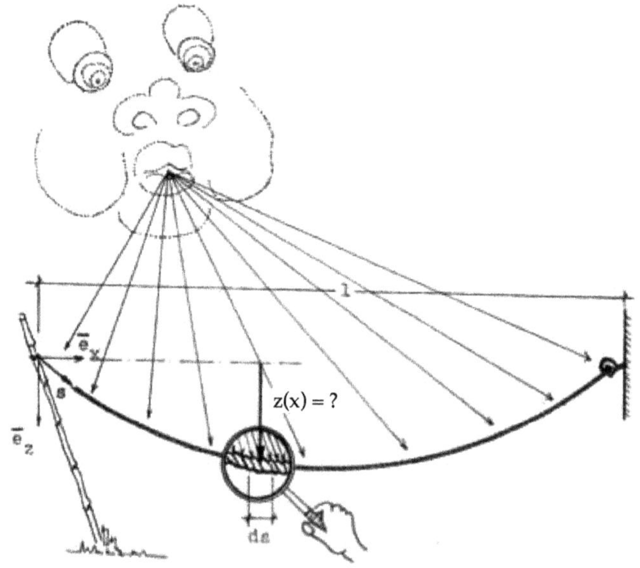

Seile können nur Zugkräfte aufnehmen, besitzen also keine Biegesteifigkeit. Gesucht ist meist die Seillinie $z(x)$ und die Seilkraft $S(x)$.

Die theoretischen Grundlagen der Seilstatik sind einfach und mit wenigen Worten erklärt:

Betrachten wir ein unendlich kleines Stückchen Seil der Länge ds, belastet durch die Steckenlast

$$\vec{q}(s) = q_x(s)\vec{e}_x + q_z(s)\vec{e}_z$$

wobei $\vec{q}(s)$ Belastung/Seillänge bedeutet (z. B. Eigengewicht)

Die Seilkraft wird in Horizontal- und Vertikalkomponente zerlegt.

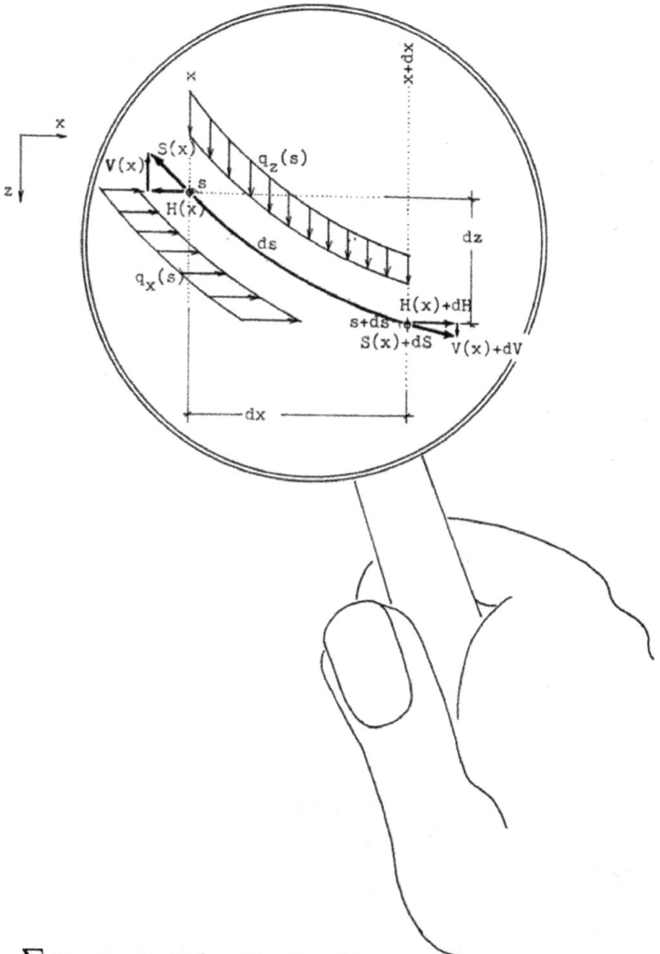

$$\sum F_x = 0 = q_x(s)ds - H + H + dH$$

$$\Rightarrow \quad \frac{dH}{ds} = -q_x(s),$$

$$\sum F_z = 0 = q_z(s)ds - V + V + dV$$

$$\Rightarrow \quad \frac{dV}{ds} = -q_z(s).$$

Pythagoras:

$$S(x) = \sqrt{H^2(x) + V^2(x)}.$$

Geometrie:

$$ds = \sqrt{dx^2 + dz^2} = \sqrt{1 + z'(x)^2}dx$$

$$\Rightarrow \quad z'(x) = \frac{dz}{dx} = \frac{V(x)}{H(x)}.$$

Im Folgenden betrachten wir nur den Fall, dass es keine horizontalen Lasten gibt.

$$q_x(s) = 0 \quad \Rightarrow \quad H = constant$$

(a)

q = q_z(s) = Last/Seillänge

$$z''(x) = \frac{1}{H}\frac{dV}{dx}$$

$$z''(x) = \frac{1}{H} \cdot \frac{-q(s)ds}{dx}$$

$$z''(x) = \frac{-q(s)}{H}\sqrt{1 + z'(x)^2}$$

Für $q(s) = q_o$ = const lautet die Lösung dieser Gleichung:

$$z(x) = C_1 - \frac{H}{q_0} \cos h\left(\frac{x + C_2}{H} q_0\right)$$

(b)

q = q_z(x) = Last/x-Länge

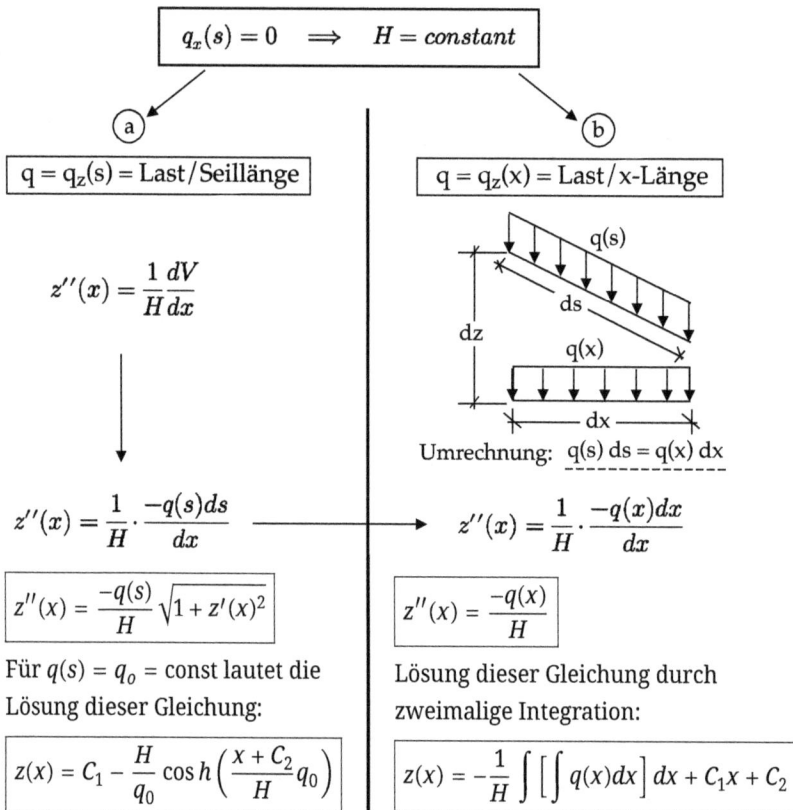

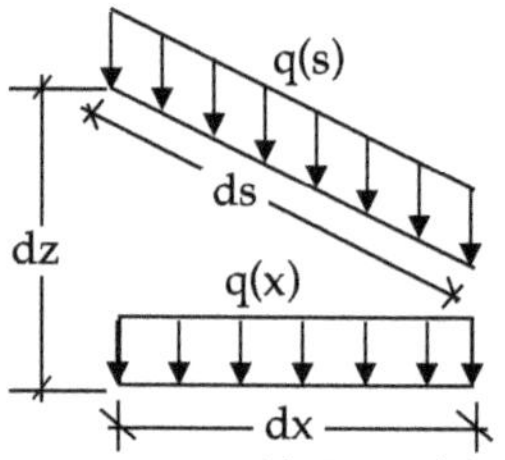

Umrechnung: q(s) ds = q(x) dx

$$z''(x) = \frac{1}{H} \cdot \frac{-q(x)dx}{dx}$$

$$z''(x) = \frac{-q(x)}{H}$$

Lösung dieser Gleichung durch zweimalige Integration:

$$z(x) = -\frac{1}{H}\int\left[\int q(x)dx\right]dx + C_1x + C_2$$

Zur Bestimmung der drei Konstanten C_1, C_2 und H müssen noch drei Randbedingungen erfüllt werden.

Schließlich gilt noch:

Seillänge: $$\boxed{L = \int_0^l \sqrt{1 + z'(x)^2} dx},$$

Seilkraft: $$\boxed{S(x) = H\sqrt{1 + z'(x)^2} dx}.$$

Für Hyperbelfunktionen gilt:

$$\sin hx = \frac{1}{2}(e^x - e^{-x}), \quad \cos hx = \frac{1}{2}(e^x + e^{-x}),$$
$$(\sin hx)' = \cos hx, \quad (\cos hx)' = \sin hx,$$
$$1 + (\sin hx)^2 = (\cos hx)^2.$$

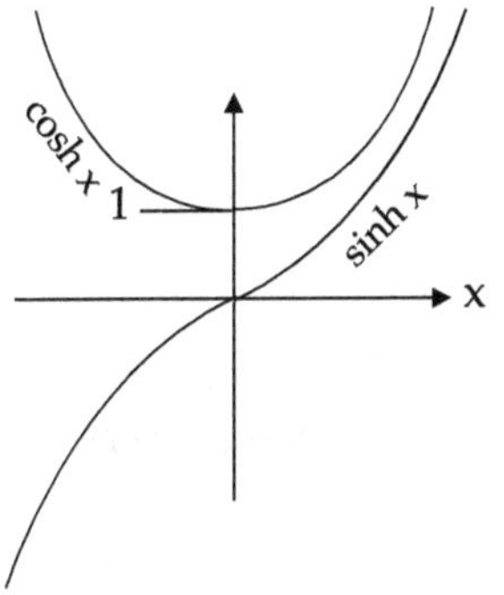

$$\cos h(-x) = \cos hx,$$
$$\sin h(-x) = -\sin hx.$$

Mit diesen wenigen Grundlagen sind wir in der Lage, alle in ME I gestellten Seilaufgaben zu lösen.

9C 1

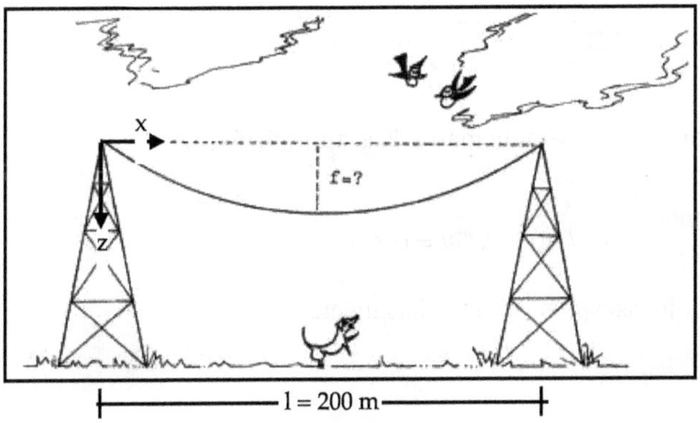

Zwischen zwei Masten wird ein Stromkabel gespannt.
(Eigengewicht: q_0 = 10 N/m). Die maximale Seilkraft darf 2250 N betragen. Wie lang muss das Seil sein und wie groß ist der maximale Durchhang f?

Es liegt der Fall (a) vor ($q_z(s) = q_o$ = Last/Seillänge)

$$\text{Also:} \quad z(x) = C_1 - \frac{H}{q_0} \cos h \frac{x + C_2}{H} q_0 \quad \Rightarrow \quad z'(x) = -\sin h \frac{q_0}{H}(x + C_2).$$

Randbedingungen:
1. $z(0) = 0$,
2. $z'\left(\frac{l}{2}\right) = 0$ (wegen Symmetrie),
3. $z(l) = 0$,
4. $S_{\max} = 2250\,\text{N}$.

Mal sehen, was uns das beschert:

$$\text{Zu 1:} \quad z(0) = 0 = C_1 - \frac{H}{q_0} \cos h \frac{q_0}{H} C_2,$$

$$\text{Zu 2:} \quad z'\left(\frac{l}{2}\right) = 0 = -\sin h \frac{q_0}{H}\left(\frac{l}{2} + C_2\right) \quad \Rightarrow \quad \underline{C_2 = -\frac{l}{2}}$$

$$\text{und damit: } \underline{C_1} = \frac{H}{q_0} \cos h\left(-\frac{q_0 l}{2H}\right) = \underline{\frac{H}{q_0} \cos h\left(\frac{q_0 l}{2H}\right)},$$

$$\text{Zu 3:} \quad z(l) = 0 = \frac{H}{q_0} \cos h \frac{q_0 l}{2H} - \frac{H}{q_0} \cos h \frac{q_0}{H}\left(l - \frac{l}{2}\right) = 0 \qquad \text{automatisch erfüllt!}$$

Warum ist das automatisch erfüllt? Weil wir die Symmetrie erkannt hatten, was zu RB 2 führte.

$$\text{Zu 4:} \quad \max S = 2250 = H\sqrt{1 + \max z'^2(x)} = H\sqrt{1 + z'^2(0)},$$

$$\text{Zu 4:} \quad \max S = 2250 = H\sqrt{1 + \left(\sin h \frac{q_0}{H} \frac{l}{2}\right)^2} = H \cos h \frac{q_0 l}{2H}.$$

Mit den gegebenen Zahlenwerten

$$\boxed{\frac{2250}{H} = \cos h \frac{1000}{H}}.$$

Diese transzendente Gleichung für H könnte man z. B. graphisch lösen.

Mit der Substitution:

$$u = \frac{1000}{H} \text{ folgt: } f(u) = 2{,}25u = \cos hu = g(u).$$

Die Schnittpunkte der Funktionsgraphen sind die Lösungen.

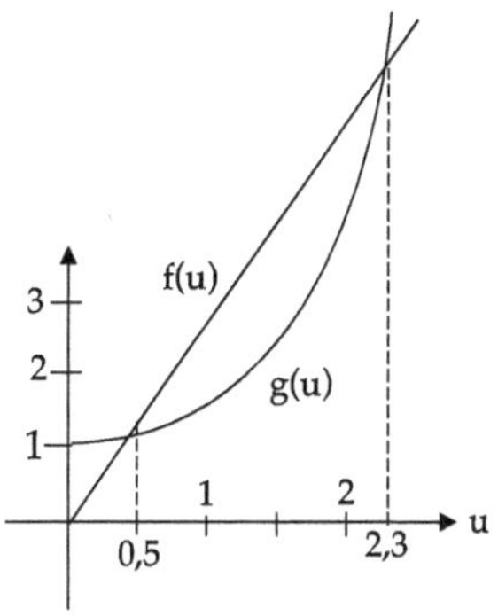

Man erhält

$$u_1 = 0{,}5 \quad \Rightarrow \quad \underline{H_1 = 2000\,\text{N}},$$

$$u_2 = 2{,}3 \quad \Rightarrow \quad \underline{H_2 = 435\,\text{N}}.$$

Es gibt also zwei Lösungen für den Horizontalzug. Wir werden gleich sehen, warum.

Die Konstanten C_1, C_2 und H sind damit ermittelt.

Die gesuchte Seillänge erhält man wie folgt:

$$\int_{x=0}^{l} \sqrt{1 + z'^2(x)}dx = \int_0^l \sqrt{1 + \sin h\frac{q_0}{H}\left[\left(x - \frac{l}{2}\right)\right]^2} dx = \int_0^l \cos h\frac{q_0}{H}\left(x - \frac{l}{2}\right) dx,$$

$$L = \frac{H}{q_0} \sin h\frac{q_0}{H}\left(x - \frac{l}{2}\right)\Bigg|_0^l = \frac{2H}{q_0} \sin h\frac{q_0 l}{2H}.$$

Mit $l = 200$ m und $q_o = 10$ N/m ergibt sich:

$$L_{1,2} = \frac{H_{1,2}}{5} \sin h\frac{1000}{H_{1,2}}.$$

Es gibt also zwei Seillängen, die zur maximalen Seilkraft max $S = 2250$ N führen.

Diese sind $\underline{L_1 = 208{,}3\,\text{m}}$ und $\underline{L_2 = 429{,}0\,\text{m}}$.

Damit gibt es auch zwei Seillinien $z_1(x)$ und $z_2(x)$ mit den maximalen Durchhängen

$$\underline{f_1 = 25{,}5\,\text{m}} \quad \text{und} \quad \underline{f_2 = 175{,}6\,\text{m}}.$$

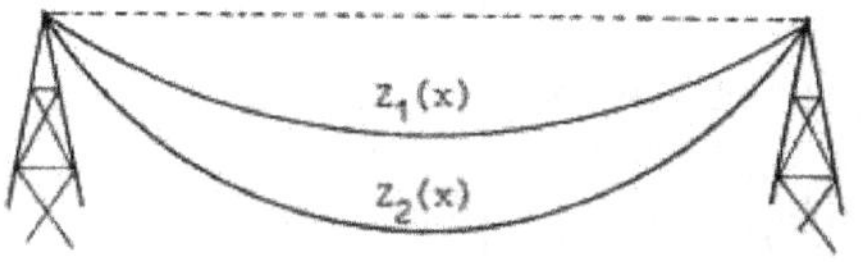

9C 2

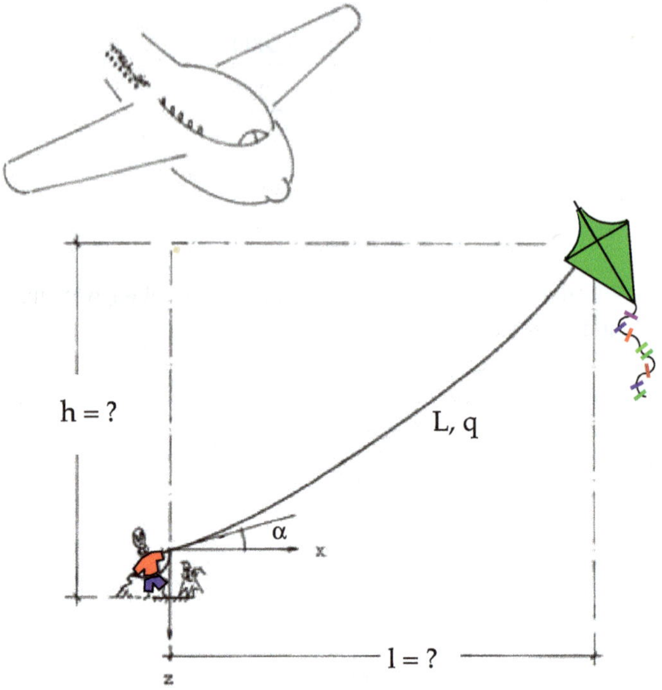

Grömaz läßt einen soeben gebastelten Drachen steigen. Er hat sich dazu eine 300 m lange Schnur gekauft, deren Eigengewicht $q_0 = 0{,}04$ N/m beträgt. Um einen Zusammenstoß mit dem heraneilenden „Jumbo" zu vermeiden, will er die Koordinaten l und h bestimmen. Dazu misst er die Kraft, mit der er das Seil halten muss, und den Seilneigungswinkel gegenüber der Horizontalen.
Er misst $S(0) = 10$ N und $\alpha = 0°$, d. h. $z'(0) = 0$.
Die Windkraft auf das Seil ist zu vernachlässigen.

DGL der Seillinie: $$z''(x) = -\frac{q(s)}{H}\sqrt{1 + z'^2(x)}$$

Lösung dieser: $$z(x) = C_1 - \frac{H}{q_0}\cos h\left(\frac{x + C_2}{H}q_0\right)$$

Ableitung: $$z'(x) = -\frac{H}{q_0}\sin h\frac{q_0}{H}(x + C_2)$$

Unbekannt: C_1, C_2, H

Randbed.: $$z'(0) = 0 = -\sin h\frac{q_0}{H}C_2 \quad \Rightarrow \quad C_2 = 0$$

$$z(0) = 0 = C_1 - \frac{H}{q_0}\cos h(0) \quad \Rightarrow \quad C_1 = \frac{H}{q_0}$$

$$\text{Seilkraft:}\quad S(x) = H\sqrt{1+z'^2(x)}$$

$$\underline{S(0)} = H\sqrt{1+z'^2(0)} = \underline{H = 10\,\text{N}}$$

$$\Rightarrow \quad \underline{C_1} = \frac{H}{q_0} = \frac{10}{0{,}04} = \underline{250\,\text{m}}$$

$$\text{Seillinie:}\quad \Rightarrow \quad z(x) = 250\left(1 - \cos h\frac{1}{250}x\right).$$

Gekauftes Seil:

$$L = 300\,\text{m} = \int_0^l \sqrt{1+z'^2(x)}dx = \int_0^l \sqrt{1+\left(\sin h\frac{1}{250}x\right)^2}dx,$$

$$L = 300\,\text{m} = \int_0^l \cos h\frac{1}{250}x dx = 250 \sin h\frac{l}{250}$$

$$\boxed{\Rightarrow \quad 1{,}2 = \sin h\frac{l}{250}}.$$

Lösung dieser transzendenten Gleichung: $\underline{l = 253{,}99}$ m
(siehe schlaues Buch, oder rechne selber z. B. mit regula falsi).

Und damit bekommt man

Und schließlich: $h = 140{,}49$ m.

9C 3

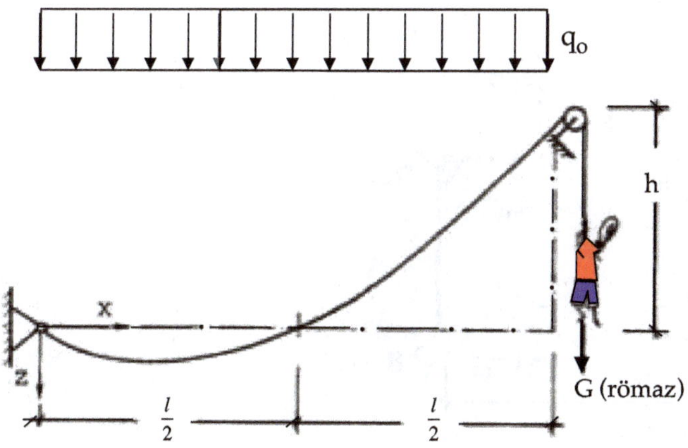

Gegeben: $l, h, G = \frac{5}{4}q_0 l$
Gesucht: *h so, dass* $z(l/2) = 0$

Es liegt Fall (b) vor (q = Last/Abzisseneinheit)

$$z''(x) = -\frac{q_0}{H},$$
$$z'(x) = -\frac{q_0}{H}x + C_1,$$
$$z(x) = -\frac{q_0}{2H}x^2 + C_1 x + C_2.$$

Unbekannt: C_1, C_2, H.

Randbedingungen:

a: $z(0) = 0 = C_2,$

b: $z\left(\frac{l}{2}\right) = 0 = -\frac{q_0 l^2}{8H} + C_1\frac{l}{2}$

$\Rightarrow \quad C_1 = \frac{q_0 l}{4H},$

c: $S(l) = G = H\sqrt{1 + z'^2(l)} = H\sqrt{1 + \left(-\frac{q_0 l}{H} + \frac{q_0 l}{4H}\right)^2} = H\sqrt{1 + \frac{9q_0^2 l^2}{16H^2}}.$

Quadrieren:

$$G^2 = H^2 + \frac{9}{16}q_0^2 l^2 \quad \Rightarrow \quad H = q_0 l \left(G = \frac{5}{4}q_0 l\right)! \quad \Rightarrow \quad C_1 = \frac{1}{4}$$

$$\Rightarrow \quad z(x) = -\frac{1}{2l}x^2 + \frac{1}{4}x \quad \Rightarrow \quad h = z(l) = -\frac{1}{4}l.$$

9C 4

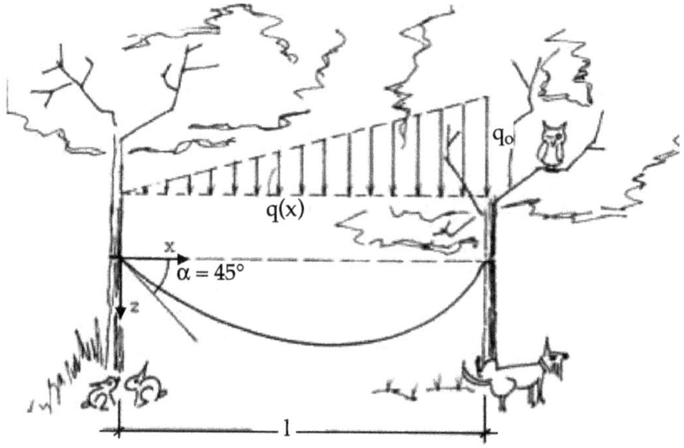

Bestimme den maximalen Durchhang und die maximale Seilkraft für die gegebene dreiecksförmige Belastung $q(x)$.

Gegeben: l, q_0, $\alpha = 45°$.

Wie und warum eine „Dreieckslast" auf das Seil wirkt, soll uns nicht interessieren, da wir nur dem theoretischen Ideal hinterherjagen.

Aus dem Strahlensatz folgt sofort für die Belastung pro x-Einheit:

$$q(x) = \frac{q_0}{l}x.$$

Und damit

$$z''(x) = -\frac{q_0}{H}x \quad \Rightarrow \quad z'(x) = -\frac{q_0}{2Hl}x^2 + C_1 \quad \Rightarrow \quad z(x) = -\frac{q_0}{6Hl}x^3 + C_1x + C_2,$$

$$\textbf{RB} \quad z(o) = 0 = C_2,$$

$$z'(0) = \tan 45^\circ = \underline{1 = C_1},$$

$$z(l) = 0 = -\frac{q_0 l^2}{6H} + C_1 l \quad \Rightarrow \quad \underline{H = \frac{q_0 l}{6}}.$$

Die Seilgleichung lautet damit

$$z(x) = -\frac{1}{l^2}x^3 + x \quad \Rightarrow \quad z'(x) = -\frac{3}{l^2}x^2 + 1.$$

Die maximale Seilkraft ergibt sich aus

$$\max S = S(l) = H\sqrt{1 + \max z'^2(l)} = H\sqrt{1 + z'^2(l)} = H\sqrt{1+4},$$

$$\max S = S(l) = \frac{\sqrt{5}}{6}q_0 l.$$

Die Stelle des maximalen Durchhangs f folgt aus

$$z'(x_M) = 0 = -\frac{3}{l^2} + 1 \quad zu \quad \underline{x_M = \frac{1}{\sqrt{3}}l} \quad \Rightarrow \quad \underline{f = z\left(\frac{l}{\sqrt{3}}\right) = \frac{2}{3\sqrt{3}}l.}$$

9C 5

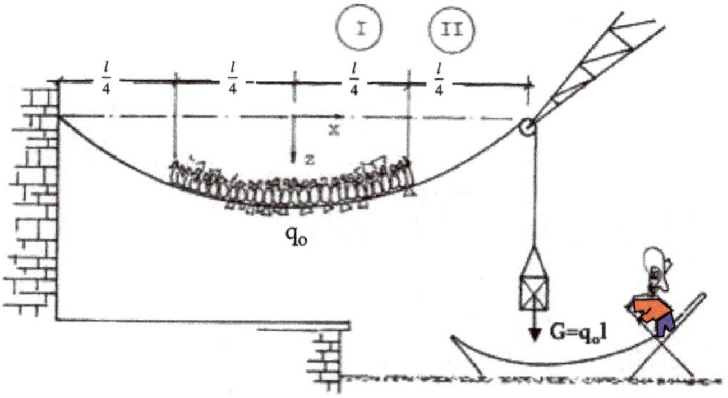

Auf obigem Seil wirkt eine konstante Streckenlast q_o (Lastfall: Vögel). Unter der Voraussetzung eines flachen Durchhangs (d. h. $z'(x) \ll 1$) bestimme man die Seillinie. Das Seileigengewicht ist gegenüber dem Lastfall „Vögel" zu vernachlässigen.

Streng genommen ist $q_o = q(s)$ (Last/Seillänge).

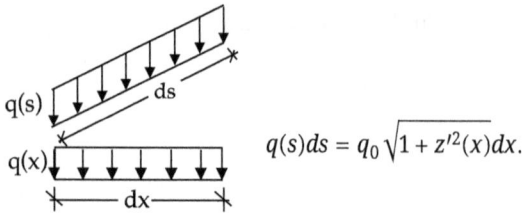

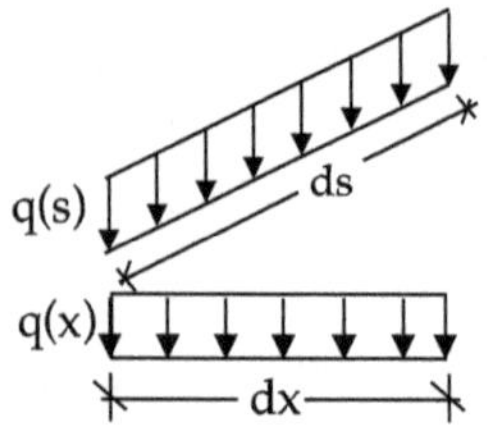

$$q(s)ds = q_0\sqrt{1 + z'^2(x)}dx.$$

Wegen $z'(x) \ll 1$ bekommt man: $q(x) = q_0$.

Wegen der Symmetrie betrachten wir nur die rechte Seite:

Bereich I	Bereich II
$z_{\mathrm{I}}''(x) = -\frac{q_0}{H}$	$z_{\mathrm{II}}''(x) = 0$
$z_{\mathrm{I}}'(x) = -\frac{q_0}{H}x + C_1$	$z_{\mathrm{II}}'(x) = C_3$
$z_{\mathrm{I}}(x) = -\frac{q_0}{2H}x^2 + C_1 x + C_2$	$z_{\mathrm{II}}(x) = C_3 x + C_4$
RB $z_{\mathrm{I}}'(0) = 0 = C_1$	$z\left(\frac{l}{2}\right) = 0 = C_3\frac{l}{2} + C_4$

ÜB

(a) $$z_I'\left(\frac{l}{4}\right) = z_{II}'\left(\frac{l}{4}\right)$$

$$-\frac{q_o l}{4H} = C_3 \longrightarrow C_4 = \frac{q_o l^2}{8H}$$

(b) $$z_I\left(\frac{l}{4}\right) = z_{II}\left(\frac{l}{4}\right)$$

$$-\frac{q_0 l^2}{32H} + C_2 = -\frac{q_0 l^2}{16H} + \frac{q_0 l^2}{8H} \quad \Rightarrow \quad C_2 = \frac{3q_0 l^2}{32H}$$

Damit ist nur noch H unbekannt. Wir kennen aber auch noch die Seikraft am rechten Lager:

$$S\left(\frac{l}{2}\right) = G = q_0 l = H\sqrt{1 + z_{\mathrm{II}}'^2\left(\frac{l}{2}\right)} = H\sqrt{1 + C_3^2},$$

$$q_0 l = H\sqrt{1 + \frac{q_0^2 l^2}{16H^2}} = \sqrt{H^2 + \frac{q_0^2 l^2}{16}} \quad \Rightarrow \quad H = \frac{\sqrt{15}}{4}q_0 l.$$

Die Aufgabe ist gelöst:

$$\boxed{z_{\mathrm{I}}(x) = -\frac{2}{l\sqrt{15}}x^2 + \frac{3l}{8\sqrt{15}}, \quad z_{\mathrm{II}}(x) = -\frac{1}{\sqrt{15}}x + \frac{l}{2\sqrt{15}}.}$$

10C Theoriefragen für eine mündliche Prüfung

Die Fragen sind chronologisch nach dem Inhaltsverzeichnis geordnet.

1. Wie berechnet man das Moment einer Kraft bzgl. eines Punktes?
2. In welche Richtung zeigt der Momentenvektor?
3. Was ist ein Kräftepaar?
4. Was ist ein starrer Körper?
5. Wie lauten die GGB im R3?
6. Was ist ein zentrales Kraftsystem und wann ist es im GG?
7. Was ist ein statisch unbestimmtes System?
8. Zeichnen Sie ein dreifach statisch unbestimmtes System mit zwei Gelenken, einer Einspannung und einem Festlager.
9. Kann eine Momenten-GGB eine Kraft-GGB ersetzen?
10. Was sind Schnittlasten? Wie berechnet man diese?
11. Was ist ein Pendelstab?
12. Wie viele Schnittlasten gibt es allgemein im R3?
13. Wie lauten die DGL der Schnittlasten?
14. Wie sind die Vorzeichen der Schnittlasten festgelegt?
15. 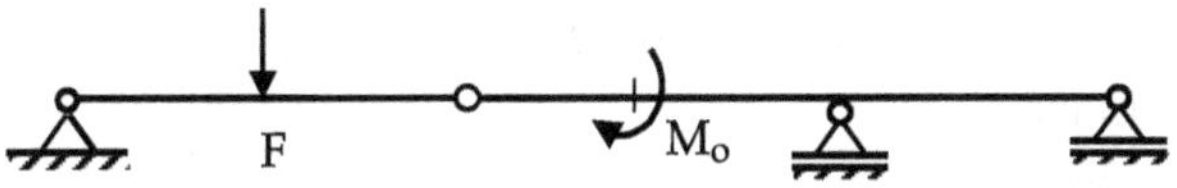

    Skizzieren Sie ohne Rechnung den Querkraft- und Momentenverlauf.
16. Was sind Zustandslinien?
17. 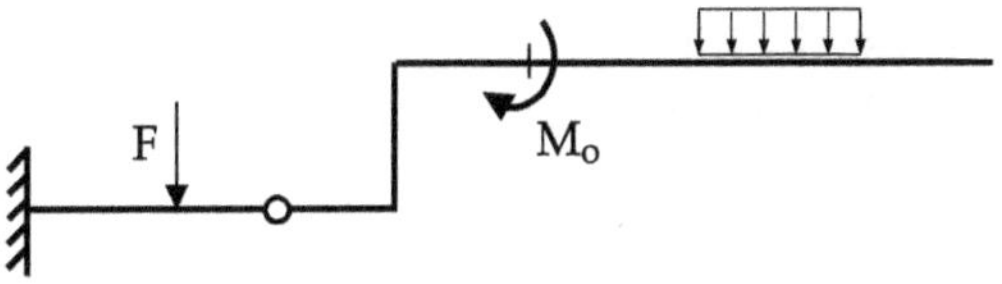

    Für das dargestellte System sollen die Schnittlasten berechnet werden. Wie viele Bereiche sind zu betrachten?
18. Wie verhalten sich die ebenen Schnittlastverläufe $N(x)$, $Q(x)$ und $M(x)$ an Stellen, wo eine äußere Querkraft angreift?
19. Was ist eine Streckenlast und wie könnte diese zustande kommen?
20. Wie ist ein ebenes Gelenkfachwerk definiert?
21. Was besagt das „Abzählkriterium“?
22. Was ist ein „Ritterschnitt“?
23. Von einem ebenen Fachwerk sollen alle Stabkräfte ermittelt werden. Erklären Sie den Lösungsweg.
24. Was ist der Gewichtsschwerpunkt eines Körpers?
25. Gibt es einen Unterschied zwischen einem Gewichtsschwerpunkt und dem Massenmittelpunkt? Begründung!

26. Wie lautet die Summenformel zur Schwerpunktberechnung zusammengesetzter Körper?
27. Kann ein Flächenschwerpunkt außerhalb der Fläche liegen?
28. Was ist der Unterschied zwischen „Dichte“ und Wichte“? Geben Sie die Einheiten beider Größen an.
29. Wie ist allgemein eine Spannung definiert? Welche Einheit hat sie?
30. Was ist ein einachsiger Spannungszustand?
31. Was sind Hauptspannungen?
32. Was sind HTA?
33. Wie viele Spannungen können allgemein auf einem Flächenelement auftreten?
34. Was besagt der Satz der zugeordneten Schubspannungen?
35. Wie viel verschiedene Spannungen können allgemein auf ein Volumenelement wirken?
36. Wie errechnen sich die Schnittlasten $N(x)$ und $Q(x)$ aus den Spannungen?
37. Was ist der Unterschied zwischen einer Normalspannung und einer Schubspannung?
38. Ist der Spannungstensor symmetrisch?
39. Was folgt aus dem Eigenwertproblem des Spannungstensors?
40. Wozu dient der Mohrsche Spannungskreis (in diesem Buch nicht behandelt)?
41. Was versteht man unter einem Verschiebungsfeld?
42. Wie ist die Dehnung definiert?
43. Was besagt das Hookesche Gesetz?
44. Erläutern Sie das Hookesche Gesetz anhand des Spannungs-Dehnungs-Diagramms. Wie findet man in diesem Diagramm den E-Modul?
45. Was versteht man unter einer Dehnsteifigkeit?
46. Wenn die Verschiebung an einer Stelle Null ist, ist dann auch die Dehnung Null?
47. Wie berechnet man eine Temperaturdehnung?
48. Wie berechnet man eine Querdehnung?
49. Welche Werte kann die Querdehnungszahl n annehmen? Was bedeutet $\nu = 0{,}5$?
50.

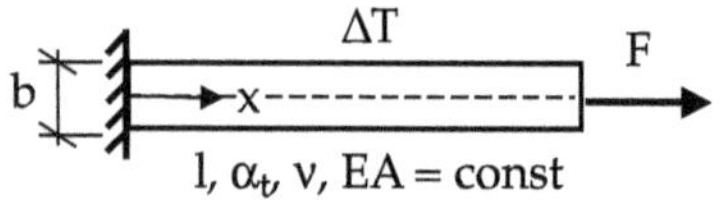

Der gezeichnete Stab wird durch die Kraft F belastet und um $\Delta T°$ erwärmt. Berechnen Sie die Längenänderung und die Änderung der Stabhöhe b infolge der Querkontraktion.

51. Geben Sie die Einheiten folgender Größen in kg, m, s an!

N		ε	
EA		ν	
$q(x)$		α_t	
$M(x)$		E	
$\sigma(x)$		G	

52. Formulieren Sie das Hookesche Gesetz für den dreiachsigen Hauptspannungszustand.
53. Welche Methoden kennen Sie, um die Biegelinie eines Balkens zu berechnen?
54. Was ist eine Biegesteifigkeit und welche Einheit hat sie?
55. Welche Arten von Rand- bzw. Übergangsbedingungen kennen Sie?
56. Bei untenstehenden Balken soll in allen Bereichen die Biegelinie über die 4. Ableitung berechnet werden. Formulieren Sie alle dazu benötigten Rand- bzw. Übergangsbedingungen.

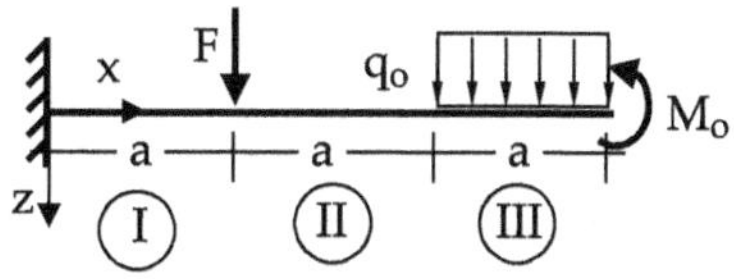

57. Wozu eignet sich die Superpositionsmethode?
58. Beschreiben Sie mit wenigen Worten, wie man bei unten skizzierten Balken die Lagerkraft B mit der Superpositionsmethode berechnen kann.

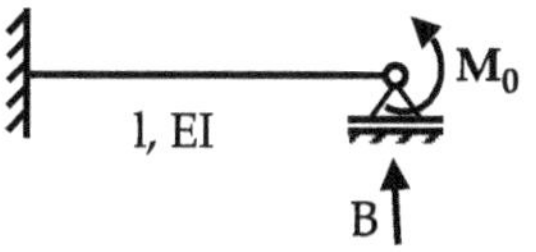

59. Was ist ein statisch bestimmtes Grundsystem?
60. Welche Arten von Randbedingungen brauchen Sie, wenn Sie einen einfach statisch unbestimmten Balken mit einem Bereich über die 4. Ableitung berechnen sollen?
61. Gilt das Gesetz $EIw'' = -M(x)$ für alle Materialien?
62. Wie sind die Flächenträgheitsmomente definiert?
63. Was sind HTA?
64. Was besagt der Satz von Steiner? Notieren Sie diesen für alle drei Fälle.
65. Wie berechnet man die Biegenormalspannungen in einem Balkenquerschnitt?
66. Was ist ein Widerstandsmoment und welche Einheit hat es?
67. Was ist eine Spannungsnulllinie?
68. Wo treten maximale Normalspannungen im Balken auf?
69. Wie lautet die „QUSINENFORMEL"? Was berechnet man mit dieser? Erläutern Sie die auftretenden Größen in der Formel.
70. Was ist ein statisches Moment?
71. Wie lautet die 1. Bredtsche Formel?
72. Unter welchen Voraussetzungen gilt die Theorie von St. Venant?
73. Welche Einheit hat ein Torsionsflächenträgheitsmoment?
74. Was ist eine Verwölbung?
75. Welche Querschnitte sind wölbfrei?
76. Was ist eine Drillung? Welche Einheit hat sie?
77. Wie lautet die 2. Bredtsche Formel?
78. Wie ist die Torsionssteifigkeit definiert?

79. Was bedeutet „Theorie 2. Ordnung“?
80. Was versteht man unter „Stabknickung“?
81. Was ist eine kritische Last und wie viele hat theoretisch ein Stab?
82. Skizzieren Sie die vier Eulerstäbe und geben die zugehörigen kritischen Lasten an.
83. Was versteht man unter einer reduzierten Stablänge?
84. Was sind Eigenformen und wie bestimmt man sie?
85. Auf was für ein Gleichungssystem führt die Formulierung der Randbedingungen bei Knickproblemen?
86. Ändert sich die kritische Last, wenn außer der Druckkraft noch andere Belastungen auftreten?
87. Was versteht man unter „Knicksicherheit“?
88. Wie lautet die DGL der Seillinie, wenn nur eine vertikale Streckenlast $q_z(x)$ wirkt und Belastung/x-Länge gemeint ist.
89. Was kann man in diesem Fall über den Horizontalzug sagen?
90. Wie viele unbekannte Konstanten treten bei einem Seil mit einem Bereich auf, und wie bestimmt man diese?
91. Wie berechnet man die Seilkraft $S(x)$?
92. Was versteht man unter „flachem Durchhang“? Was folgt daraus?
93. Besitzen ideale Seile eine Biegesteifigkeit?
94. Wo findet die „umgekehrte“ Seillinie = Kettenlinie im Bauwesen Anwendung?
95. Hat der Fragenkatalog gefallen?
96. Hätte jemand gedacht, dass man so viele Fragen stellen kann?

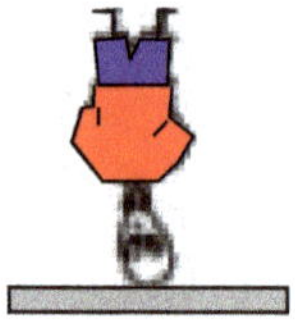

Grömaz verabschiedet sich mit vorzüglicher Hochachtung und hofft, dass die Mechanik im ersten Semester etwas Spaß gemacht hat.
Im zweiten Semester wird sein Sohn Gröpaz versuchen, Euch die Mechanik II zu erklären.

Stichwortverzeichnis

https://doi.org/10.1515/9783111598222-004

www.ingramcontent.com/pod-product-compliance
Lightning Source LLC
Chambersburg PA
CBHW061419210326
41598CB00035B/6264
9783111597508